创意案例欣赏

长阴影风格日期图标（1）

长阴影风格日期图标（2）

阴影风格设置图标（1）

阴影风格设置图标（2）

基础风格购物图标（2）

拟物化时钟图标（1）

拟物化时钟图标（2）

微渐变风格天气图标（1）

音乐 APP 启动图标（1）

音乐 APP 启动图标（2）

APP 菜单界面（1）

APP 菜单界面（2）

APP 登录界面（1）

APP 登录界面（2）

APP 设置界面（1）

APP 设置界面（2）

APP 搜索栏（1）

APP 搜索栏（2）

游戏 APP 界面按钮（1）

游戏 APP 界面按钮（2）

游戏进度条（1）

游戏进度条（2）

iOS9 风格日历界面（1）

iOS9 风格日历界面（2）

iOS 系统待机界面（1）

iOS 系统待机界面（2）

iOS 系统天气界面（1）

iOS 系统天气界面（2）

iOS 系统通话界面（1）

iOS 系统通话界面（2）

iOS 系统音乐播
放界面（1）

iOS 系统音乐播放界面（2）

iOS 系统主界面
（1）

iOS 系统主界面（2）

Android L 风格
手机主界面（1）

Android L 风格手机
主界面（2）

Android 系统待
机界面（1）

Android 系统待机
界面（2）

Android 系统锁
屏界面（1）　　　Android 系统锁屏
　　　　　　　界面（2）　　　Android 系统音
　　　　　　　　　　　　乐 APP 界面（1）　　　Android 系统音乐
　　　　　　　　　　　　　　　　APP 界面（2）

Android 系统主
界面（1）　　　Android 系统
　　　　　主界面（2）　　　Windows Phone 系
　　　　　　　　统待机界面（1）　　　Windows Phone 系
　　　　　　　　　　　统待机界面（2）

Windows Phone 平板界面（1）

Windows Phone 平板界面（2）

Windows Phone 系统音
乐播放界面（1）　　　Windows Phone 系统音
　　　　　乐播放界面（2）　　　Windows Phone 系统音
　　　　　　　　乐播放界面（3）　　　Windows Phone 系统主
　　　　　　　　　　　界面（1）

全景视图界面（1）

全景视图界面（2）

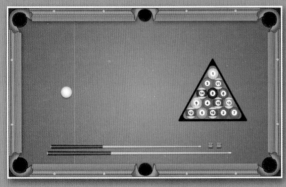

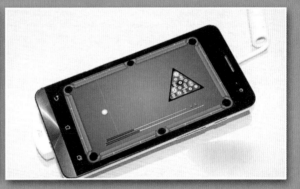

桌球手机游戏界面（1）

桌球手机游戏界面（2）

购物 APP
界面（1）

购物 APP
界面（2）

购物 APP
界面（3）

购物 APP
界面（4）

购物 APP
界面（5）

照片分享 APP
界面（1）

照片分享 APP
界面（2）

照片分享 APP
界面（3）

照片分享 APP
界面（4）

照片分享 APP
界面（5）

Photoshop 智能手机 APP 界面设计

高　鹏　等编著

机 械 工 业 出 版 社

本书是一本全面介绍 APP 界面设计的专业教程，包括了三大移动操作系统 iOS、Android 和 Windows Phone 的 APP 界面设计，全面详细、专业实用，使读者通过一本书就可以掌握不同操作系统 APP 界面的设计方法和技巧。

本书共分为 7 章，全面介绍了移动 APP 界面设计中的理论知识及具体案例的制作方法，包括移动 APP 设计基础，移动 APP 图标设计，移动 APP 界面基本元素设计，iOS 系统界面设计，Android 系统界面设计，Windows Phone 系统界面设计，APP 界面设计。

本书所有案例的源文件、素材和教学视频请扫描封底二维码获得。

本书适合有一定 Photoshop 软件操作基础的 UI 设计初学者及爱好者阅读，也可以为一些移动 APP 设计制作人员以及相关专业的学习者提供参考。

图书在版编目（CIP）数据

Photoshop 智能手机 APP 界面设计 / 高鹏等编著. —北京：机械工业出版社，2016.6

ISBN 978-7-111-54287-2

Ⅰ．①P…　Ⅱ．①高…　Ⅲ．①移动电话机－应用程序－程序设计②图像处理软件　Ⅳ．①TN929.53②TP391.41

中国版本图书馆 CIP 数据核字（2016）第 161012 号

机械工业出版社（北京市百万庄大街 22 号　邮政编码 100037）
策划编辑：杨　源　　责任编辑：杨　源
责任校对：张艳霞　　责任印制：李　洋

北京汇林印务有限公司印刷

2016 年 8 月第 1 版·第 1 次印刷

184mm×260mm · 23 印张 · 547 千字

0001—4000 册

标准书号：ISBN 978-7-111-54287-2

定价：89.90 元

前　言

随着移动互联网的迅速发展和智能手机的普及，移动 APP 应用也随之高速发展，直接拉动了市场对移动交互设计人才的需求。

未来，市场上会有更多的 APP 应用，这些 APP 应用都需要设计师来设计，包括图标设计、界面设计、体验设计等。市场需要的 APP 应用越多，对交互界面设计的需求自然也会越多，需要的相关设计人员也就越多。本书希望能够帮助广大初学者掌握移动 APP 界面设计的方法和技巧，能够真正理解 APP 界面设计，从而进入 APP 界面设计行业，这也是作者编写本书的目的。

内容安排

本书使用 Photoshop 作为工具，采用理论知识与实用案例相结合的方式，全面讲解了移动 APP 界面设计各个方面的知识，让读者在学习的过程中丰富自己的设计创意并提高动手制作能力。全书共 7 章，每章的内容安排如下。

第 1 章　移动 APP 设计基础。本章主要向读者介绍了 UI 设计与移动 APP 设计相关的理论基础，包括什么是 UI 设计、什么是 APP 设计、移动 APP 设计的流程和移动设备的尺寸标准等相关内容，使读者对移动 APP 设计有更深入的认识。

第 2 章　移动 APP 图标设计。向读者介绍了有关 APP 图标设计的相关知识，包括拟物化图标与扁平化图标，iOS 系统和 Android 系统图标的常用尺寸等，并结合案例的制作讲解，使读者掌握 APP 图标的设计方法。

第 3 章　移动 APP 界面基本元素设计。移动 APP 界面都是由各种基本图形元素与组件构成的，本章详细介绍了 APP 界面中各种基本组件和图形的绘制和表现方法。

第 4 章　iOS 系统界面设计。本章详细介绍了 iOS 系统的相关知识及 iOS 系统的 UI 设计规范，从而使读者能够设计出符合 iOS 系统要求的 APP 界面。本章还通过多个 iOS 系统 APP 界面的制作讲解，使读者掌握 iOS 系统 APP 界面的设计方法。

第 5 章　Android 系统界面设计。本章详细介绍了 Android 系统的相关知识及 Android 系统的 UI 设计规范、Android 与 iOS 系统界面设计的区别等内容，使读者能够清楚 Android 与 iOS 系统界面的异同。本章通过多个 Android 系统 APP 界面的制作讲解，使读者掌握 Android 系统 APP 界面的设计方法。

第 6 章　Windows Phone 系统界面设计。本章详细介绍了 Windows Phone 系统的相关知识及 Windows Phone 系统的 UI 设计规范，并且还介绍了 Windwos Phone 系统中特有的 Tile（磁贴）、Pivot（枢轴视图）和 Panorama（全景视图），使读者对 Windows Phone 系统有全面的认识。

第 7 章　APP 界面设计。本章介绍了有关 APP 界面设计的原则、要求和技巧等内容，并通过多个不同风格的 APP 界面的设计制作讲解，使读者能够轻松掌握 APP 界面的设计。

本书特点

全书内容丰富、条理清晰，为读者全面、系统地介绍了移动 APP 界面设计知识，以及使用 Photoshop 进行移动 APP 界面设计的方法和技巧，采用理论知识和案例相结合的方法，使知识融会贯通。

- 语言通俗易懂，精美案例图文同步，涉及大量移动 APP 界面设计的丰富知识讲解，帮助读者深入了解 APP 界面设计。
- 实例涉及面广，几乎涵盖了移动 APP 设计中所在的各个领域，每个领域下通过大量的设计讲解和案例制作帮助读者掌握领域中的专业知识点。
- 注重设计知识点和案例制作技巧的归纳总结，知识点和案例的讲解过程中穿插了大量的软件操作技巧提示等，使读者更好地对知识点进行归纳吸收。
- 每一个案例的制作过程，都配有相关视频教程和素材，步骤详细，使读者轻松掌握。

本书读者对象

本书适合有一定 Photoshop 软件操作基础的 UI 设计初学者及设计爱好者阅读，也可以为一些 UI 设计人员及相关专业的学习者提供参考。本书配套的光盘中提供了本书所有案例的源文件及素材，方便读者借鉴和使用。

本书由高鹏编写，另外高金山、周宝平、单子娟、夏志丽、王俊萍、冯海、林学远、衣波、冯红娟、张伟、杜秋磊、高杰、郭莉、何经伟、董亮、金昊、李政、刘刚、卢斌、林秋、毛颖等也参与了本书的编写。书中难免有错误和疏漏之处，希望广大读者朋友批评、指正。

编者

目　　录

Photoshop 智能手机APP界面设计

第 1 章

移动 APP 设计基础

随着科技的发展，移动设备已经成为人们生活的必需品之一，移动设备的用户界面及体验受到用户越来越多的关注。移动 APP 界面就是这个趋势必不可少的一部分，是用户与移动设备进行交互最直接的层，移动 APP 界面已经成为当今市场上最为风靡和受人关注的焦点。本章将向读者介绍有关 UI 设计和 APP 界面设计的相关知识，使读者对移动 APP 界面设计有更加深入的认识和了解。

1.1 移动 UI 设计概述

随着智能手机和平板电脑等移动设备的普及，移动设备成为与用户交互最直接的体现。移动设备已经成为人们日常生活中不可缺少的一部分，各种类型的移动 APP 软件层出不穷，极大地丰富了移动设备的应用。

移动设备用户不仅期望移动设备的软、硬件拥有强大的功能，更注重操作界面的直观性、便捷性，能够提供轻松愉快的操作体验。移动设备屏幕尺寸的局限必然要求输入输出方式的简捷性，移动 APP 软件界面的设计越来越趋向于多元化、人性化，图标菜单的应用在移动 APP 软件界面中发挥了重要的作用。

1.1.1 什么是 UI 设计

UI 是 User Interface（用户界面）的简称，UI 设计则是指对软件的人机交互、操作逻辑、界面美观 3 个方面的整体设计。好的 UI 设计不仅可以让软件变得有个性、有品味，还可以使用户的操作变得更加舒服、简单、自由，充分体现产品的定位和特点。UI 设计包含的范畴比较广泛，如软件 UI 设计、网站 UI 设计、游戏 UI 设计、移动设备 UI 设计等，如图 1-1 所示为移动设备 UI 设计。

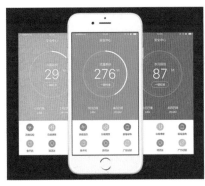

图 1-1

UI 设计不仅仅是单纯的美术设计，还需要定位使用者、使用环境、使用方式、最终用户，是纯粹的、科学性的艺术设计。一个友好、美观的界面会给用户带来舒适的视觉享受，拉近人机之间的距离，所以 UI 设计需要和用户研究紧密结合，是一个不断为最终用户设计满意视觉效果的过程。

 提示

UI 设计不仅需要客观的设计思想，还需要更加科学、更加人性化的设计理念。如何在本质上提升产品用户界面设计品质？这不仅需要考虑到界面的视觉设计，还需要考虑到人、产品和环境三者之间的关系。

1.1.2 移动 UI 设计的特点

随着移动设备的不断普及，对移动设备的软件需求越来越多，移动操作系统厂商都不约而同地建立移动设备应用程序市场，如苹果公司的 APP Store、谷歌公司的 Android Market、微软公司的 Windows Phone Marketplace 等，给移动设备用户带来巨量应用软件。

这些应用软件界面各异，移动设备用户在众多的应用软件使用过程中，最终会选择界面视觉效果良好，并且具有良好用户体验的应用软件。

那么怎样的移动应用 UI 设计才能给用户带来好的视觉效果和良好的用户体验呢？接下来向读者介绍移动 UI 设计的特点和技巧。

1. 第一眼体验

当用户首次启动移动应用程序时，在脑海中首先想到的问题是：我在哪里？我可以在这里做什么？接下来还可以做什么？要尽力做到应用程序在刚打开的时候就能够回答出用户的这些问题。如果一个应用程序能够告诉手机用户这是一款适合他的产品，那么他一定会更加深层次地进行发掘，如图 1-2 所示。

通过图标与文字相结合，清晰地展现用户可以进行的操作，非常直观、便捷。

标题栏能够清楚地表现用户当前位置。

通过图标与菜单选项相结合，更加清晰、直观地表明用户可以进行的操作。

图 1-2

2. 便捷的输入方式

在多数时间，人们只使用 1 个拇指来执行应用的导航，在设计时不要执着于多点触摸及复杂精密的流程，只要让用户可以迅速地完成屏幕和信息间的切换和导航，让用户能够快速获得所需要的信息，珍惜用户每次的输入操作。如图 1-3 所示为在 APP 中为用户提供的更加便捷的搜索和查找功能。

3. 呈现用户所需

用户通常会利用一些时间间隙来做一些小事情，将更多的时间留下来做一些自己喜欢的事情。因此，不要让用户等待应用程序来做某件事情，尽可能地提升应用表现，改变 UI，让用户所需结果的呈现变得更快。如图 1-4 所示为使用天气图像作为界面背景来突出展示当前的天气情况。

不但可以通过字母进行快速查找，还可以通过搜索的方式快速定位需要的内容。

图 1-3

通过图标与文字信息结合背景图像，非常直观地表现信息内容，使用户看一眼就能够明白。

图 1-4

4. 适当的横向呈现方式

对于用户来说，横向呈现带来的体验是完全不同的，利用横向这种更宽的布局，以完全不同的方式呈现新的信息。如图 1-5 所示为同一款 APP 应用分别在手机与平板电脑中采用不同的呈现方式。

平板电脑提供了更大的屏幕空间，可以合理地安排更多的信息内容，而手机屏幕的空间相对较小，适合展示最重要的信息内容。
通过横、竖屏不同的展示方式，可以为用户带来不同的体验。

图 1-5

5. 制作个性应用

APP 应向用户展示一个个性的、与众不同的风格。因为每个人的性格不同，喜欢的应用风格也各不相同，制作一款与众不同的应用，总会有喜欢上它的用户。如图 1-6 所示为个性的 APP 设计。

6. 不忽视任何细节

不要低估一个应用组成中的任何一项。精心撰写的介绍和清晰且设计精美的图标会让设计应用显得出类拔萃，用户会察觉到设计师额外投入的这些精力，如图 1-7 所示。

图 1-6

图 1-7

1.1.3　移动 UI 与网站 UI 的区别

移动 UI 和网站 UI 都属于 UI 设计的范畴，两者之间存在许多共同之处，因为我们的受众没有变，基本的设计方法和理念都是一样的。移动 UI 和网站 UI 设计的区别主要取决于硬件设备提供的人机交互方式不同，不同平台现阶段的技术制约也会影响到移动 UI 和网站 UI 的设计。下面从几个方面向读者介绍移动 UI 设计与网站 UI 设计的区别。

1. 界面尺寸不同

移动 UI 与网站 UI 的输出区域尺寸不同。目前，主流显示器的屏幕尺寸通常为 19～24 英寸，而主流手机的屏幕尺寸只有 4～5.5 英寸，平板电脑的屏幕尺寸也仅仅 7～10 英寸。

由于两者之间的输出区域尺寸不同，在移动 UI 设计与网站 UI 设计中不能在同一屏中放入同样多的内容。

通常情况下，一个应用的信息量是固定的，在网站 UI 中，需要把尽量多的内容放到首页中，避免出现过多的层级；而移动 UI 中，由于屏幕的限制，不能将内容都放到第一屏的界面中，因此，需要更多的层级，以及一个非常清晰的操作流程，让用户可以知道自己在整个应用的什么位置，并能够很容易地到达自己想去的页面或步骤。如图 1-8 所示为桌面电脑与平板电脑和手机的显示差别。

2. 侧重点不同

在过去，网站 UI 设计的侧重点是"看"，即通过完美的视觉效果表现出网站中的内容和产品，给浏览者留下深刻的印象。而移动 UI 设计的侧重点是"用"，即在界面视觉效果的基础上充分体现了移动应用的易用性，使用户更便捷、更方便地使用。但是随着技术水平的不断发展，网站 UI 设计也越来越多地体现出"用"的功能，使得网站 UI 设计与移动 UI 设计在这方面的界限越来越不明显了。如图 1-9 所示为突出实用性的移动 APP 界面设计。

3. 精确度不同

网站 UI 操作的媒介是鼠标，鼠标的精确度是相当高的，哪怕是再小的按钮，对于鼠标来说也可以接受，单击的错误率很低。

图 1-8 图 1-9

移动 UI 操作的媒介是手，手的准确度没有鼠标那么高，因此，移动 UI 中的按钮需要一个较大的范围，以减少操作错误率，如图 1-10 所示。

4. 操作习惯不同

鼠标通常可以实现单击、双击、右键操作，在网站 UI 中，也可以设计右键菜单、双击等操作。而在移动 UI 中，通常可以通过单击、长按、滑动进行控制，因此，可以设计长按呼出菜单、滑动翻页或切换、双指的放大缩小及双指的旋转等，如图 1-11 所示。

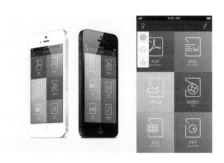

图 1-10 图 1-11

5. 按钮状态不同

网站 UI 中的按钮通常有 4 种状态：默认状态、鼠标经过状态、鼠标单击状态和不可用状态。而在移动 UI 中的按钮通常只有 3 种状态：默认状态、单击状态和不可用状态。因此，移动 UI 设计中，按钮需要更加明确，可以让用户一眼就知道什么地方有按钮，当用户单击后，就会触发相应的操作。

 提示

在同一个界面中，网站界面比移动界面可以显示更多的信息和内容。例如，淘宝、京东等网站，在网站中可以呈现很多的信息版块，而在移动端的 APP 应用软件中则相对比较简洁，呈现信息的方式也完全不同。

1.2 了解 UI 设计师

很多人还不太清楚什么是 UI 设计师，以及 UI 设计师的工作是什么。其实，UI 设计从工作内容上来说主要有 3 个方向，这 3 个方向主要是由 UI 研究的 3 个因素决定的，这 3 个因素分别是研究界面、研究人与界面的关系、研究人。

1.2.1 研究界面——图形设计师（Graphic UI Designer）

目前，国内大部分 UI 设计者是从事研究界面的图形设计师，也有人称之为"美工"，但实际上并不是单纯意义上的美术人员，而是软件产品的外形设计师。本书主要讲解的就是 UI 图形设计师的相关工作及 UI 图形界面的设计。

通常，UI 图形设计师大多是专业美术院校毕业的，其中大部分都具有美术设计教育背景，例如，工业外形设计、信息多媒体设计等。

1.2.2 研究人与界面的关系——交互设计师（Interaction Designer）

在出现软件图形界面之前，长期以来 UI 设计师就是指交互设计师。交互设计师的工作内容就是设计软件的树状结构、操作流程，软件的结构与操作规范等。一个软件产品在进行编码设计之前需要做的工作就是交互设计，并且确定交互模型，交互规范。交互设计师一般都需要具有软件工程师的背景。

1.2.3 研究人——用户测试/研究工程师（User Experience Engineer）

为了保证产品的质量，任何产品在推出之前都需要经过测试，软件的功能编码需要进行测试，UI 设计也需要进行测试。UI 设计的测试与编码没有任何关系，主要是测试交互设计的合理性及图形设计的美观性。测试的方法一般都是采用焦点小组的形式，用目标用户问卷的形式来衡量 UI 设计的合理性。

用户测试/研究工程师的职位很重要，如果没有这个职位，UI 设计的好坏只能凭借设计师的经验或者领导的审美来判断，这样会给企业带来很大的风险。用户测试/研究工程师一般都需要具有心理学人文学背景。

综上所述，读者应该明白 UI 设计师可以分为 3 种，分别是 UI 图形设计师、交互设计师和用户测试/研究工程师。

1.3 了解移动 APP

简单来说，APP 就是安装在智能手机或平板电脑上的第三方应用程序。一个优秀的 APP 应用界面设计，既要从产品的实际需要出发，又要紧紧围绕用户体验，从而确保制作出的 APP 具有良好的视觉效果。

1.3.1　什么是APP

APP 的英文全称为 Application，在智能手机与平板电脑领域中，APP 指的是安装在智能移动设备中的应用程序。APP 也可以称为智能手机和平板电脑的软件客户端，也可以称为 APP 客户端。如图 1-12 所示为可应用于苹果（iOS）系统的 APP 应用程序；如图 1-13 所示为可应用于安卓（Android）系统的 APP 应用程序。

图 1-12　　　　　　　　　　　　　　　　　图 1-13

每一个 APP 图标代表一个 APP 软件客户端。这些 APP 都是为了达到一个特定的用途而创造出来的，例如，常用的手机聊天软件"手机 QQ"、社交软件"微信"、购物软件"手机淘宝"等。

1.3.2　APP 视觉设计的奥秘

在对移动 APP 界面进行设计时，确定其规范性，可以使得整个 APP 在视觉效果上统一，从而提高用户对该 APP 应用的认知度和操作的便捷性。具体包括以下两个方面的内容。

1．遵循一致的准则，确立标准

在移动 APP 界面设计过程中，无论是控件的使用、提示信息的措辞，还是颜色、界面布局风格，都需要遵循统一的标准，做到真正的一致，如图 1-14 所示。这样做有以下几点好处。

  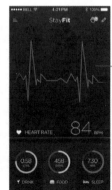

APP 中的多个界面采用统一的配色和布局方式，使用户感觉到整体的统一。

图 1-14

➤ 使用户在使用该 APP 应用时能够建立起精确的模型，将一个界面使用熟悉后，切换到另外一个界面能够很轻松地预测各种功能的位置，语句理解也不需要再花工夫。

➤ 降低培训成本，人员不需要逐个指导。

➤ 给用户统一的视觉感受，不觉得混乱，在使用该 APP 应用时心情愉悦，支持度增加。

2. 合理的配色，遵循对比原则

在 APP 界面设计过程中需要统一色调，针对软件类型及用户使用环境选择合适的配色。浅色系可以使人感觉舒适，深色系做背景可以缓解视觉疲劳。针对色盲、色弱用户，即使在界面中使用了特殊颜色表示重点或者特别的内容，也应该使用特殊指示符，如着重号或图标等。如图 1-15 所示为分别使用浅色系和深色系配色的 APP 界面。

浅色背景上使用深色文字。

深色背景上搭配浅色文字。

图 1-15

在 APP 界面的设计过程中还需要遵循对比原则，在浅色背景上使用深色的文字，在深色背景上使用浅色的文字，例如，蓝色文字在白色背景中容易识别，而在红色背景中则不易分辨，原因是红色和蓝色没有足够的对比反差，而蓝色和白色的反差很大。除特殊场合外，一般应杜绝使用对比强烈、让人产生厌恶感的颜色，整个界面色彩尽量少使用不同色系的颜色。如图 1-16 所示为合理配色的 APP 界面。

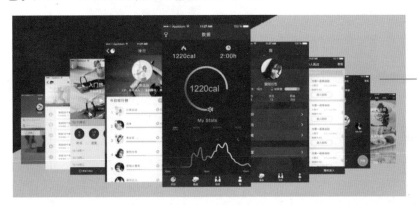

该 APP 界面色调统一，遵循对比的配色原则，界面中的内容清晰。

图 1-16

1.3.3　APP 视觉效果的个性化

移动 APP 界面的整体性和一致性是基于移动操作系统视觉效果的和谐统一而考虑的，而移动 APP 界面视觉效果的个性化是基于应用程序本身的特征和用途而考虑的。移动 APP 视觉效果个性化的表现主要包括以下几个方面。

1. 个性化的界面布局

实用性是 APP 应用的根本，APP 界面设计应该结合该 APP 的应用范畴，合理安排版式，以求达到美观、实用的目的，这一点不一定能与系统达到一致的标准，它应该具有相应的行业标准。例如，证券交易、地图操作等界面特征，需要分析 APP 应用的特征和流程，制定相对规范的界面布局。界面布局的功能操作区、导航控制区等都应该统一规范，不同功能模块的相同操作区域的元素风格应该保持一致，让用户能够迅速掌握不同模块的操作，从而使整个界面在一个特有的整体之中达到统一。如图 1-17 所示为个性化的 APP 界面设计。

2. 专用的界面图标

APP 应用的图标按钮是基于自身应用的命令集，它的每一个图形内容映射的是一个目标动作，因此，作为体现目标动作的图标，应该有强烈的表意性，制作过程中选择具有典型行业特征的图形，有助于用户的识别，方便操作。图标的图形制作不能太烦琐，要适应手机本身面积较小的屏幕，在制作上尽量使用像素图，确保图形质量清晰，如果针对立体化的界面，可以考虑部分像素羽化的效果，从而增强图标的层次感。如图 1-18 所示为在 APP 界面中设计专用的图标。

独特的个性界面图形设计，充满新意。

图 1-17

根据APP的特点设计专用的图标，充分体现APP的特点。

图 1-18

3. 个性化的界面色彩搭配

色彩可以影响人们的情绪，不同的色彩会让人产生不同的心理效应，反之，不同的心理状态所能够接受的色彩也是不同的。不断变化的事物才能够引起用户的注意，界面设计的色彩个性化，目的就是使用色彩的变换来协调用户的心理，让用户对该 APP 应用时常能保持一种新鲜度。用户根据自己的需要来改变默认的系统设置，选择一种让自己满意的个性化设置，达到软件产品与用户之间的协调性。在众多的软件产品中都涉及了界面的换肤技术，在移动 APP 界面设计过程中，应用这一设置可以更好地提升 APP 应用的魅力，满足用户的多方面需要。如图 1-19 所示为个性化的界面色彩搭配。

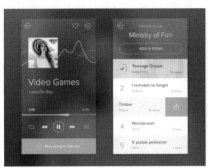

图 1-19

1.4 移动 APP 设计流程及视觉设计

在一个成熟且高效的移动 APP 产品团队中，UI 设计师会在前期加入到项目中，针对 UI 设计的产品进行分析、定位等多方面的问题进行探讨。本节将向读者介绍移动 APP 设计的流程及方法，可以有效帮助 UI 设计师。

1.4.1 移动 APP 设计流程

可以将移动 APP 设计流程总结为 1 个出发点、4 个阶段，如图 1-20 所示。

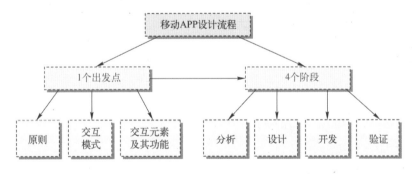

图 1-20

1. 出发点

（1）了解设计的原则

没有原则，就丧失了 APP 设计的立足点。

（2）了解交互模式

在做 APP 设计时，不了解产品的交互模式会对设计原则的实施产生影响。

（3）了解交互元素及其功能

如果对于基本的交互元素和功能都不了解,如何进行设计?

2. 分析

"分析"阶段包括3个方面,分别是用户需求分析、用户交互场景分析、竞争产品分析。

出发点与分析阶段可以说是相辅相成的。对于一个比较正规的 APP 项目来说,必然会对用户的需求进行分析,如果说设计原则是设计中的出发点,那么用户需求就是本次设计的出发点。

如果需要设计出色的 APP 界面,必须对用户进行深刻了解,因此,用户交互场景分析很重要。对于大部分项目组来说也许没有时间和精力去实际勘查用户的现有交互,进行完善的交互模型考察,但是设计人员在分析时一定要站在用户的角度进行思考:如果我是用户,我会需要什么。

竞争产品能够上市并且被广大用户所熟知,必然有其长处。这就是所谓"三人行必有我师"的意思。每个设计师的思维都有局限性,看到别人的设计会有触类旁通的好处。当然有时可以参考的并不一定局限于竞争产品。

3. 设计

采用面向场景、面向事件和面向对象的设计方法。

APP 应用设计着重于交互,因此,必然要对最终用户的交互场景进行设计。

APP 应用是交互产品,用户所做的是对软件事件的响应,以及触发软件内置的事件,因此,要面向事件进行设计。

面向对象设计可以有效地体现面向场景和面向事件的特点。

4. 开发

通过"用户交互图(说明用户和系统之间的联系)""用户交互流程图(说明交互和事件之间的联系)""交互功能设计图(说明功能和交互的对应关系)",最终得到设计产品。

5. 验证

对于产品的验证主要可以从以下两个方面入手。

(1)功能性对照

APP 界面设计和需求不一致也不行。

(2)实用性内部测试

APP 界面设计的重点是实用性。

通过以上 1 个出发点和 4 个阶段的设计,就可以设计出完美的、符合用户需要的 APP 应用。

1.4.2 视觉设计

在 APP 原型完成之后,就可以进行视觉设计了。通过视觉的直观感觉还可以为原型设计进行加工,例如,可以在某些元素上进行加工,如文本、按钮的背景等,如图 1-21 所示为经过视觉设计处理后的 APP 界面。

图 1-21

APP 界面的视觉设计其实也是一种信息的表达，充满美感的 APP 界面会让用户从潜意识中青睐它，甚至忘记时间成本和它"相处"，同时加深了用户对品牌的再度认知。而由于每个人的审美观不太相同，因此，必须面向目标用户去设计界面的视觉效果。

如果需要满足传达信息的要求，APP 界面的视觉设计就必须基于以下 3 个条件进行。

1. 确定设计风格

在对 APP 界面进行视觉设计之前，首先需要清楚该 APP 应用的目标用户群体，设计风格也需要根据目标用户的认识度而调整，其实就是要先根据目标人群确定设计风格。所以设计的风格要去迎合使用者的喜好。

2. 还原内容本身

美观的内容形式与富有真实感的界面设计使用户在体验时会感到自然。APP 应用的界面是用户了解信息和产品的主要途径，因此在设计时，要还原产品本身。产品的界面越接近真实世界，用户的学习成本就越低，APP 的易用性也就越高。

3. 制定设计规范

大多数用户都有自己的使用习惯，如何才能让界面的设计符合用户的喜好？这就需要制定一个视觉规范。视觉设计也可以说是一种宣传，以最直观的方式传达出品牌风格信息。移动 APP 交互界面也是同样的，在有限的屏幕上通过视觉设计，将操作线索、过程和结果，清晰地传达给用户。如图 1-22 所示为视觉效果出色的 APP 界面。

图 1-22

1.5 移动 APP 设计中的色彩搭配

在黑白显示器的年代，设计师是不用考虑设计中色彩的搭配的。今天，界面的色彩搭配可以说是移动 APP 设计中的关键，恰当地运用色彩搭配，不但能够美化 APP 界面，并且还能够增加用户的兴趣，引导用户顺利完成操作。

1.5.1 认识色彩

在运用和使用色彩前，必须掌握色彩的原色和组成要素，但最主要的还是对属性的掌握。自然界中的色彩都是通过光谱七色光产生的，因此，色相能够表现红、蓝、绿等色彩；可以通过明度表现色彩的明亮度；通过纯度来表现色彩的鲜艳程度。

1. 色相

色相是色彩的一种属性，指色彩的相貌，准确地说是按照波长来划分色光的相貌。在可见光谱中，人的视觉能够感受到红、橙、黄、绿、青、蓝、紫等不同特征的色彩，色相环中存在数万种色彩。

原色是最原始的色彩，按照一定的颜色比例进行配色，能够产生多种颜色。根据色彩的混合模式不同，原色也有区别。屏幕显示使用光学中的红、绿、蓝作为原色，如图 1-23 所示；而印刷使用红、黄、蓝作为原色。

对任意一种邻近的原色进行混合，得到一种新的颜色，即为次生色，如图 1-24 所示。

三次色是由原色和次生色混合而成的颜色，在色环中处于原色和次生色之间，如图 1-25 所示。

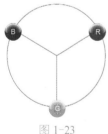

图 1-23

图 1-24

图 1-25

2. 明度

所谓明度，指的是色彩光亮的程度，所有颜色都有不同的光亮，亮色被称为"明度高"，反之，则被称为"明度低"。无彩色中，明度最高的是白色，中间是灰色，最后随着不断的灰度进行降低，得到黑色。

3. 纯度

纯度是指色彩的饱和度，或称为色彩的纯净程度，也可以称为色彩的鲜艳度。原色的纯度最高，与其他色彩混合，纯度降低，如图 1-26 所示为纯度阶段图。白色、灰色、黑色、补色混合，纯度明显降低。越是纯度高的色彩，越容易留下残留影像，也越容易被记住。如

图 1-27 所示为彩色分别与黑白灰进行混合后的纯度变化。

图 1-26

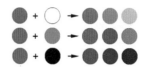

图 1-27

4. 对比度

对比度是指不同色彩之间的差异，换句话说，也就是每种色彩所固有的色感受到调配色彩的纯度及明度影响的程度，或者说色彩运用面积的不同，色彩感受也有所不同。色彩的对比与可视性有密切关系，对比度越大，可视性越高。

5. 可视性

色彩的可视性是指色彩在多长距离内能够看清楚的程度，以及在多长时间内能够被辨识的程度，纯度高的纯色的可视性也高，对于色彩对比而言，对比差越大，可视性越高。

1.5.2 色彩在 APP 界面设计中的作用

在着手设计 APP 界面之前，应该首先考虑 APP 的性质、内容和目标受众，再考虑究竟要表现出什么样的视觉效果，营造出怎样的操作氛围，从而制订出更加科学、合理的配色方案。在任何 APP 界面设计中都离不开色彩的表现，可以说色彩是 APP 界面设计中最基本的元素，色彩在 APP 界面设计中可以起到如下作用。

1. 突出主题

将色彩应用于移动 APP 界面设计中，给 APP 带来鲜活的生命力。色彩既是 APP 界面设计的语言，又是视觉信息传达的手段和方法。

APP 界面中不同的内容需要由不同的色彩来表现，利用不同色彩自身的表现力、情感效应及审美心理感受，可以使界面中的内容与形式有机地结合起来，以色彩的内在力量来烘托主题、突出主题，如图 1-28 所示。

通过色彩能够有效地突出 APP 的主题，并且不同色彩在界面的应用，能够使用户明确区别不同的内容。

图 1-28

2．划分视觉区域

APP 界面的首要功能是传递信息，色彩正是创造有序的视觉信息流程的重要元素。利用不同色彩划分视觉区域，是视觉设计中的常用方法，在移动 APP 界面设计中同样如此。利用色彩进行划分，可以将不同类型的信息分类排布，并利用各种色彩带给人不同的心理效果，很好地区分出主次顺序，从而形成有序的视觉流程，如图 1-29 所示。

在界面中不同的区域分别使用不同的背景颜色，能够有效地划分界面中不同的功能和内容区域。

图 1-29

3．吸引用户

在应用市场中有不计其数的 APP 应用，即使是那些已经具有一定规模和知名度的 APP，也要时刻考虑如何能更好地吸引浏览者的目光，如何使所设计的 APP 能够吸引浏览者。这就需要利用色彩的力量，不断设计出各式各样赏心悦目的 APP 界面，来满足挑剔的用户。如图 1-30 所示为成功的 APP 配色。

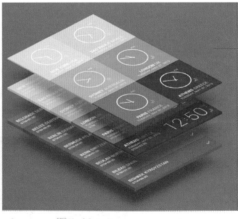

运用不同颜色的矩形色块对界面的内容进行区别，使得界面中的信息表现得非常明确。

图 1-30

4．增强艺术性

将色彩应用于移动 APP 界面设计中，可以给 APP 应用带来鲜活的生命力。色彩既是视觉传达的方式，又是艺术设计的语言。好的色彩应用，可以大大增强 APP 界面的艺术性，也使得 APP 界面更富有审美情趣，如图 1-31 所示。

图 1-31

1.5.3　APP 界面配色原则

色彩搭配本身并没有一个统一的标准和规范，配色水平也无法在短时间内快速提高，不过，在对 APP 界面进行设计的过程中还是需要遵循一定的配色原则。

1. 色调的一致性

在着手设计 APP 界面之前，应该先确定该 APP 界面的主色调。主色将占据界面中很大的面积，其他的辅助性颜色都应该以主色调为基准来搭配，这样可以保证 APP 应用整体色调的统一，突出重点，使设计出的 APP 界面更加专业和美观。如图 1-32 所示的 APP 应用界面中每个界面的配色都是统一的。

2. 保守地使用色彩

所谓保守地使用色彩，主要是从大多数的用户考虑出发的，根据 APP 应用所针对的用户不同，在 APP 界面的设计过程中使用不同的色彩搭配。在 APP 界面设计过程中提倡使用一些柔和的、中性的颜色，以便于绝大多数用户能够接受。因为如果在 APP 界面设计过程中急于使用色彩突出界面的显示效果，反而会适得其反。如图 1-33 所示为使用柔和中性色彩进行搭配的 APP 界面设计效果。

使用黄色作为 APP 界面的主色调，与该 APP 启动图标的色调相统一，在每个界面中都使用黄色与中性色相搭配。

图 1-32

使用明度和纯度都较低的中灰色调作为界面的配色，使界面给人一种舒适的感觉，使大多人都能够接受。

图 1-33

3. 要有重点色

配色时，可以将一种颜色作为整个 APP 界面的重点色，这个颜色可以被运用到焦点图、按钮、图标或其他相对重要的元素中，使之成为整个 APP 界面的焦点，这是一种非常有效的构建信息层级关系的方法，如图 1-34 所示。

4. 色彩的选择尽可能符合人们的习惯用法

对于一些具有很强针对性的软件，在对 APP 界面进行配色设计时，需要充分考虑用户对颜色的喜爱。例如，明亮的红色、绿色和黄色适合用于为儿童设计的 APP 应用程序。一般来说，红色表示错误，黄色表示警告，绿色表示运行正常等。如图 1-35 所示为使用鲜艳色彩设计的儿童软件界面。

使用红色作为界面的重点色，在深灰色的界面中显得非常显眼，有效地突出重点内容和功能。

使用鲜艳的黄色、红色等色彩进行搭配，能够营造出欢乐的氛围。

图 1-34　　　　　　　　　　　　图 1-35

5. 色彩搭配要便于阅读

要确保 APP 界面的可读性，就需要注意 APP 界面设计中色彩的搭配，有效的方法就是遵循色彩对比的法则，如在浅色背景上使用深色文字、在深色的背景上使用浅色文字等。通常，在 APP 界面设计中动态对象应该使用比较鲜明的色彩，而静态对象则应该使用较暗淡的色彩，能够做到重点突出、层次突出，如图 1-36 所示。

6. 控制色彩的使用数量

在 APP 界面设计中不宜使用过多的色彩，建议在单个 APP 界面设计中最多使用不超过 4 种色彩进行搭配，整个 APP 应用程序系统中色彩的使用数量也应该控制在 7 种左右，如图 1-37 所示。

图 1-36　　　　　　　　　　　　图 1-37

1.5.4 使用 Kuler 配色

Kuler 是 Adobe 公司开发的一款配色软件，它既可以作为独立的软件使用，也可以作为 Photoshop、Illustrator 和 Flash 等其他 Adobe 系列软件的插件使用。如图 1-38 所示为在 Photoshop 中打开 Kuler 的效果。

图 1-38

Kuler 界面中包含 3 个面板，"关于"面板提供了 Kuler 的简介和使用方法；"浏览"面板提供了受欢迎的在线配色方案；"创建"面板则允许用户通过多种配色规则来自定义配色方案。

在"浏览"面板中选择喜欢的配色方案或在"创建"面板中自定义配色方案后，可以单击底部的"添加到色板"按钮，将这些颜色载入到 Photoshop 的"色板"面板中。

1.6 常见移动设备尺寸标准

为了避免在移动 APP 界面设计时出现不必要的麻烦，如因为设计尺寸错误而导致显示不正常的情况发生，移动设备的尺寸标准，如屏幕尺寸、屏幕分辨率及屏幕密度都是设计师必须先了解清楚的。

1.6.1 屏幕尺寸

谈到屏幕尺寸时，无论是移动设备还是 PC 设备，都会说"××英寸"，而不会说"宽××英寸，高××英寸"。屏幕尺寸是一个物理单位，指的是移动设备屏幕对角线的长度，单位为英寸（inch），如图 1-39 所示。

由于移动设备所采用的液晶显示屏的大小和分辨率是根据它的市场定位来决定的，所以为了适应不同人群的消费能力和使用习惯，移动设备液晶显示屏的尺寸和分辨率种类比 PC 端液晶显示屏的种类多得多。

常见的手机屏幕尺寸有 4 英寸、4.7 英寸、5 英寸、5.5 英寸等规格。移动设备的屏幕尺寸之所以使用英寸为单位进行计算，是因为厂商在生产液晶面板时，多按照一定的尺寸进行切割，为了保证大小的统一，于是采用对角线长度来代表液晶实际可视面积。与此同时，从计算的直观性上来说，对角线长度计算也比面积计算更加简单，因为对角线测量只需要一步，而面积测量需要分别测量长和宽。

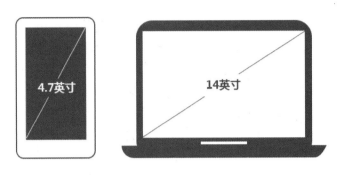

图 1-39

1.6.2　屏幕分辨率

屏幕面板上有很多肉眼无法分辨的发光小点，可以发出不同颜色的光，我们在屏幕上看到的图像、文字就是由这些发光点组成的。屏幕面板上的发光点对应的就是图像或文字上的像素点。不过在说明屏幕面板上有多少发光点时，不是说它"有多少个发光点"，而是说"有多少个像素"。

屏幕分辨率是指单位长度内包含的像素点的数量，宽和高的乘积就是像素点的总数。例如，分辨率为 640×960（px）的屏幕分辨率，横向每行有 640 个像素点，纵向每列有 960 个像素点，那么该屏幕一共有 640×960 = 614400 个像素点。在屏幕尺寸相同的情况下，分辨率越高，屏幕显示的效果越精细，如图 1-40 所示为高分辨率与低分辨率的显示效果对比。

高分辨率的显示效果更加精细。

低分辨率的显示效果比较粗糙，颗粒感较强。

图 1-40

需要注意的是，屏幕尺寸与屏幕分辨率没有必然的联系，例如，iPhone 3 和 iPhone 4 的屏幕尺寸同样是 3.5 英寸，iPhone 3 的屏幕分辨率是 320×480（px），而 iPhone 4 的屏幕分辨率为 640×960（px），很明显 iPhone 4 屏幕的显示精度更高。

1.6.3 屏幕密度

屏幕密度又称像素密度或 PPI，PPI 是 Pixel Per Inch（像素每英寸）的缩写，它表示的是每英寸屏幕所拥有的像素数量，像素密度越大，显示的画面效果越细腻。

如图 1-41 所示，如果一块屏幕的屏幕密度为 9PPI，那么就代表这块屏幕水平方向每英寸有 9 个像素点，同时垂直方向每英寸也有 9 个像素点，那么 1 平方英寸就是 9×9 = 81 个像素点。

如果只知道手机屏幕尺寸和屏幕分辨率，可以根据勾股定理计算出屏幕对角线上排列着多少个像素，然后再用对角线像素点除以对角线长度，就可以计算出屏幕的像素密度，如图 1-42 所示。

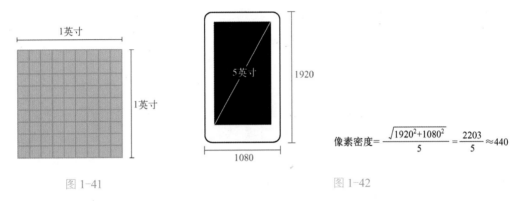

$$像素密度 = \frac{\sqrt{1920^2+1080^2}}{5} = \frac{2203}{5} \approx 440$$

图 1-41   图 1-42

实际证明，PPI 低于 240 的屏幕，通过人们的视觉可以观察到明显的颗粒感，PPI 高于 300 的屏幕则无法察觉。例如，iPhone 6 的屏幕尺寸是 4.7 英寸，屏幕分辨率是 750×1334（px），屏幕密度为 326PPI，屏幕的清晰度其实是由屏幕尺寸和屏幕分辨率共同决定的，使用 PPI 指数来衡量屏幕的清晰程度更加准确。

1.7 本章小结

APP 界面设计直接影响着用户对该应用程序的体验，设计出色的 APP 界面不仅在视觉上给用户带来赏心悦目的体验，而且在操作和使用上更加便捷和高效。本章向读者介绍了有关 UI 设计和 APP 设计的相关知识，使读者对 UI 设计和 APP 设计有更深入的认识，并且还介绍了有关移动设备的尺寸标准，通过本章内容的学习，使读者能够更加深入地理解 APP 界面设计，以便在后面的 APP 界面设计中更加得心应手。

第**2**章

移动 APP 图标设计

　　移动 APP 的操作界面更能体现个性化美和强化性装饰，图标是移动 APP 设计中最重要的元素。图标的设计制作要求也比较严格，设计的图标需要具有较高的辨识度，其次所设计的图标拥有自己的特点和出色的视觉效果。本章将向读者介绍移动 APP 图标的设计重点和技巧，并通过实例的制作讲解，使读者能够快速掌握图标的设计方法。

　精彩案例：

● 设计拟物化时钟图标。

● 设计基础风格购物图标。

● 设计阴影风格设置图标。

● 设计长阴影风格日期图标。

● 设计微渐变风格天气图标。

● 设计音乐 APP 启动图标。

2.1 了解 APP 图标

图标设计反映了人们对于事物的普遍理解，同时也展示了社会、人文等内容。精美的图标是一个好的移动 APP 界面的设计基础。无论是何种行业，用户总会喜欢美观的产品。美观的产品总会为用户留下良好的第一印象。

2.1.1 什么是图标

图标在广义上是指具有指代意义的图形符号，具有高度浓缩并快捷传达信息、便于记忆的特性。狭义上是指应用于计算机软件上的图形符号。其中，操作系统桌面图标是软件或操作快捷方式的标识，移动 APP 界面中的图标是功能标识。

图标在移动 APP 设计中无处不在，是移动 APP 设计中非常关键的部分。随着科技的发展，社会的进步，人们对美、时尚、趣味和质感的不断追求，图标设计呈现出百花齐放的局面，越来越多的精致、新颖、富有创造力和人性化的图标涌入浏览者的视野。如图 2-1 所示为精美的图标设计。

通过为简约的图形添加微渐变和微投影来构成图标，并且一系列图标都保持了统一的设计风格。

图 2-1

图标设计是方寸艺术，应该着重考虑视觉冲击力，它需要在很小的范围表现出 APP 应用或功能的内涵。图标设计不仅需要精美、质感，更重要的是具有良好的可用性。近年来，随着人们对美的认知发生改变，越来越多的设计向简约、精致方向发展。通过简单的图形和合理的色彩搭配构成简约的图标，给人以简约、清晰、实用、一目了然的感觉。如图 2-2 所示为精美的移动 APP 图标设计。

拟物化 APP 图标，通过高光、阴影等表现出图标的质感，给人较强的视觉冲击力。

扁平化 APP 图标，通过基本图形和纯色来表现图标，突出图标主题，给人一种直观、大方的感觉。

图 2-2

2.1.2　图标设计的作用

在移动 APP 设计中，图标设计占有很大的比例，想要设计出良好的图标，首先需要了解图标设计的应用价值。

1. 明确传达信息

图标在设计中一般是提供单击功能或者与文字相结合描述功能选项的，了解其功能后要在其易辨认性上下功夫，不要将图标设计得太花哨，否则用户不容易看出它的功能。好的图标设计只要用户看一眼外形就知道其功能，并且移动 APP 界面中所有图标的风格需要统一，如图 2-3 所示。

使用简约的图标在移动 APP 界面中表现功能，具有很好的识别性，可以起到突出功能和选项的作用。

图 2-3

2. 功能具象化

图标设计要使移动 APP 的功能具象化，更容易理解。常见的图标元素本身在生活中就经常见到，这样做的目的是使用户可以通过一个常见的事物理解抽象的移动 APP 功能，如图 2-4 所示。

使用彩色背景突出图标图形的显示，从而突出功能。

通过简约的图形将图标的功能表现得很具体和形象。

简单的图标，同样具有很好的识别性，使用户一看就明白。

图 2-4

3. 娱乐性

优秀的图标设计，可以为移动 APP 界面增添动感。现在界面设计趋向于精美和细致。设计精良的图标可以让所设计的 APP 界面在众多设计作品中脱颖而出，这样的 APP 界面设计更加连贯、富于整体感、交互性更强，如图 2-5 所示。

图 2-5

4. 统一形象

统一的图标设计风格形成移动 APP 的统一性，代表了 APP 的基本功能特征，凸显了移动 APP 的整体性和整合程度，给人以信赖感，同时便于记忆，如图 2-6 所示。

统一风格的图标设计，有助于系统整体形象的统一，给用户良好的视觉效果。

图 2-6

5. 美观大方

图标设计也是一种艺术创作，极具艺术美感的图标能够提高产品的品位，图标不但要强调其示意性，还要强调产品的主题文化和品牌意识，图标设计被提高到了前所未有的高度，如图 2-7 所示。

图 2-7

2.1.3 iOS 系统图标常用尺寸

iOS 系统中每个应用程序都有属于自己的图标，这些图标大都精致美观，能够充分吸引用户的关注。使用 iOS 系统的移动设备主要包括 iPhone 手机和 iPad 平板电脑，针对不同的设备屏幕分辨率，所要求的 APP 图标尺寸也并不相同。

如表 2-1 所示为 iPhone 手机常用图标尺寸。

表 2-1 iPhone 手机常用图标尺寸

设备	APP Store	程序应用	主屏幕	Spotlight 搜索	标签栏	工具栏和导航栏
iPhone 6 Plus（@3x）	1024×1024px	180×180px	114×114px	87×87px	75×75px	66×66px
iPhone 6（@2x）	1024×1024px	120×120px	114×114px	58×58px	75×75px	44×44px
iPhone 5/5C/5S（@2x）	1024×1024px	120×120px	114×114px	58×58px	75×75px	44×44px
iPhone 4/4S（@2x）	1024×1024px	120×120px	114×114px	58×58px	75×75px	44×44px
iPhone & iPod Touch 一、二、三代	1024×1024px	120×120px	57×57px	29×29px	38×38px	30×30px

如图 2-8 所示为 iPhone 手机中各尺寸图标示意图。

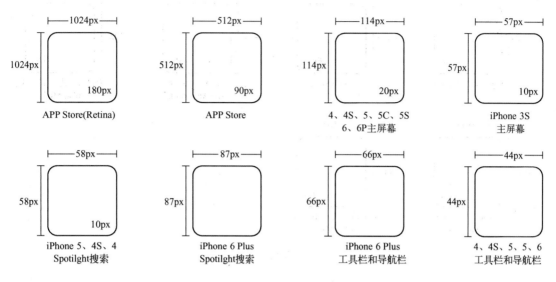

图 2-8

> **提示**
>
> 　　在设计适用于 iOS 系统的 APP 图标时，通常按最大的图标尺寸 1024×1024px 进行设计，再对图标进行调整，分别得到所需要的其他尺寸图标效果。iOS 系统中图标的圆角值大约等于图标宽度×0.175，例如，512×512px 的图标其圆角值为 90px，114×114px 的图标其圆角值为 20px。

如表 2-2 所示为 iPad 平板电脑常用图标尺寸。

表 2-2　iPad 平板电脑常用图标尺寸

设备	APP Store	程序应用	主屏幕	Spotlight 搜索	标签栏	工具栏和导航栏
iPad 3 - 4 - 5 - 6 - Air - Air2 - mini2	1024×1024px	180×180px	144×144px	100×100px	50×50px	44×44px
iPad 1 - 2	1024×1024px	90×90px	72×72px	50×50px	25×25px	22×22px
iPad Mini	1024×1024px	90×90px	72×72px	50×50px	25×25px	22×22px

如图 2-9 所示为 iPad 平板电脑中各尺寸图标示意图。

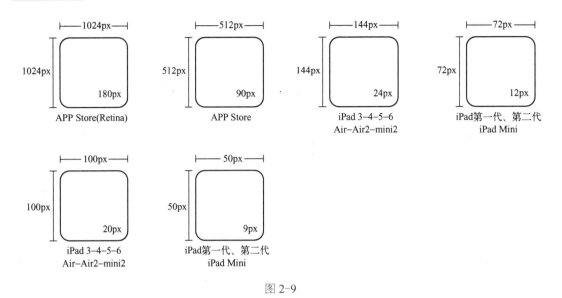

图 2-9

2.1.4 Android 系统图标常用尺寸

　　Android 系统与 iOS 系统有一个很大的不同点——Android 系统涉及的手机种类非常多，屏幕的尺寸也很难有一个固定的参数。可以按常见的 Android 系统手机屏幕尺寸来区分图标尺寸大小。

　　如表 2-3 所示为 Android 系统常用图标尺寸。

表 2-3　Android 系统常用图标尺寸

屏幕大小	启动图标	操作栏图标	上下文图标	系统通知图标（白色）	最细笔画
320×480 px	48×48 px	32×32 px	16×16 px	24×24 px	不小于 2 px
480×800 px、480×854 px、540×960 px	72×72 px	48×48 px	24×24 px	36×36 px	不小于 3px
720×1280 px	48×48 px	32×32 px	16×16 px	24×24 px	不小于 2px
1080×1920 px	144×144 px	96×96 px	48×48 px	72×72 px	不小于 6px

2.1.5 图标常用格式

　　图标格式即制作图标的图片格式。图片格式是计算机存储图片的格式，常见的存储格式有 BMP、JPEG、TIFF、GIF、PCX、TGA、EXIF、FPX、SVG、PSD、CDR、PCD、DXF、UFO、EPS、AI 及 RAW 等。

　　图标常用的格式主要是 JPEG、GIF 和 PNG，分别介绍如下。

1. JPEG 格式

　　JPEG 是最为常见的图片格式。这种格式以牺牲图像质量为代价，对文件进行高比率的压缩，从而大幅减小文件体积。JPEG 格式在处理图像时可以自动压缩类似颜色，保留明显的边缘线条，从而使压缩后的图像不至于过分失真。

JPEG 格式的优点如下：

1）利用灵活的压缩方式来控制大小。

2）可以对写实图像进行高比例压缩。

3）体积小，被广泛应用于网络传输。

4）对于渐进式 JPEG 文件，支持交错。

JPEG 格式的缺点如下：

1）大幅压缩图像，降低图像文件的数据质量。

2）压缩幅度过大，不能满足打印输出。

3）不适合存储颜色少、具有大面积相近颜色的区域或亮度变化明显的简单图像。

> **提示**
>
> 重新编辑并保存 JPEG 文件后，原始图像数据的质量会下降，而且这种下降是累计的，也就是说，每编辑存储一次，文件的质量就会下降一次。

2. GIF 格式

GIF 全称为"图像互换格式"，它是一种基于连续色调的无损压缩格式，压缩比率一般在 50% 左右。GIF 格式最大的特点就是可以在一个文件中同时存储多张图像数据，做出一种简单的图片动画效果，此外，它还支持某种颜色的透明显示。

GIF 格式的优点如下：

1）存储颜色少，体积小，传输速度快。

2）动态 GIF 可以用来制作图片动画。

3）适合存储线条、颜色极其简单的图像。

4）支持渐进式显示方式。

GIF 格式的缺点如下：

1）只支持 256 种颜色，极易造成颜色失真。

2）不支持真彩色。

3）不支持完全的透明。

3. PNG 格式

PNG 全称为"可移植网络图形格式"，它是一种位图文件的存储格式。PNG 格式增加了一些 GIF 格式不具备的特征，PNG 格式最大的特征是支持透明，而且可以在图像品质和文件体积之间做出均衡的选择。

PNG 格式的特点如下：

1）采用无损压缩，可以保证图像的品质。

2）支持 256 种真彩色。

3）支持透明存储，失真小，无锯齿。

4）体积较小，被广泛应用于网络传输。

PNG 格式的缺点如下：

1）不支持动画效果。

2）在存储无透明区域、颜色极其复杂的图像时，文件体积会变得很大，不如 JPEG。

3）IE 6 及以下版本浏览器不支持 PNG 格式的透明属性。

如图 2-10 所示为分别将图标存储为 JPEG、GIF 和 PNG 格式的效果，从图中可以明显看出，GIF 格式的图片无法真实地表现图标的阴影效果。

（JPEG格式）　　　　　　（GIF格式）　　　　　　（PNG格式）

图 2-10

2.2　拟物化图标

拟物化设计风格的图标在很长一段时间内都是图标设计的主流。拟物化风格图标与现实世界中的对象相仿，用户一看到这类图标就能够快速领会其用途。拟物化图标的视觉美感无与伦比，给人一种带入感，但拟物化设计方式有时会降低用户体验。

2.2.1　什么是拟物化图标

拟物化设计是指在设计过程中通过添加高光、纹理、材质和阴影等效果，力求实物对象的再现，在设计过程中也可以适当进行变形和夸张，模拟真实物体。拟物化风格图标可以使用户第一眼就能够认出对象是什么，而且拟物化设计的交互方式也模拟了现实生活中的交互方式。如图 2-11 所示为精美的拟物化设计风格图标。

通过高光、阴影等，突出表现图标的造型和质感。

拟物化图标，在设计过程中对象的造型完全模拟现实生活中物体的外形，力求外形的一致性。

图 2-11

2.2.2 拟物化图标的特点

拟物化设计因其完全模拟现实生活中的物体对象，其优势也很明显，主要包括以下几点。

1. 高辨识度

拟物化风格图标因为完全模拟现实生活中对象的外观和质感，所以其具有很高的辨识度，无论是什么肤色、什么性别、什么年龄或文化程度的人都能够认知拟物化的设计。如图 2-12 所示为高辨识度的拟物化图标设计。

完全模拟现实生活中的对象，使用户一看到该图标，就知道其功能是什么。

图 2-12

2. 人性化

拟物化风格图标能够体现较好的人性化，其设计的风格与使用方法与实现生活中的对象相统一，在使用上非常方便，也更容易使用户理解。如图 2-13 所示为人性化的拟物化图标设计。

能够非常明确地表明图标的意义。

图 2-13

3. 质感强烈

拟物化设计的视觉质感非常强烈，并且其交互效果能够给人很好的体验，以至于人们对拟物化设计已经养成了统一的认知和使用习惯。如图 2-14 所示为质感强烈的拟物化图标设计。

强烈的光晕质感，使图标给人很强的视觉冲击力。

完全模拟真实环境中的纹理表现效果，视觉效果真实。

图 2-14

　　拟物化风格图标的缺点是，在设计中花费大量的时间和精力实现对象的视觉表现和质感效果，而忽略了其功能化的实现。许多拟物化设计并没有实现较强的功能化，而只是实现了较好的视觉效果。并且在移动设备中，受到屏幕尺寸大小的限制，图标的显示尺寸有可能较小，当拟物化图标在较小的尺寸时，其辨识度会大大降低，如图 2-15 所示。

拟物化图标效果突出，但设计过程比较复杂，当图标较小时，其表现效果不够直观，辨识度降低。

图 2-15

 # 实战案例——设计拟物化时钟图标

　　源文件：源文件\第 2 章\拟物化时钟图标.psd
　　视　频：视　频\第 2 章\拟物化时钟图标.mp4

1. 案例特点

　　本案例设计一款拟物化时钟图标，在该图标的设计过程中完全模拟真实生活中时钟的外观，通过颜色明暗的变化、高光、阴影等效果的应用，表现出图标的凹凸视觉层次感，给人一种直观、真实、大方的感觉。

第2章 移动 APP 图标设计

2. 设计思维过程

绘制圆角矩形并添加图层样式，制作出图标的轮廓。

绘制正圆形时钟表盘，通过图层样式制作出凹凸的层次视觉效果。

通过旋转复制的方法，制作出时钟的刻度线。

最后绘制时钟指针图形，并添加相应的图层样式，表现出真实感。

3. 制作要点

在本案例所设计的拟物化时钟图标过程中，通过添加渐变颜色、高光、阴影等效果，着重表现图形的质感和真实感，但需要注意的是，高光、阴影等效果的设置不宜过分夸张，着重表现真实效果。表盘刻度图形的绘制可以通过旋转复制的方法来实现，但需要注意调整图形旋转的中心点位置，中心点始终是位于圆心的位置。

4. 配色分析

本案例所设计的拟物化时钟图标使用红色作为主色调，搭配不同明度的红色表现出图标的颜色层次质感，搭配白色的表盘背景和黑色的刻度指针，与现实生活中的图形统一，整个图标的配色，视觉层次分明，效果清晰。

红色　　　　浅灰色　　　　深灰色

5. 制作步骤

01 执行"文件>新建"命令，弹出"新建"对话框，新建一个空白文档，如图 2-16 所示。使用"渐变工具"，打开"渐变编辑器"对话框，设置渐变颜色，如图 2-17 所示。

图 2-16

图 2-17

RGB(156, 173, 190)

RGB(89, 108, 128)

💡 提示

在渐变预览条下方单击可以添加新色标，选择一个色标后，单击"删除"按钮，或者直接将它拖动到渐变预览条之外，可以删除该色标。

02 单击"确定"按钮，完成渐变颜色的设置，在画布中拖动鼠标填充径向渐变，效果如图 2-18 所示。按【Ctrl+R】组合键，显示出文档标尺，从标尺中拖出参考线，定位图标的中心位置，如图 2-19 所示。

图 2-18　　　　　　　　图 2-19

● 📦 **提示** ●

使用参考线可以帮助用户在对图像进行编辑、裁切及缩放调整的操作时更加方便和精准。如果在操作的过程中担心参考线会被移动，可以执行"视图>锁定参考线"命令，将其锁定在原来的位置上。

03 新建名称为"主体"的图层组，使用"圆角矩形工具"，在"选项"栏上设置"工具模式"为"形状"，"半径"为 60 像素，在画布中绘制黑色的圆角矩形，如图 2-20 所示。为该图层添加"渐变叠加"图层样式，对相关选项进行设置，如图 2-21 所示。

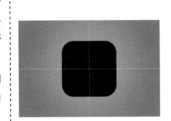

图 2-20　　　　　　　　图 2-21

● 📦 **提示** ●

此处所添加的"渐变叠加"图层样式从左至右滑块颜色依次为 RGB（255、68、0）、RGB（242、88、36）、RGB（237、70、9）、RGB（242、87、48）、RGB（255、255、255）、RGB（242、141、121）、RGB（229、96、92）和 RGB（217、22、0）。

04 继续添加"投影"图层样式，对相关选项进行设置，如图 2-22 所示。单击"确定"按钮，完成"图层样式"对话框的设置，效果如图 2-23 所示。

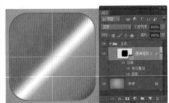

图 2-22　　　　　　　　图 2-23

05 复制"圆角矩形1"图层得到"圆角矩形1拷贝"图层，将该图层的图层样式清除，并调整复制得到的图形的大小，如图 2-24 所示。为该图层添加"斜面和浮雕"图层样式，对相关选项进行设置，如图 2-25 所示。

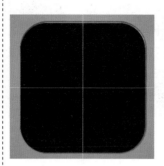

图 2-24

图 2-25

 提示

通过对"斜面和浮雕"图层样式的相关选项设置，可以为图像模拟出多种内斜面、外斜面和浮雕效果。

06 继续添加"渐变叠加"图层样式，对相关选项进行设置，如图 2-26 所示。单击"确定"按钮，完成"图层样式"对话框的设置，效果如图 2-27 所示。

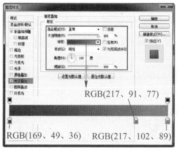

图 2-26

图 2-27

07 复制"圆角矩形1"图层得到"圆角矩形1拷贝 2"图层，将该图层的图层样式清除，为该图层添加"投影"图层样式，对相关选项进行设置，如图 2-28 所示。单击"确定"按钮，完成"图层样式"对话框的设置，将该图层调整至"圆角矩形1"图层下方，效果如图 2-29 所示。

图 2-28

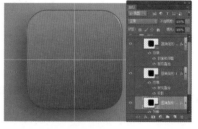

图 2-29

08 在"圆角矩形 1 拷贝"图层上方新建"图层1",使用"画笔工具",设置"前景色"为 RGB(15,11,11),选择合适的笔触,在画布中进行涂抹,如图 2-30 所示。按住【Alt】键,单击"圆角矩形 1 拷贝"图层的缩览图,载入选区,为"图层1"添加图层蒙版,效果如图 2-31 所示。

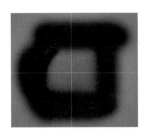

图 2-30

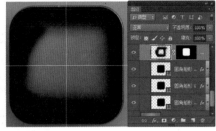

图 2-31

提示

在使用"画笔工具"时,按键盘上的【[】或【]】键可以减小或增大画笔的直径;按【Shift+[】或【Shift+]】组合键可以减少或增加具有柔边、实边的笔触硬度;按主键盘区域和小键盘区域的数字键可以调整笔触的不透明度;按住【Shift+主键盘区域的数字键】可以调整画笔的流量。

---

09 设置"图层 1"的"混合模式"为"柔光","填充"为 50%,效果如图 2-32 所示。使用"椭圆工具",在画布中绘制黑色的正圆形,如图 2-33 所示。

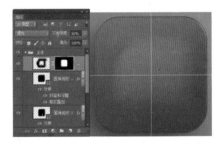

图 2-32

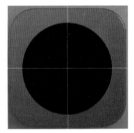

图 2-33

10 为该图层添加"渐变叠加"图层样式,对相关选项进行设置,如图 2-34 所示。继续添加"投影"图层样式,对相关选项进行设置,如图 2-35 所示。

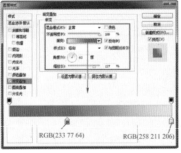

图 2-34

图 2-35

在为图层添加"渐变叠加"图层样式时，可以在该图层的对象上拖动鼠标，从而更改渐变叠加的位置。

11 单击"确定"按钮，完成"图层样式"对话框的设置，效果如图 2-36 所示。根据前面圆角矩形相同的制作方法，复制"椭圆 1"图层，并分别对复制得到的图形进行调整和设置，效果如图 2-37 所示。

图 2-36

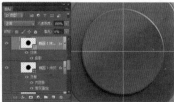

图 2-37

12 新建"图层 2"，使用"画笔工具"，设置"前景色"为 RGB（103，70，69），选择合适的笔触，在画布中进行涂抹，如图 2-38 所示。按住【Ctrl】键，单击"椭圆 1"图层缩览图，载入选区，为"图层 2"添加图层蒙版，并设置该图层的"混合模式"为"柔光"，效果如图 2-39 所示。

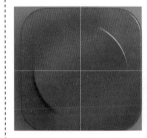

图 2-38

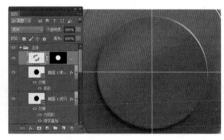

图 2-39

提示

可以在"图层"面板中直接创建白色蒙版或黑色蒙版，还可以在存在选区的情况下创建图层蒙版，如果在有选区的情况下创建图层蒙版，则选区中的图像将会被显示，而选区以外的图像将会被隐藏。

13 使用"椭圆工具"，在"选项"栏上设置"填充"为 RGB（102，27，0），在画布中绘制正圆形，如图 2-40 所示。为该图层添加"描边"图层样式，对相关选项进行设置，如图 2-41 所示。

图 2-40

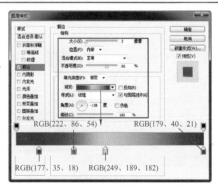

图 2-41

14 继续添加"内阴影"图层样式，对相关选项进行设置，如图 2-42 所示。继续添加"投影"图层样式，对相关选项进行设置，如图 2-43 所示。

图 2-42　　　　　　图 2-43

15 单击"确定"按钮，完成"图层样式"对话框的设置，效果如图 2-44 所示。使用"椭圆工具"，在"选项"栏中设置"填充"为RGB（229，220，218），在画布中分别绘制 3 个正圆形，并分别添加相应的图层样式，效果如图 2-45 所示。

图 2-44　　　　　　图 2-45

16 新建名称为"时"的图层组，使用"矩形工具"，设置"填充"为 RGB（51，41，41），在画布中绘制矩形，如图 2-46 所示。复制"矩形 1"图层得到"矩形 1 拷贝"图层，按【Ctrl+T】组合键，显示自由变换框，调整变换中心点位置到圆心处，在"选项"栏上设置"旋转"为 30°，效果如图 2-47 所示。

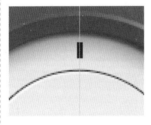

图 2-46　　　　　　图 2-47

17 按【Enter】键，确认对所复制图形的旋转操作。同时按住【Ctrl+Shift+Alt】组合键，多次按【T】键，多次对矩形进行复制旋转操作，效果如图 2-48 所示。为"时"图层组添加"投影"图层样式，对相关选项进行设置，如图 2-49 所示。

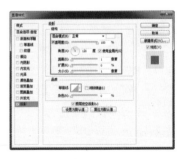

图 2-48　　　　　　图 2-49

提示

使用该方法可以准确地绘制图形，并使每个图形的位置间隔一致，在做刻度线时最常用的就是这种方法，也是最便捷的方法。

18 单击"确定"按钮，完成"图层样式"对话框的设置，效果如图 2-50 所示。新建名称为"分"的图层组，使用相同的制作方法，可以绘制出分钟刻度线的效果，如图 2-51 所示。

图 2-50

图 2-51

19 新建名称为"指针"的图层组，使用"圆角矩形工具"，在"选项"栏上设置"填充"为 RGB（51，41，41），"半径"为 5 像素，在画布中绘制圆角矩形，并对该圆角矩形进行旋转操作，效果如图 2-52 所示。为该图层添加"外发光"图层样式，对相关选项进行设置，如图 2-53 所示。

图 2-52

图 2-53

20 继续添加"投影"图层样式，对相关选项进行设置，如图 2-54 所示。单击"确定"按钮，完成"图层样式"对话框的设置，效果如图 2-55 所示。

图 2-54

图 2-55

21 使用相同的制作方法，可以完成其他指针图形的绘制，效果如图 2-56 所示。完成该拟物化时钟图标的设计，最终效果如图 2-57 所示。

图 2-56

图 2-57

 扁平化图标

扁平化风格是近几年才发展起来的一种新的设计趋势，特别是在移动设备的界面设计中，扁平化设计越来越多，而且也为用户带来了良好的体验。

2.3.1 什么是扁平化图标

扁平化从字面意义上理解是指设计的整体效果趋向扁平，无立体感。扁平化图标设计的核心是在设计中摒弃高光、阴影、纹理和渐变等装饰性效果，通过符号化或简化的图形设计元素来表现图标的功能和意义。在扁平化设计中去除了冗余的效果和交互，其交互核心在于突出功能本身的使用。如图 2-58 所示为扁平化设计风格的图标。

简洁的符号化图标与纯色背景搭配，构成扁平化图标，简洁、大方，表达的意义明确。

图 2-58

2.3.2 扁平化图标的特点

扁平化与拟物化是两种完全不同的设计风格，扁平化设计风格的图标的优点主要表现在以下几个方面。

1. 简约时尚

扁平化设计中常常使用一些流行的色彩搭配和图形元素，使看多了拟物化设计的用户有一种焕然一新的感觉，扁平化图标可以更好地表现出时尚和简约的美感。如图 2-59 所示为简约的扁平化图标设计。

在一系列扁平化图标中，使用不同的背景颜色来区别不同功能的图标，整体表现简约、时尚。

图 2-59

2. 突出图标主题

扁平化图标设计中很少使用渐变、高光和阴影等效果，使用的都是细微的效果，这样可以避免各种视觉效果对用户视线的干扰，使用户专注于设计内容本身，突出图标主题，也使得设计内容更加简单易用。如图 2-60 所示为突出主题的扁平化图标设计。

扁平化图标的设计
没有过多的修饰，
图形主题的表达更
加直观，使用户很
容易理解。

图 2-60

3. 设计更容易

优秀的扁平化图标设计具有良好的架构、排版布局、色彩运用和高度一致性，从而保证其易用性和可识别性。如图 2-61 所示为设计精美的扁平化图标设计。

扁平化图标设计中，多数是通过色块和基本图形来构成图标，其设计和实现方法比拟物化设计要简单许多，而表现效果上更加简洁、直观。

图 2-61

扁平化图标设计虽然具有许多优点，但是其缺点同样也非常明显，因为扁平化设计主要是使用纯色和简单的图形符号来构成设计，所以其表达感情不如拟物化设计丰富，甚至过于冰冷。特别是在游戏界面设计中，游戏界面需要给玩家营造一种真实感和带入感，使玩家能够身临其境，而扁平化设计就无法达到这样的效果。

2.3.3 基础风格扁平化图标

基础风格的扁平化图标，不添加任何渐变、阴影、高光等体现图标透视感的图形元素，而是通过极其简约的基本形状图形、符号等表现出图标的主题。基础风格的扁平化图标表现简洁、易懂，图标构成简单、色彩明快。如图 2-62 所示为基础风格的扁平化图标。

纯色块加简约的图形，不添加任何修饰，构成基础风格扁平化图标，给人一种简约、直接、大方的印象。

图 2-62

 ## 实战案例——设计基础风格购物图标

源文件：源文件\第 2 章\基础风格购物图标.psd

视　频：视　频\第 2 章\基础风格购物图标.mp4

1. 案例特点

本案例设计一组基础风格扁平化图标，主要通过纯色的基本图形来构成图标，通过同色系不同明度的色彩表现出图标的厚度感，图标的整体视觉效果非常简约、直观，给人一种简洁、大方的印象。

2. 设计思维过程

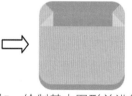

绘制圆角矩形并添加"内阴影"图层样式，使图标具有厚度感。

绘制基本图形并进行调整，表现出购物袋的图形效果。

绘制正圆形，并对该正圆形进行复制，绘制出圆孔效果。

通过多个正圆形进行相加、相减操作，绘制出购物袋提绳效果。

3. 制作要点

本案例设计的是基本风格的扁平化图标，主要使用 Photoshop 中的各种基本绘图工具绘制各种基础图形，并通过形状图形的相加、相减等操作得到一些复制的图形，从而构成整个图标,在设计制作过程中,读者需要注意学习形状图形相加、相减的操作方法。

4. 配色分析

本案例设计的基础风格购物图标主要使用黄色作为主色调,黄色是一种视觉效果比较鲜明的色彩,搭配同色系的黄橙色和浅黄色,整个图标的色彩搭配非常简洁、色调统一。

黄色　　　　　橙色　　　　　浅黄色

5. 制作步骤

01 执行"文件>新建"命令,弹出"新建"对话框,新建一个空白文档,如图 2-63 所示。打开并拖入素材图像"源文件\第 2 章\素材2201.jpg",如图 2-64 所示。

图 2-63

图 2-64

02 新建名称为"应用商店"的图层组,使用"圆角矩形工具",在"选项"栏上设置"工具模式"为"形状","填充"为 RGB (248,176,36),"半径"为 20 像素,在画布中绘制圆角矩形,如图 2-65 所示。为该图层添加"内阴影"图层样式,对相关选项进行设置,如图 2-66 所示。

图 2-65

图 2-66

03 单击"确定"按钮,完成"图层样式"对话框的设置,效果如图 2-67 所示。使用"矩形工具",在"选项"栏上设置"填充"为 RGB (243,133,12),在画布中绘制矩形,并为该图层创建剪贴蒙版,如图 2-68 所示。

图 2-67

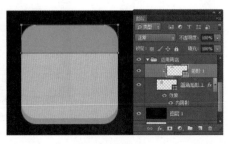

图 2-68

────● 提示 ●────

　　执行"图层>创建剪贴蒙版"命令，或按【Alt+Ctrl+G】组合键，即可将当前选中图层与下方相邻的图层创建剪贴蒙版。还可以按住【Alt】键在两个相邻图层之间的分隔线位置单击，同样可以创建剪贴蒙版。

04 使用"矩形工具"，在"选项"栏上设置"填充"为 RGB（248，206，36），在画布中绘制矩形，如图 2-69 所示。使用"直接选择工具"，选择矩形右上角的锚点，将该锚点向下拖动调整形状，如图 2-70 所示。

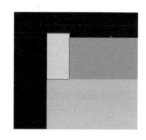
图 2-69

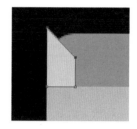
图 2-70

────● 提示 ●────

　　在使用"直接选择工具"选择锚点时，按住【Shift】键的同时分别单击锚点，可以同时选中多个锚点。

05 执行"图层>创建剪贴蒙版"命令，将该图层创建剪贴蒙版，效果如图 2-71 所示。使用相同的制作方法，完成相似图形的绘制，效果如图 2-72 所示。

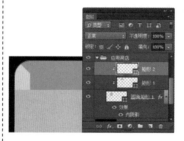
图 2-71

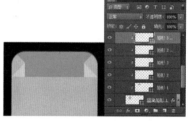
图 2-72

06 使用"椭圆工具"，在"选项"栏上设置"填充"为 RGB（196，135，17），在画布中绘制正圆形，如图 2-73 所示。复制"椭圆 1"图层得到"椭圆 1 拷贝"图层，将复制得到的正圆形向右移至合适的位置，如图 2-74 所示。

图 2-73

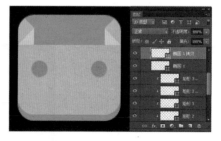
图 2-74

07 使用"椭圆工具",在
"选项"栏上设置"填充"为
RGB（255，238，206），在画布
中绘制正圆形,如图 2-75 所
示。继续使用"椭圆工具",在
"选项"栏上设置"路径操作"
为"减去顶层形状",在刚绘制
的正圆形上减去一个正圆形,得
到需要的圆环图形,如图 2-76
所示。

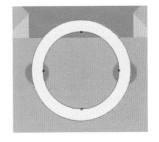

图 2-75   图 2-76

提示

设置"路径操作"为"减去顶层形状"选项后,可以在当前的路径或形状图形中减
去当前所绘制的路径或形状图形。

08 使用"矩形工具",在
"选项"栏上设置"路径操
作"为"减去顶层形状",在
圆环图形上减去矩形,得到需
要的图形,如图 2-77 所示。
使用"椭圆工具",在"选
项"栏上设置"路径操作"为
"合并形状",在画布中绘制正
圆形,完成该"应用商店"图
标的绘制,如图 2-78 所示。

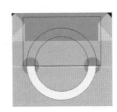

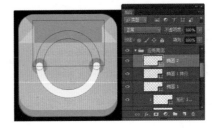

图 2-77   图 2-78

提示

设置"路径操作"为"合并形状"选项后,可以在现有的形状图形基础上添加新的
形状图形,所绘制的形状图形将与当前所选中的形状图形位于同一个形状图层中。

09 新建名称为"视频"的图
层组,复制"圆角矩形 1"图层
得到"圆角矩形 1 拷贝"图层,
将复制得到的图层调整到"视
频"图层组中,如图 2-79 所
示。将复制得到的图形向右移至
合适的位置,修改该圆角矩形的
填充颜色为 RGB（84，111，
134）,效果如图 2-80 所示。

图 2-79   图 2-80

10 双击"圆角矩形1拷贝"图层的"内阴影"图层样式，弹出"图层样式"对话框，对相关选项进行修改，如图2-81所示。单击"确定"按钮，完成"图层样式"对话框的设置，效果如图2-82所示。

图 2-81

图 2-82

11 使用"圆角矩形工具"，在"选项"栏上设置"填充"为RGB（108，187，232），"半径"为20像素，在画布中绘制圆角矩形，如图2-83所示。使用"矩形工具"，在画布中绘制黑色矩形，将该图层创建剪贴蒙版，并设置该图层的"混合模式"为"柔光"，"不透明度"为20%，效果如图2-84所示。

图 2-83

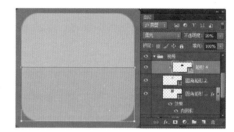

图 2-84

12 使用"多边形工具"，在"选项"栏上设置"边"为3，在画布中绘制白色三角形，如图2-85所示。使用"矩形工具"，在"选项"栏中设置"路径操作"为"减去顶层形状"，在刚绘制的三角形上减去相应的矩形，效果如图2-86所示。

图 2-85

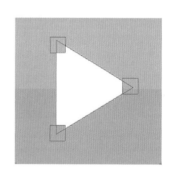

图 2-86

13 使用"椭圆工具"，在"选项"栏中设置"路径操作"为"合并形状"，在图形上添加相应的正圆形，得到圆角三角形的效果，如图2-87所示。为该图层添加"投影"图层样式，对相关选项进行设置，如图2-88所示。

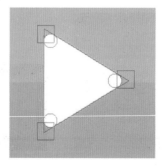

图 2-87

图 2-88

14 单击"确定"按钮，完成"图层样式"对话框的设置，完成该"视频"图标的绘制，效果如图 2-89 所示。使用相同的制作方法，还可以完成其他基础风格图标的绘制，最终效果如图 2-90 所示。

图 2-89　　　　　　　图 2-90

2.3.4　阴影风格扁平化图标

阴影风格的扁平化图标主要是为图标中主体图形元素添加常规的阴影效果，通过阴影效果的添加，可以有效地增加图形的立体感，使图标的层次感更强一些，如图 2-91 所示为阴影风格的扁平化图标。

在图标设计过程中，为局部图形添加少量的阴影效果，从而增强图标的表现效果，使之不至于太过扁平。

图 2-91

实战案例——设计阴影风格设置图标

源文件：源文件\第 2 章\阴影风格设置图标.psd
视　频：视　频\第 2 章\阴影风格设置图标.mp4

1. 案例特点

本案例将设计一组阴影风格扁平化图标，即在图标的设计过程中，使用微渐变颜色作为图标的背景颜色，并为图标中的主体图形添加投影效果，从而有效地增强图标的层次感，使图标的视觉效果更加突出。

2. 设计思维过程

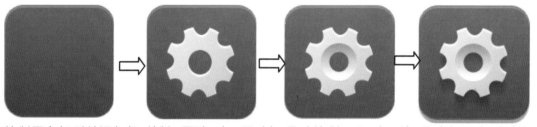

绘制圆角矩形并添加相 应的图层样式，制作出 图标的背景轮廓。

绘制正圆形，在正圆形中 减去多个正圆形，得到需 要的图形。

通过绘制正圆形，并 添加图层样式，丰富 图标的表现效果。

通过为图形添加相应 的阴影效果，表现出 层次感和质感。

3. 制作要点

本案例所设计的阴影风格设置图标，使用圆角矩形绘制出图标的轮廓并添加相应的图层样式，绘制正圆形并在该正圆形中减去多个小正圆形，注意在减去小正圆形时，同样可以通过旋转复制的方法来实现，旋转的中心点为大正圆形的中心点，最后为图形添加相应的阴影效果。

4. 配色分析

本案例所设计的阴影风格设置图标，使用蓝色作为图标的主色调，蓝色给人一种冷静、稳重的印象，搭配灰色的图形，使设置图形在蓝色背景的衬托下更加醒目。

靛蓝色   蓝色   灰色

5. 制作步骤

01 执行"文件>新建"命令，弹出"新建"对话框，新建一个空白文档，如图 2-92 所示。打开并拖入素材图像"源文件\第 2 章\素材\2301.jpg"，效果如图 2-93 所示。

图 2-92

图 2-93

02 新建名称为"系统设置"的图层组,使用"圆角矩形工具",在"选项"栏上设置"工具模式"为"形状","半径"为 20 像素,在画布中绘制任意颜色的圆角矩形,如图 2-94 所示。为该图层添加"描边"图层样式,对相关选项进行设置,如图 2-95 所示。

图 2-94

图 2-95

03 继续添加"内阴影"图层样式,对相关选项进行设置,如图 2-96 所示。继续添加"渐变叠加"图层样式,对相关选项进行设置,如图 2-97 所示。

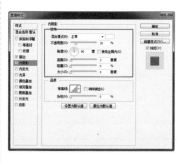

图 2-96

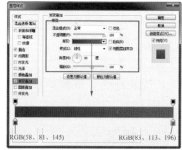

图 2-97

04 单击"确定"按钮,完成"图层样式"对话框的设置,效果如图 2-98 所示。使用"椭圆工具",在画布中绘制任意颜色的正圆形,如图 2-99 所示。

图 2-98

图 2-99

05 继续使用"椭圆工具",在"选项"栏上设置"路径操作"为"减去顶层形状",在刚绘制的正圆形上减去正圆形,得到需要的圆环图形,如图 2-100 所示。按【Ctrl+R】组合键,显示出文档标尺,从标尺中拖出参考线,定位正圆形中心点位置,如图 2-101 所示。

图 2-100

图 2-101

06 使用"椭圆工具"，在"选项"栏上设置"路径操作"为"减去顶层形状"，在圆环图形中减去一个椭圆形，效果如图 2-102 所示。使用"路径选择工具"，选中刚绘制的椭圆形路径，先按【Ctrl+C】组合键，复制路径，再按【Ctrl+V】组合键，粘贴路径，然后按【Ctrl+T】组合键，显示自由变换框，调整椭圆形路径的旋转中心点至大正圆形中心点位置。在"选项"栏上设置旋转角度为45°，旋转路径，效果如图 2-103 所示。

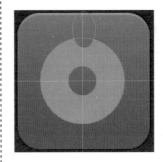

图 2-102

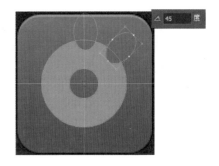

图 2-103

提示

选择需要进行变换操作的图形，按【Ctrl+T】组合键或执行"编辑>变换>缩放"命令，可以在图形上显示变换框，按住【Shift】键拖动变换控制点，可以以变换中心点为中心对图像进行等比例缩放操作，缩放完成后，按【Enter】键，可以确认对图像的缩放操作。

---

07 按【Enter】键，确认路径的旋转变换操作，效果如图 2-104 所示。按住【Ctrl+Alt+Shift】组合键不放，多次按【T】键，重复复制椭圆形路径并旋转的操作，得到需要的图形，效果如图 2-105 所示。

图 2-104

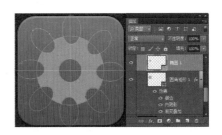

图 2-105

08 为该图层添加"内阴影"图层样式，对相关选项进行设置，如图 2-106 所示。继续添加"渐变叠加"图层样式，对相关选项进行设置，如图 2-107 所示。

图 2-106

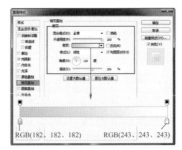

图 2-107

09 单击"确定"按钮，完成"图层样式"对话框的设置，效果如图 2-108 所示。复制"椭圆 1"图层得到"椭圆 1 拷贝"图层，清除该图层的图层样式，修改填充颜色为黑色，将该图层移至"椭圆 1"图层下方，将复制得到的图形向下移动位置，并将该图层转换为智能对象，如图 2-109 所示。

图 2-108   图 2-109

> 💡 **提示**
>
> 智能滤镜无损编辑图形是很受欢迎的方式，先把图层转成智能对象，再添加滤镜，可以不断调整滤镜效果。

10 执行"滤镜>模糊>动感模糊"命令，弹出"动感模糊"对话框，对相关选项进行设置，如图 2-110 所示。单击"确定"按钮，完成"动感模糊"对话框的设置，效果如图 2-111 所示。

图 2-110   图 2-111

> 💡 **提示**
>
> 为图像应用"动感模糊"滤镜，可以根据制作效果的需要沿指定方向、指定强度模糊图像，形成残影的效果。

11 执行"滤镜>模糊>高斯模糊"命令，弹出"高斯模糊"对话框，对相关选项进行设置，如图 2-112 所示。单击"确定"按钮，完成"高斯模糊"对话框的设置，设置该图层的"不透明度"为 30%，效果如图 2-113 所示。

图 2-112   图 2-113

● 💡 提示 ●

使用"高斯模糊"滤镜可以为图像添加低频细节，使图像产生一种朦胧的效果。在"高斯模糊"对话框中，"半径"值越大，模糊的效果越强烈。

12 使用相同的制作方法，完成相似图形的绘制并添加相应的图层样式，效果如图 2-114 所示。为"系统设置"图层组添加"投影"图层样式，对相关选项进行设置，如图 2-115 所示。

图 2-114　　　　　　图 2-115

13 单击"确定"按钮，完成"图层样式"对话框的设置，效果如图 2-116 所示。新建名称为"搜索"的图层组，复制"圆角矩形 1"图层得到"圆角矩形 1 拷贝"图层，将该图层移至"搜索"图层组中，并将复制得到的图形向右移至合适的位置，双击"渐变叠加"图层样式，弹出"图层样式"对话框，对相关选项进行修改，如图 2-117 所示。

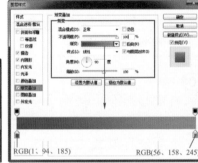

图 2-116　　　　　　图 2-117

14 单击"确定"按钮，完成"图层样式"对话框的设置，效果如图 2-118 所示。使用"椭圆工具"，在画布中绘制正圆形，如图 2-119 所示。

图 2-118　　　　　　图 2-119

● 💡 提示 ●

使用"椭圆工具"绘制椭圆形时，如果在拖动鼠标的同时按住【Shift】键，则可以绘制正圆形；如果在拖动鼠标的同时按住【Alt+Shift】组合键，则将以单击点为中心向四周绘制正圆形。

15 使用"椭圆工具",在"选项"栏上设置"路径操作"为"减去顶层形状",在刚绘制的正圆形上减去正圆形,得到圆环图形,效果如图 2-120 所示。使用"圆角矩形工具",在"选项"栏上设置"路径操作"为"合并形状","半径"为 20 像素,在画布中绘制圆角矩形,如图 2-121 所示。

图 2-120

图 2-121

17 为该图层添加"内阴影"和"渐变叠加"图层样式,效果如图 2-122 所示。使用相同的制作方法,完成该阴影风格图标的绘制,效果如图 2-123 所示。

图 2-122

图 2-123

17 使用相同的制作方法,可以完成一系列相同阴影风格图标的设计制作,最终效果如图 2-124 所示。

图 2-124

2.3.5　长阴影风格扁平化图标

长阴影风格的扁平化图标是目前最流行也是应用范围最广的扁平化设计风格,长阴影其实就是扩展了对象的投影,感觉是一种光线照射下的影子,通常采用 45° 角的投影。目前,长阴影设计主要用于较小的对象和元素,在扁平化图标设计中的应用最为广泛。如图 2-125 所示为长阴影风格的扁平化图标。

为图标的主体图形添加长阴影效果，从而突出主体图形，并且使图标具有一定的立体感。

图 2-125

 ## 实战案例——设计长阴影风格日期图标

🌀 源文件：源文件\第 2 章\长阴影风格日期图标.psd
🎬 视　频：视　频\第 2 章\长阴影风格日期图标.mp4

1. 案例特点

本案例设计一组长阴影风格的图标，长阴影风格的扁平化图标是目前最流行也是应用范围最广的扁平化设计风格，在图标中为主体图形设置 45°角的长投影，可以丰富图标的效果，使视觉效果更加突出。

2. 设计思维过程

通过绘制圆角矩形并添加相应的图层样式，制作出图标的背景轮廓。

通过基本形状图形的绘制，可以表现出图标的层次感。

通过绘制主要图像，并添加相应图层样式，丰富图标效果。

通过绘制长阴影表现出扁平化图标的层次感和质感。

3. 制作要点

本案例所设计的长阴影风格日期图标，通过使用圆角矩形制出图标的轮廓，搭配质感的图形，为图标中主要图像添加长阴影效果，所添加的长阴影角度通常为 45°，通过长阴影效果的添加使得扁平化图标更加具有层次感和纵伸感。

4. 配色分析

本案例所设计的长阴影风格日期图标没有使用纯度很高的颜色，使用浅粉色作为图标轮廓颜色，让人感觉温馨、舒适，红色是温暖和鲜艳的颜色，与浅色背景形成色彩对比，主要的日期文字使用橙色，突出主体图形。

茶色　　　　　红色　　　　　橙色

5. 制作步骤

01 执行"文件>新建"命令，弹出"新建"对话框，新建一个空白文档，如图 2-126 所示。使用"渐变工具"，打开"渐变编辑器"对话框，设置渐变颜色，如图 2-127 所示。

图 2-126

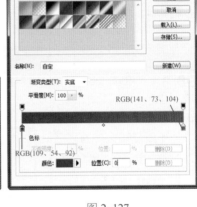

图 2-127

02 单击"确定"按钮，完成渐变颜色的设置，在画布中拖动鼠标填充径向渐变，效果如图 2-128 所示。新建名称为"日历"的图层组，使用"圆角矩形工具"，在"选项"栏上设置"半径"为 70 像素，在画布中绘制任意颜色的圆角矩形，如图 2-129 所示。

图 2-128

图 2-129

03 为该图层添加"内阴影"图层样式，对相关选项进行设置，如图 2-130 所示。继续添加"渐变叠加"图层样式，对相关选项进行设置，如图 2-131 所示。

图 2-130

图 2-131

04 继续添加"投影"图层样式，对相关选项进行设置，如图 2-132 所示。在"图层样式"对话框左侧选择"混合选项"选项，对相关选项进行设置，如图 2-133 所示。

图 2-132

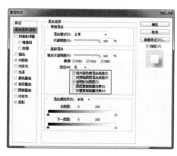

图 2-133

05 单击"确定"按钮，完成"图层样式"对话框的设置，效果如图 2-134 所示。使用"矩形工具"，在"选项"栏上设置"填充"为 RGB（255，75，71），在画布中绘制矩形，将该图层创建剪贴蒙版，效果如图 2-135 所示。

图 2-134

图 2-135

06 为该图层添加"渐变叠加"图层样式，对相关选项进行设置，如图 2-136 所示。单击"确定"按钮，完成"图层样式"对话框的设置，效果如图 2-137 所示。

图 2-136

图 2-137

07 使用"矩形工具"，设置"填充"为 RGB（190，43，33），在画布中绘制矩形，将该图层创建剪贴蒙版，如图 2-138 所示。使用"直线工具"，设置"填充"为"无"，"描边"为 RGB（199，178，153），"描边宽度"为 3 点，"粗细"为 2 像素，选择虚线的描边类型，在画布中绘制虚线，效果如图 2-139 所示。

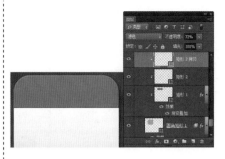

图 2-138

图 2-139

08 为该图层创建剪贴蒙版，设置该图层的"混合模式"为"正片叠底"，"不透明度"为 65%，效果如图 2-140 所示。使用"圆角矩形工具"，设置"填充"为 RGB（255，230，216），在画布中绘制圆角矩形，为该图层添加"投影"图层样式，并将该图层创建剪贴蒙版，效果如图 2-141 所示。

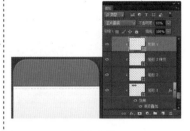

图 2-140

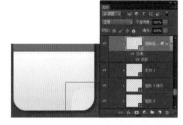

图 2-141

09 使用相同的制作方法，完成相似图形的绘制和图层样式的添加，效果如图 2-142 所示。使用"钢笔工具"，在"选项"栏上设置"工具模式"为"形状"，"填充"为 RGB（224，195，177），在画布中绘制形状图形，效果如图 2-143 所示。

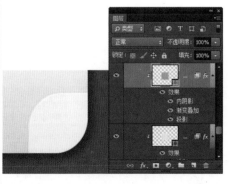

图 2-142

图 2-143

10 为该图层添加"内阴影"图层样式,对相关选项进行设置,如图 2-144 所示。单击"确定"按钮,完成"图层样式"对话框的设置,将该图层创建剪贴蒙版,效果如图 2-145 所示。

图 2-144

图 2-145

11 使用"椭圆工具",设置"填充"为 RGB(196,45,36),在画布中绘制正圆形,并复制所绘制的正圆形,效果如图 2-146 所示。复制"椭圆 1"图层得到"椭圆 1 拷贝"图层,将复制得到的图形向下移至合适的位置,并修改复制得到图形的填充颜色为 RGB(182,137,108),效果如图 2-147 所示。

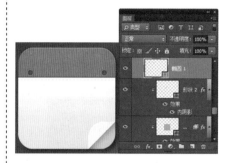

图 2-146

图 2-147

💡 **提示**

如果需要修改形状图层中图形的填充颜色,可以直接双击该形状图层缩览图,在弹出的"拾色器"对话框中即可设置该形状图层中图形的填充颜色。

---

12 使用"圆角矩形工具",在"选项"栏上设置"半径"为 20 像素,在画布中绘制任意颜色的圆角矩形,如图 2-148 所示。为该图层添加"渐变叠加""内阴影"和"投影"图层样式,效果如图 2-149 所示。

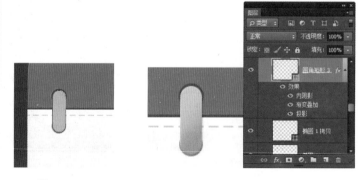

图 2-148   图 2-149

13 使用"矩形工具"，设置"填充"为 RGB（255，165，24），在画布中绘制矩形，如图 2-150 所示。为该图层创建剪贴蒙版，设置该图层的"混合模式"为"正片叠底"，"不透明度"为 56%，效果如图 2-151 所示。

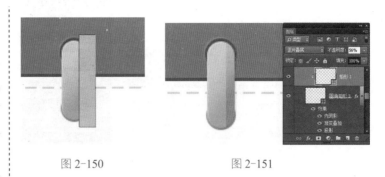

图 2-150   图 2-151

14 使用相同的制作方法，完成相似图形的绘制，制作出高光图形，效果如图 2-152 所示。同时选中"圆角矩形 3"至"圆角矩形 5"图层，复制选中的图层，将复制得到的图形向右移至合适的位置，效果如图 2-153 所示。

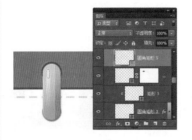 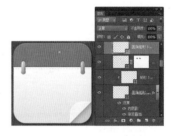

图 2-152   图 2-153

15 使用"钢笔工具"，设置"填充"为 RGB（120，66，33），在画布中绘制形状图形，如图 2-154 所示。执行"滤镜>模糊>高斯模糊"命令，弹出"高斯模糊"对话框，对各选项进行设置，如图 2-155 所示。

图 2-154   图 2-155

📖 **提示**

在使用"钢笔工具"绘制曲线路径的过程中调整方向线时，按住【Shift】键拖动鼠标可以将方向线的方向控制在水平、垂直或以 45°角为增量的角度上。

16 单击"确定"按钮，完成"高斯模糊"对话框的设置，将该图层调整至"圆角矩形 3"图层下方，设置该图层的"混合模式"为"正片叠底"，"不透明度"为 65%，效果如图 2-156 所示。复制"形状 3"图层，将复制得到的图形向右移至合适的位置，效果如图 2-157 所示。

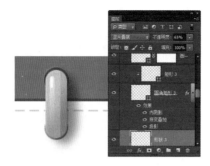

图 2-156   图 2-157

17 使用"横排文字工具"，在"字符"面板上对相关选项进行设置，在画布中输入文字，如图 2-158 所示。为该文字图层添加"渐变叠加"图层样式，对相关选项进行设置，如图 2-159 所示。

图 2-158   图 2-159

18 继续添加"内阴影"图层样式，对相关选项进行设置，如图 2-160 所示。继续添加"投影"图层样式，对相关选项进行设置，如图 2-161 所示。

图 2-160   图 2-161

19 单击"确定"按钮，完成"图层样式"对话框的设置，效果如图 2-162 所示。复制该文字图层，执行"类型>转换为形状"命令，将复制得到的文字图层转换为形状图层，修改填充颜色为RGB（220，116，54），并修改该图层的图层样式，效果如图 2-163 所示。

图 2-162   图 2-163

20 使用"钢笔工具"，在"选项"栏上设置"路径操作"为"合并形状"，在画布中绘制形状图形，如图 2-164 所示。将"26 拷贝"图层调整到 26 文字图层下方，并向右下方移动位置，制作出立体文字的效果，如图 2-165 所示。

图 2-164   图 2-165

21 使用"矩形工具"，设置"填充"为 RGB（172，108，84），在画布中绘制矩形，将该矩形旋转 45° 并调整到合适的位置，效果如图 2-166 所示。使用"直接选择工具"，对矩形锚点进行相应的调整，如图 2-167 所示。

图 2-166   图 2-167

22 为该图层添加图层蒙版，使用"渐变工具"，在图层蒙版中填充黑白线性渐变，设置该图层的"混合模式"为"正片叠底"，"不透明度"为 65%，将该图层调整到"圆角矩形 3"下方，制作出长阴影的效果，如图 2-168 所示。使用相同的制作方法，可以完成该图标中其他图形长阴影效果的制作，如图 2-169 所示。

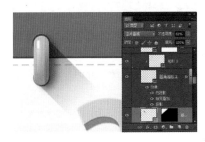 

图 2-168   图 2-169

23 使用相同的制作方法，还可以绘制出其他长阴影风格的图标，最终效果如图 2-170 所示。

图 2-170

2.3.6 微渐变风格扁平化图标

扁平化设计风格虽然抛弃渐变、高光和阴影等图形透视元素，但并不是绝对的，在扁平化设计风格中有一种风格称为微渐变风格，如图 2-171 所示为微渐变风格的扁平化图标。微渐变风格就是将简单的图形元素与传统图标高光表现的方式相结合，通过微渐变的方式体现出图标的层次感和立体感。

在图标设计过程中适当运用微渐变色进行，使用图标表现出色彩的过渡，可以增强图标的质感，从而不至于太过于扁平。

颜色的过渡比较细微，同时也不会为相应的图形添加细微的投影等效果。

图 2-171

 实战案例——设计微渐变风格天气图标

源文件：源文件\第 2 章\微渐变风格天气图标.psd
视　频：视　频\第 2 章\微渐变风格天气图标.mp4

1. 案例特点

本案例设计一组微渐变风格图标，在图标的设计过程中，通过为图形添加微渐变效果，使图标的表现效果更加精致、美观，避免图标颜色太过于扁平，给人一种颜色层次过渡的视觉效果。

2. 设计思维过程

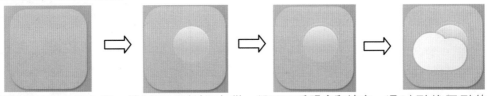

绘制圆角矩形并添加渐变样式，制作出微渐变效果的图标背景。

绘制正圆形并添加微渐变效果，制作出太阳的图形效果。

设置不透明度和填充效果，制作出光晕效果，栩栩如生。

通过形状图形的相减，得到白云图形，并添加相应的效果。

3. 制作要点

本案例所设计的一组微渐变风格图标，每个图标的颜色相差不大，但是具有很好的层次性和辨识度，这就是微渐变带来的效果，既能让图标的设计具有统一性，又能将图标的结构层次清晰地展现出来，简化操作，便于人们对图标的辨识。

4. 配色分析

本案例所设计的微渐变风格天气图标，使用黄橙色作为图标的背景主色调，与太阳的色彩相近，给用户统一的视觉印象，在图标中搭配黄色的太阳和接近白色的云朵图形，形象地表现该图标，整体色彩搭配和谐统一、形象生动。

黄橙色　　　　黄色　　　　浅黄色

5. 制作步骤

01 执行"文件>新建"命令，弹出"新建"对话框，新建一个空白文档，如图 2-172 所示。打开并拖入素材图像"源文件\第 2 章\素材\2501.jpg"，效果如图 2-173 所示。

图 2-172

图 2-173

02 新建名称为"天气"的图层组，使用"圆角矩形工具"，设置"半径"为 40 像素，在画布中绘制白色的圆角矩形，如图 2-174 所示。为该图层添加"渐变叠加"图层样式，对相关选项进行设置，如图 2-175 所示。

图 2-174

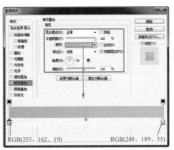

图 2-175

03 继续添加"投影"图层样式，对相关选项进行设置，如图 2-176 所示。单击"确定"按钮，完成"图层样式"对话框的设置，效果如图 2-177 所示。

 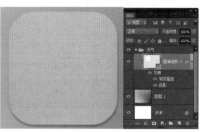

图 2-176　　　　图 2-177

04 使用"椭圆工具"，在画布中绘制白色的正圆形，效果如图 2-178 所示。为该图层添加"内阴影"图层样式，对相关选项进行设置，如图 2-179 所示。

 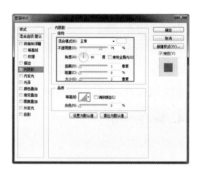

图 2-178　　　　图 2-179

05 继续添加"渐变叠加"图层样式，对相关选项进行设置，如图 2-180 所示。单击"确定"按钮，完成"图层样式"对话框的设置，效果如图 2-181 所示。

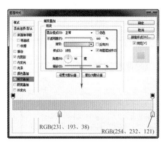 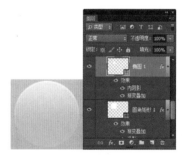

图 2-180　　　　图 2-181

06 复制"椭圆 1"图层得到"椭圆 1 拷贝"图层，将复制得到的图形等比例放大并调整位置，删除该图层的"渐变叠加"图层样式，修改"内阴影"图层样式，如图 2-182 所示。单击"确定"按钮，设置该图层的"填充"为 0%，效果如图 2-183 所示。

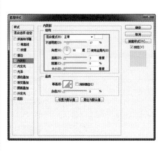 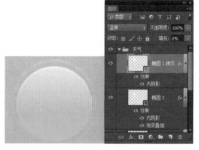

图 2-182　　　　图 2-183

提示

　　如果需要清除为图层添加的图层样式，可以在该图层上右击，在弹出的快捷菜单中选择"清除图层样式"命令，即可一次清除为该图层所添加的所有图层样式。如果需要删除该图层中多个图层样式中的某一个，可以将需要删除的图层样式拖动至"图层"面板的"删除"按钮上。

---

07 使用相同的制作方法，可以完成相似图形效果的制作，如图 2-184 所示。使用"圆角矩形工具"，设置"半径"为 100 像素，在画布中绘制白色的圆角矩形，如图 2-185 所示。

图 2-184

图 2-185

08 使用"钢笔工具"，在"选项"栏中设置"路径操作"为"减去顶层形状"，在刚绘制的圆角矩形上减去相应的图形，得到需要的图形，如图 2-186 所示。为该图层添加"渐变叠加"图层样式，对相关选项进行设置，如图 2-187 所示。

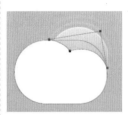

图 2-186

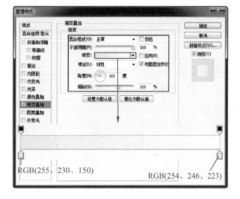

图 2-187

09 继续添加"投影"图层样式，对相关选项进行设置，如图 2-188 所示。单击"确定"按钮，完成"图层样式"对话框的设置，完成该天气图标的绘制，效果如图 2-189 所示。

图 2-188

图 2-189

10 新建名称为"视频"的图层组，使用"圆角矩形工具"，在画布中绘制圆角矩形，并为该图层添加"渐变叠加"和"投影"图层样式，效果如图 2-190 所示。使用"椭圆工具"，在画布中绘制白色的正圆形，效果如图 2-191 所示。

图 2-190

图 2-191

11 为该图层添加"斜面和浮雕"图层样式，对相关选项进行设置，如图 2-192 所示。继续添加"渐变叠加"图层样式，对相关选项进行设置，如图 2-193 所示。

图 2-192

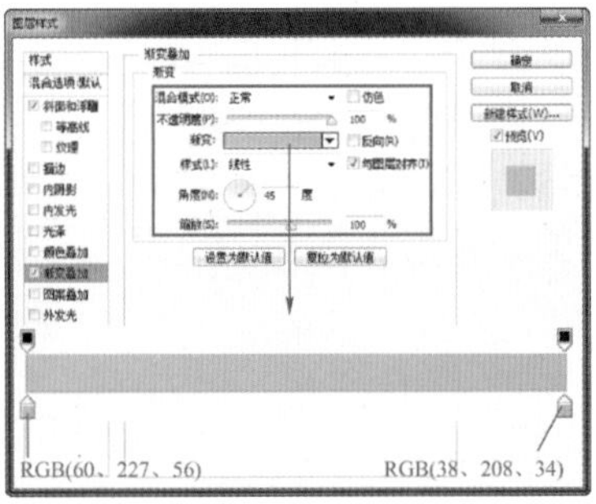

图 2-193

12 单击"确定"按钮，完成"图层样式"对话框的设置，效果如图 2-194 所示。复制"椭圆 2"图层得到"椭圆 2 拷贝"图层，清除复制得到图层的图层样式，并将复制得到的图形等比例缩小，效果如图 2-195 所示。

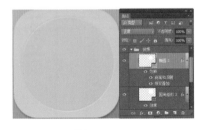

图 2-194

图 2-195

13 添加"描边"图层样式，对相关选项进行设置，如图 2-196 所示。单击"确定"按钮，完成"图层样式"对话框的设置，设置该图层"填充"为 0%，效果如图 2-197 所示。

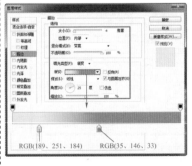

图 2-196

图 2-197

> **提示**
>
> 　　设置图层的"填充"选项,只会影响图层中绘制的像素和形状填充的不透明度,而不会对该图层所添加的图层样式产生影响。

14 使用"椭圆工具",在画布中绘制白色的正圆形,设置该图层的"不透明度"为80%,效果如图 2-198 所示。使用"椭圆工具",在画布中绘制白色正圆形,效果如图 2-199 所示。

图 2-198　　　　　　　　　　　图 2-199

15 使用"椭圆工具",设置"路径操作"为"减去顶层形状",在刚绘制的正圆形上减去一个正圆形,效果如图 2-200 所示。使用"路径选择工具",选择刚绘制的小正圆形路径,按住【Alt】键,多次拖动复制该小正圆形路径,得到需要的图形,效果如图 2-201 所示。

图 2-200　　　　　　　　　　　图 2-201

16 为该图层添加"渐变叠加"图层样式,对相关选项进行设置,如图 2-202 所示。继续添加"投影"图层样式,对相关选项进行设置,如图 2-203 所示。

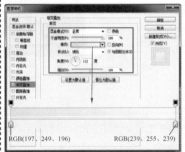
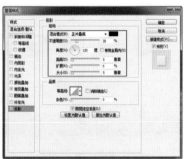

图 2-202　　　　　　　　　　　图 2-203

17 单击"确定"按钮，完成"图层样式"对话框的设置，完成该"视频"图标的绘制，效果如图 2-204 所示。使用相同的制作方法，还可以绘制出其他微渐变效果的图标，最终效果如图 2-205 所示。

图 2-204

图 2-205

2.4 APP 图标设计原则

移动 APP 设计的未来方向是简洁、易用和高效，精美的 APP 图标设计往往起画龙点睛的作用，从而提升设计的视觉效果。现在，APP 图标的设计越来越新颖、有独创性，APP 图标设计的核心思想是要尽可能地发挥图标的优点：比文字直观漂亮，在该基础上尽可能使简洁、清晰、美观的图形表达出图标的意义。

2.4.1 辨识性

很强的辨识性是图标设计的首要原则，设计的图标要能够准确地表达相应的操作，让用户一眼看到就能明白该图标要表达的意思。例如道路上的图标，可识别性强、直观、简单，即使不认识字的人，也可以立即了解图标的含义，如图 2-206 所示。天气图标也是常见的图标类型，具有很高的可识别性，用户只需要看到图标就能够明白天气情况，这就是图标辨识性的一种重要表现，如图 2-207 所示。

图 2-206

图 2-207

2.4.2 实用性

在移动 APP 界面中经常会使用一些功能操作小图标，这些功能操作小图标的设计虽然简单，却很实用。通常，移动 APP 界面中不需要精度很高、尺寸很大的图标，并且这些图标要符合辨识性、风格统一和简约实用的原则，如图 2-208 所示。

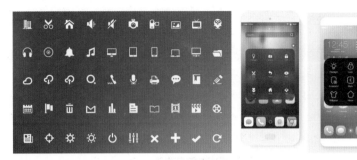

图 2-208

2.4.3 差异性

差异性是 APP 图标设计的重要原则之一，同时也是容易被设计者忽略的一条原则。只有图标之间有差距，才能被用户关注和记忆，从而对设计内容留下印象，否则图标设计就是失败的，如图 2-209 所示。

根据图标所要表现的功能，采用不同的设计和表现方法，使得图标能够更好地表现其功能，使每个图标之间都存在一定的差异性。

图 2-209

2.4.4 创意性

随着时代的发展和人们审美的提高，APP 图标的设计更是层出不穷，要想让使用者注意到设计的内容并留下深刻印象，对图标设计者提出了更高的要求。在保证图标实用性的基础上，提高图标的创意性，只有这样才能和其他图标相区别，给使用者留下深刻的印象，如图 2-210 所示。

图 2-210

2.4.5 视觉性

APP 图标设计追求视觉效果，一定要在保证差异性、辨识性和实用性原则的基础上，先满足基本的功能需求，然后考虑更高层次的要求——视觉表现效果。

人是视觉动物，总是去追求美好的事物，所以美观、大方的视觉效果对于图标设计起着至关重要的作用。APP 图标的视觉效果取决于设计者的天赋、美感和绘画功底，所以这就要求设计者必须多看、多模仿、多创作。如图 2-211 所示为视觉效果出众的 APP 图标。

图 2-211

2.4.6 协调性

设计的每一个或每一组图标，最终都需要应用到相应的 APP 界面中才能够发挥图标的作用。用户在设计图标时需要注意图标的应用环境，根据环境和主题风格的不同，设计不同规格和风格的图标。

任何图标或设计都不可能脱离环境而独立存在，因此，图标的设计要考虑图标所处的环境，这样的图标才能更好地为设计服务，如图 2-212 所示。

图 2-212

实战案例——设计音乐 APP 启动图标

源文件：源文件\第 2 章\音乐 APP 启动图标.psd
视 频：视 频\第 2 章\音乐 APP 启动图标.mp4

1. 案例特点

本案例设计一款音乐 APP 启动图标，在该图标的设计中，图标背景通过多层的圆角矩形，并且为每层填充不同的渐变颜色，从而体现出图标的层次感和质感。图标中心部分，同样通过图案叠加和阴影等效果，体现出层次感和质感，给人很好的视觉表现效果。

2. 设计思维过程

绘制圆角矩形并添加样式，制作出图标轮廓。　　通过简单图形叠加构成图标主体，有强烈的质感。　　制作形状背景，模糊处理，图案叠加，使背景具有凹凸效果。　　通过形状的相加，制作出耳机形状，与 APP 内容相符合。

3. 制作要点

在本案例所设计的音乐 APP 启动图标中，多处使用图层样式来表现图形的质感和层次感，在设置的过程中需要注意观察图形的表现效果。该图标中心圆形添加了图案叠加的效果，使其具有一定的纹理质感，在设计制作的过程中注意细节的处理。

4. 配色分析

本案例所设计的音乐 APP 启动图标主要使用蓝色和浅灰色进行搭配，表现出科技感和时尚感，并且通过这两种颜色的相关叠加体现出图标的层次感。

深蓝色　　　浅灰色　　　蓝色

5. 制作步骤

01 执行"文件>新建"命令，弹出"新建"对话框，新建一个空白文档，如图 2-213 所示。打开并拖入素材图像"源文件\第2 章\素材\2601.jpg"，效果如图 2-214 所示。

图 2-213

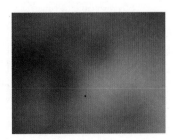

图 2-214

02 新建名称为"主体"的图层组,使用"圆角矩形工具",设置"填充"为 RGB (44,41,115),"半径"为 40 像素,在画布中绘制圆角矩形,如图 2-215 所示。为该图层添加"投影"图层样式,对相关选项进行设置,如图 2-216 所示。

图 2-215

图 2-216

🔲 提示 •

在使用"圆角矩形工具"绘制圆角矩形时,如果按住【Shift】键的同时拖动鼠标,则可以绘制正圆角矩形;拖动鼠标绘制圆角矩形时,在释放鼠标之前,按住【Alt】键,则将以单击点为中心向四周绘制圆角矩形;拖动鼠标绘制圆角矩形时,在释放鼠标之前,按住【Alt+Shift】组合键,则将以单击点为中心向四周绘制正圆角矩形。

---

03 单击"确定"按钮,完成"图层样式"对话框的设置,效果如图 2-217 所示。复制"圆角矩形 1"图层得到"圆角矩形 1 拷贝"图层,修改复制得到图形的"填充"为 RGB (84,91,221),并调整复制得到图形的大小,效果如图 2-218 所示。

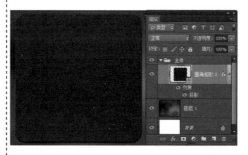

图 2-217

图 2-218

04 为该图层添加"渐变叠加"图层样式,对相关选项进行设置,如图 2-219 所示。继续添加"投影"图层样式,对相关选项进行设置,如图 2-220 所示。

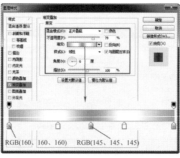

图 2-219

图 2-220

05 单击"确定"按钮，完成"图层样式"对话框的设置，效果如图 2-221 所示。使用相同的制作方法，通过复制圆角矩形，并对复制得到的图形进行调整，完成相似图形效果的制作，如图 2-222 所示。

图 2-221

图 2-222

06 复制"圆角矩形 1 拷贝 3"图层，将复制得到图层的图层样式清除，添加"图案叠加"图层样式，对相关选项进行设置，如图 2-223 所示。单击"确定"按钮，完成"图层样式"对话框的设置，设置该图层的"填充"为 0%，效果如图 2-224 所示。

图 2-223

图 2-224

07 新建"图层 2"，使用"画笔工具"，设置"前景色"为白色，选择合适笔触，在画布中进行涂抹，如图 2-225 所示。按住【Ctrl】键，单击"圆角矩形 1 拷贝 4"图层缩览图，载入选区，为"图层 2"添加图层蒙版，效果如图 2-226 所示。

图 2-225

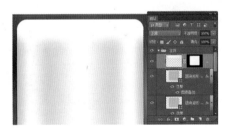

图 2-226

08 新建名称为"背景"的图层组，使用"椭圆工具"，设置"填充"为 RGB（92，60，218），在画布中绘制正圆形，效果如图 2-227 所示。为该图层添加"斜面和浮雕"图层样式，对相关选项进行设置，如图 2-228 所示。

图 2-227

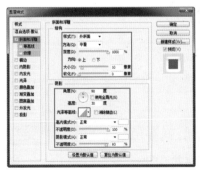

图 2-228

09 继续添加"内发光"图层样式,对相关选项进行设置,如图 2-229 所示。继续添加"光泽"图层样式,对相关选项进行设置,如图 2-230 所示。

图 2-229

图 2-230

10 继续添加"渐变叠加"图层样式,对相关选项进行设置,如图 2-231 所示。继续添加"图案叠加"图层样式,对相关选项进行设置,如图 2-232 所示。

图 2-231

图 2-232

11 单击"确定"按钮,完成"图层样式"对话框的设置,效果如图 2-233 所示。使用"椭圆工具",设置"填充"为 RGB(186,240,253),在画布中绘制正圆形,如图 2-234 所示。

图 2-233

图 2-234

12 执行"滤镜>模糊>高斯模糊"命令,弹出"高斯模糊"对话框,设置如图 2-235 所示。单击"确定"按钮,应用"高斯模糊"滤镜,将该图层创建剪贴蒙版,效果如图 2-236 所示。

图 2-235

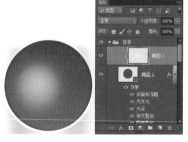

图 2-236

13 使用相同的制作方法，完成相似图形的绘制，效果如图 2-237 所示。复制"椭圆 1"图层得到"椭圆 1 拷贝"图层，将该图层移至"椭圆3 拷贝"图层上方，清除该图层的图层样式，效果如图 2-238 所示。

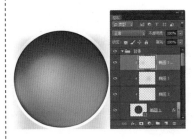

图 2-237

图 2-238

14 执行"文件>新建"命令，弹出"新建"对话框，新建一个空白文档，如图 2-239 所示。放大画布，使用"矩形选择工具"，在画布中绘制选区，并为选区填充黑色，如图 2-240 所示。

图 2-239

图 2-240

15 执行"编辑>定义图案"命令，在弹出的对话框中设置图案名称，如图 2-241 所示，单击"确定"按钮。返回设计文档中，为"椭圆 1 拷贝"图层添加"图案叠加"图层样式，对相关选项进行设置，如图 2-242 所示。

图 2-241

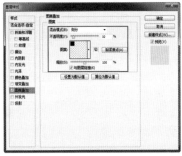

图 2-242

 提示

通过"图案叠加"图层样式可以使用自定义或系统自带的图案覆盖图层中的图像。"图案叠加"与"渐变叠加"图层样式类似，都可以通过在图像中拖动鼠标以更改叠加效果。

16 单击"确定"按钮，完成"图层样式"对话框的设置，设置该图层的"填充"为 0%，效果如图 2-243 所示。新建名称为"耳机"的图层组，使用"椭圆工具"，在画布中绘制白色的正圆形，如图 2-244 所示。

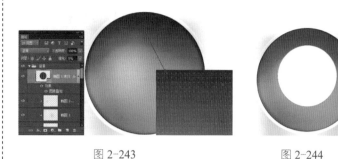

图 2-243   图 2-244

17 使用"椭圆工具"，设置"路径操作"为"减去顶层形状"，在刚绘制的正圆形上减去正圆形，效果如图 2-245 所示。使用"矩形工具"，设置"路径操作"为"减去顶层形状"，在圆环图形上减去矩形，得到需要的图形，如图 2-246 所示。

图 2-245   图 2-246

18 使用相同的制作方法，完成相似图形的绘制，效果如图 2-247 所示。为"耳机"图层组添加"斜面和浮雕"图层样式，对相关选项进行设置，如图 2-248 所示。

 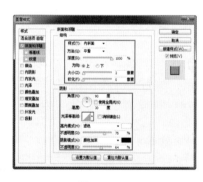

图 2-247   图 2-248

19 继续添加"渐变叠加"图层样式，对相关选项进行设置，如图 2-249 所示。继续添加"外发光"图层样式，对相关选项进行设置，如图 2-250 所示。

图 2-249   图 2-250

20 继续添加"投影"图层样式，对相关选项进行设置，如图 2-251 所示。单击"确定"按钮，完成"图层样式"对话框的设置，设置该图层组的"填充"为 70%，效果如图 2-252 所示。

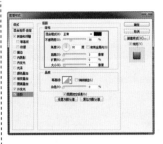
图 2-251

图 2-252

21 完成该音乐 APP 启动图标的制作，最终效果如图 2-253 所示。

图 2-253

2.5 本章小结

图标是 APP 界面中最基础的元素之一，几乎在任何一个 APP 界面中都能够看到图标的身影。本章详细介绍了 APP 界面中图标的类型、设计风格、设计规范等相关基础，并通过实例制作的形式讲解了各种不同风格 APP 图标的设计表现方法。完成本章内容的学习，需要能够掌握图标设计的规范和方法，并能够设计出各种不同类型的 APP 图标。

第 **3** 章

移动 APP 界面基本元素设计

任何 APP 界面都是由各种或简单或复杂的形状图形组成的，不管是多么漂亮、华丽的界面，这些华丽的 APP 界面都是以简单、没有任何装饰的基本图形元素作为基础，然后为这些单调的图形添加各种逼真、华丽的效果，从而构成整个 APP 界面。本章将向读者介绍 APP 界面中的基本图形元素，以及这些图形元素的设计制作方法。

精彩案例：

- 设计 APP 登录界面。
- 设计游戏 APP 界面按钮。
- 设计 APP 设置界面。
- 设计游戏进度条。
- 设计 APP 搜索栏。
- 设计 APP 菜单界面。
- 设计弹出下拉菜单。
- 设计圆形快捷工具栏。

3.1 认识 APP 界面基本图形

图形是组成界面的最基本元素，衡量一个 APP 应用程序是否"美观"的标准是观察其 UI 界面与内部程序功能是否相符合，是否能够更好地方便用户地操作。

一个设计精美的 APP 界面能够在第一时间留给用户良好的印象，而要为程序制作一个美观的界面，首先需要熟悉各种图形在界面中的用途。

3.1.1 直线

在 APP 界面中，当需要选择的选项较多时或要显示的内容较复杂时，就可以使用直线进行分隔，使内容更加清晰、有条理。

使用这种装饰性较低、较简单的形状元素作为分隔线，既保证了界面的整洁，又能够方便用户的浏览。在界面中使用这种形状时，通常不会添加太多的效果，避免复杂的效果导致用户在浏览内容时被干扰。如图 3-1 所示为直线在 APP 界面中的应用。

使用直线作为信息内容的分隔，使界面内容清晰、简洁、更容易区分。

图 3-1

3.1.2 矩形

矩形是任何 APP 界面的设计制作中都会或多或少涉及的基本图形，通常会被作为许多琐碎元素或文字的背景元素出现，将所有零散的、杂乱的复杂元素集合在一个方方正正的矩形中，既起到很好的规范界面效果的作用，又整理了所有零散元素，能够很好地帮助用户浏览并获取有用的信息，是一种简单、不可缺少的图形元素。如图 3-2 所示为矩形在 APP 界面中的应用。

使用矩形色块作为背景，能够很好地区分不同的内容。

使用矩形色块背景，突出按钮的显示。

图 3-2

3.1.3 圆角矩形

圆角矩形不像矩形一样，在任何 APP 界面中都能够见到，但这种形状也是一种经常会涉及的基本图形，圆角矩形同样也可以用来将所有零散的、杂乱的复杂元素集合为一个规整的整体，方便用户浏览。

在 APP 界面设计中，大多数图标的背景都是圆角矩形，特别是 iOS 和 Android 系统中，各 APP 应用的启动图标都是采用圆角矩形设计的。这种形状既具有矩形一样的整齐效果，却又不像矩形一样拘束、死板，将许多大小和形状相同的圆角矩形搭配在一起，既美观又不失灵动、美观。如图 3-3 所示为圆角矩形在 APP 界面中的应用。

统一使用圆角矩形作为元素的表现形式，使得界面的整体风格非常统一。

图 3-3

3.1.4 圆形

圆形可以分为正圆形和椭圆形两种，在 APP 界面的设计中，正圆形图形的应用比较常见。圆形通常是作为装饰性元素或模拟真实世界中的真实事物时出现的，例如在真实世界中，许多闹钟是圆形的，而 APP 界面中也可以将闹钟的形状设计为圆形。如图 3-4 所示为圆形在 APP 界面中的应用。

图 3-4

3.1.5 其他图形

在 APP 界面的设计中，还有许多是由多种规则形状进行组合或变形得到的不规则图形，这些图形也都是用来做装饰用途的和更形象地模拟真实世界中事物用途的。目前，APP 界面的设计越来越向简单化、扁平化方向发展，通过各种基本图形的使用，使用户即使不认识字，也能够通过图形了解元素的功能和作用。如图 3-5 所示为其他图形在 APP 界面中的应用。

根据所需要表现的功能或信息，通过图形与文字相结合，能够有效地增强该功能或信息的表现效果。

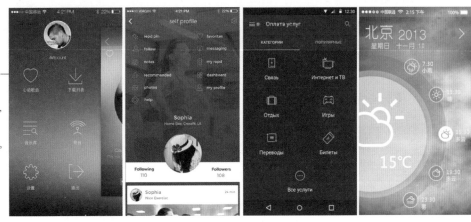

图 3-5

 ## 实战案例——设计 APP 登录界面

源文件：源文件\第 3 章\APP 登录界面.psd

视　频：视　频\第 3 章\APP 登录界面.mp4

1. 案例特点

本案例设计一款 APP 登录界面，使用风景素材图像作为界面的背景，在界面中使用各种基本图形来表现表单元素，界面效果简洁、直观、清晰。

2. 设计思维过程

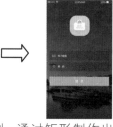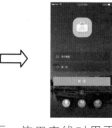

使用素材图像作为界面背景，丰富界面效果。

通过基本形状图形绘制出信号强度、WiFi信号、电池电量等图标。

通过矩形制作出界面中的表单元素，简单明了。

使用直线对界面中的内容进行分隔，条理清晰，内容全面。

3. 制作要点

本案例所设计的 APP 登录界面，制作起来较为容易，重点是几个功能图标，通过简单的形状进行加减处理，从而得到需要的图形，使用矩形等基本图形表现界面中的表单元素，使该登录界面的效果更加直观、简约。

4. 配色分析

本案例所设计的 APP 登录界面，使用深蓝色的素材图像作为背景，丰富界面效果，界面中的信息和图形都使用白色进行搭配，直观、整洁，登录按钮设计为明度较高的蓝色，使界面的色调统一，有效突出功能按钮。

深蓝色　　　　　白色　　　　　蓝色

5. 制作步骤

01 执行"文件>新建"命令，弹出"新建"对话框，新建一个空白文档，如图 3-6 所示。打开并拖入素材图像"源文件\第 3章\素材\3101.png"，效果如图 3-7 所示。

图 3-6

图 3-7

02 新建名称为"状态栏"的图层组,使用"椭圆工具",在画布中绘制白色的正圆形,效果如图 3-8 所示。多次复制该图层,将复制得到的正圆形调整到合适的位置,并设置相应图层的"不透明度",效果如图 3-9 所示。

图 3-8

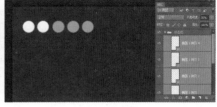
图 3-9

提示

设置图层的"不透明度"选项可以调整图层、图层像素与形状的不透明度,包括为该图层所添加的图层样式。

03 使用"椭圆工具",在画布中绘制一个白色的正圆形,效果如图 3-10 所示。使用"椭圆工具",设置"路径操作"为"减去顶层形状",在刚绘制的正圆形中减去一个正圆形,得到圆环图形,效果如图 3-11 所示。

图 3-10

图 3-11

04 使用相同的制作方法,完成相似图形的绘制,效果如图 3-12 所示。使用"钢笔工具",设置"路径操作"为"与形状区域相交",在画布中绘制形状,得到图形相交区域,如图 3-13 所示。

图 3-12

图 3-13

提示

当设置"路径操作"为"与形状区域相交"选项后,将保留原来的路径或形状与当前所绘制的路径或形状相互重叠的部分。

05 使用"横排文字工具",在"字符"面板中设置相关选项,在画布中输入文字,如图 3-14 所示。使用"圆角矩形工具",设置"填充"为无,"描边"为白色,"描边宽度"为 1 点,"半径"为 3 像素,在画布中绘制圆角矩形,效果如图 3-15 所示。

图 3-14　　　　　　　　　　图 3-15

06 使用"圆角矩形工具",设置"填充"为白色,"描边"为无,"半径"为 1 像素,在画布中绘制圆角矩形,效果如图 3-16 所示。使用"矩形工具",在画布中绘制白色的矩形,如图 3-17 所示。

图 3-16　　　　　　　　　　图 3-17

07 使用"直接选择工具",对刚绘制的矩形右侧的两个锚点进行调整,效果如图 3-18 所示。打开并拖入素材图像"源文件\第 3 章\素材\3102.png",效果如图 3-19 所示。

图 3-18　　　　　　　　　　图 3-19

08 新建名称为"登录"的图层组,使用"矩形工具",在画布中绘制黑色的矩形,设置该图层的"不透明度"为 20%,效果如图 3-20 所示。使用"自定形状工具",在"形状"下拉列表中选择合适的形状,在画布中绘制白色的形状图形,效果如图 3-21 所示。

图 3-20　　　　　　　　　　图 3-21

09 使用"横排文字工具"，在"字符"面板中设置相关选项，在画布中输入文字，如图 3-22 所示。使用相同的制作方法，可以完成其他表单元素的绘制，效果如图 3-23 所示。

图 3-22   图 3-23

10 新建名称为"其他方式"的图层组，使用"直线工具"，设置"粗细"为 3 像素，在画布中绘制直线，设置该图层的"不透明度"为 50%，效果如图 3-24 所示。使用"矩形工具"，设置"填充"为无，"描边"为白色，"描边宽度"为 3 点，在画布中绘制矩形，设置该图层"不透明度"为 50%，效果如图 3-25 所示。

图 3-24   图 3-25

11 使用"横排文字工具"，在"字符"面板中设置相关选项，在画布中输入文字，如图 3-26 所示。分别拖入其他素材图像，效果如图 3-27 所示。

图 3-26   图 3-27

12 完成该 APP 登录界面的设计制作，最终效果如图 3-28 所示。

图 3-28

3.2 按钮设计

按钮作为最基本的交互元素之一，在 APP 界面的设计中使用的频率非常高。设计风格可以很不一样，上面可以写文字，也可以使用图片，但最后都用于实现人机交互等功能。

3.2.1 按钮设计注意事项

APP 界面中的按钮设计应该具备简洁明了的图示效果，能够让使用者清楚地认识按钮的功能，产生功能关联反应。群组内的按钮应该具有统一的设计风格，功能差异较大的按钮应该有所区别。如图 3-29 所示为 APP 界面中的按钮设计。

简单精致的按钮在 APP 界面设计中比较常见，也是最常用到的设计，它必须在很小的范围内有序地排列文字和图标，以及颜色的搭配等内容。在设计制作过程中，要考虑到用户的视觉感受，不需要过于花哨，设计应该简单明了，重点突出按钮的功能。

按钮与图标比较相似，但又有所不同，图标着重表现图形的视觉效果，而按钮则着重表现其功能性。在按钮的设计中通常采用简单直观的图形与文字相搭配，充分表现按钮的可识别性和实用性，如图 3-30 所示。

使用按钮突出表现功能操作选项。

相同风格，不同颜色的按钮，使用户能够轻易区分。

图 3-29   图 3-30

3.2.2 游戏 APP 界面按钮

游戏 APP 与其他类型的应用 APP 在设计风格上有很大的不同，应用 APP 界面设计通常应用简洁、大方的风格，清晰地传达界面中的信息和内容，使用户能够简单、快捷地使用该 APP 应用程序。而游戏 APP 界面的设计则更多地强调给用户带来一种视觉上的完美体验，通过华丽的界面设计给用户带来一种带入感。

游戏 APP 界面中的按钮设计通常会根据游戏的整体视觉风格，通过为图形添加各种高光、渐变、阴影、纹理等效果，使按钮的表现效果更加突出，并且与游戏界面的整体风格相统一，如图 3-31 所示。

游戏 APP 界面中的按钮多使用渐变、高光、阴影、纹理等效果，突出表现质感，但需要注意游戏中的按钮设计需要与游戏界面的整体风格相符。

图 3-31

 ## 实战案例——设计游戏 APP 界面按钮

源文件：源文件\第 3 章\游戏 APP 界面按钮.psd

视 频：视 频\第 3 章\游戏 APP 界面按钮.mp4

1. 案例特点

本案例设计的游戏 APP 界面按钮，通过高光和阴影的质感表现突出按钮的视觉效果，这也是按钮常用的表现方式，形象生动。

2. 设计思维过程

使用游戏场景素材图像作为界面的背景，使用户感受到游戏所带来的开心、快乐。

通过绘制简单的形状图形并添加图层样式，表现出按钮的轮廓，并且体现出按钮的层次。

通过"渐变叠加"图层样式和图层混合模式的设置，表现出按钮的高光效果。

添加按钮文字，并为文字添加相应的图层样式，表现出可爱的效果，风格统一。

3. 制作要点

本案例所设计的游戏 APP 界面按钮，以圆角矩形构成按钮基本轮廓形状，添加相应的图层样式，表现出层次和阴影的效果，再通过在该图形上绘制相应的高光图形的方式填充按钮的高光表现效果。

4. 配色分析

本案例所设计的游戏 APP 界面按钮，使用蓝色作为按钮的主色调，与该界面背景素材色调相呼应，使用白色的文字并绘制半透明白色高光图形，层次突出、质感鲜明。

蓝色　　　　　浅蓝色　　　　白色

5. 制作步骤

01 执行"文件>新建"命令，弹出"新建"对话框，新建一个空白文档，如图 3-32 所示。打开并拖入素材图像"源文件\第 3 章\素材3201.png"，效果如图 3-33 所示。

图 3-32

图 3-33

02 新建名称为"按钮"的图层组，使用"圆角矩形工具"，设置"填充"为 RGB（14，123，162），"半径"为 30 像素，在画布中绘制圆角矩形，效果如图 3-34 所示。复制该图层，将复制得到的图形向上移动 4 个像素，为该图层添加"内发光"图层样式，对相关选项进行设置，如图 3-35 所示。

图 3-34

图 3-35

03 继续添加"渐变叠加"图层样式，对相关选项进行设置，如图 3-36 所示。单击"确定"按钮，完成"图层样式"对话框的设置，效果如图 3-37 所示。

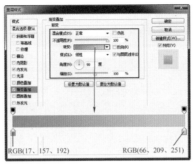

图 3-36

图 3-37

提示

渐变预览条下方为颜色色标，上方为不透明度色标。选择一个色标并拖动它，或者在"位置"文本框中输入数值，可以调整色标的位置，从而改变渐变色的混合位置。拖动两个色标之间的菱形图标，可以调整该点两侧颜色的混合位置。

04 使用"圆角矩形工具"，在画布中绘制一个白色的圆角矩形，效果如图 3-38 所示。为该图层添加图层蒙版，使用"渐变工具"，在蒙版中填充黑白线性渐变，效果如图 3-39 所示。

图 3-38

图 3-39

05 为"按钮"图层组添加"投影"图层样式，对相关选项进行设置，如图 3-40 所示。单击"确定"按钮，完成"图层样式"对话框的设置，效果如图 3-41 所示。

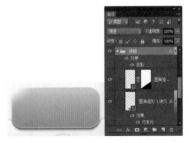

图 3-40

图 3-41

提示

通常情况下，为图形添加的许多图层样式都是非常细微的效果，此处添加的"投影"图层样式效果比较细微，通过细微的效果可以使图形更具有层次感。

06 新建名称为"水珠"的图层组，使用"自定形状工具"，在"形状"下拉列表中选择合适的形状，在画布中绘制白色的形状图形，效果如图 3-42 所示。执行"编辑>变换>旋转"命令，对该图形进行旋转操作，效果如图 3-43 所示。

图 3-42

图 3-43

07 为该图层添加"投影"图层样式，对相关选项进行设置，如图 3-44 所示。单击"确定"按钮，完成"图层样式"对话框的设置，效果如图 3-45 所示。

图 3-44

图 3-45

08 为该图层添加图层蒙版，使用"渐变工具"，在蒙版中填充黑白线性渐变，设置该图层的"不透明度"为 50%，效果如图 3-46 所示。使用相同的制作方法，完成相似图形的绘制，效果如图 3-47 所示。

图 3-46

图 3-47

09 复制"圆角矩形 1"图层得到"圆角矩形 1 拷贝 2"图层，将该图层调整至所有图层上方，为该图层添加"渐变叠加"图层样式，对相关选项进行设置，如图 3-48 所示。单击"确定"按钮，完成"图层样式"对话框的设置，设置该图层的"填充"为 0%，效果如图 3-49 所示。

图 3-48

图 3-49

10 使用"横排文字工具",在"字符"面板中设置相关选项,在画布中输入文字,如图 3-50 所示。为该图层添加"内阴影"图层样式,对相关选项进行设置,如图 3-51 所示。

图 3-50

图 3-51

11 继续添加"投影"图层样式,对相关选项进行设置,如图 3-52 所示。单击"确定"按钮,完成"图层样式"对话框的设置,效果如图 3-53 所示。

图 3-52

图 3-53

12 完成该游戏 APP 界面按钮的设计制作,最终效果如图 3-54 所示。

图 3-54

3.3 开关与滚动条设计

开关和滚动条是 APP 界面中常见的元素,通过开关元素可以控制 APP 应用中某种功能的开启和关闭,滚动条用于设置 APP 应用中某种功能的大小或范围,例如屏幕的亮度、音量的大小等。开关和滚动条元素的设计相对比较简单,通常使用简洁的图形进行表现,重点在于为用户提供方便的操作体验和高辨识度。

3.3.1 开关

开关控件顾名思义就是开启和关闭。在 APP 界面设计中一般用于打开或关闭某个功能。在目前常见的移动操作系统中,开关元素的应用非常常见,通过开关元素来打开或关闭 APP 应用的某种功能,这样的设计符合现实生活的经验,是一种习惯用法。

APP 界面中的开关元素用于展示当前功能的激活状态,用户通过单击或"滑动"可以切换该选项或功能的状态,其表现形式常见的有矩形和圆形两种,如图 3-55 所示。

 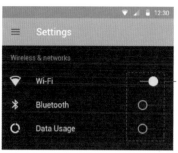

APP 界面中开关元素的设计非常简约，通常使用基本图形配合不同的颜色来表现该功能的打开或关闭。

图 3-55

3.3.2 滚动条

滚动条用于在允许的范围内调整值或进程。滚动条元素由滑轨、滑块及可选的图片组成，可选图片为用户传达左右两端各代表什么，滑块的值会在用户拖动滑块时连续变化。用户通过滚动条可以精准地控制值，或操控当前的进度，如图 3-56 所示。

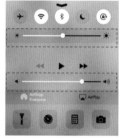 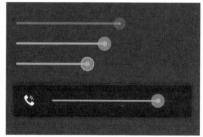

图 3-56

在条件允许的情况下，在制作滚动条时可以考虑自定义外观，例如以下几点：

1）水平或垂直放置滚动条。

2）自定义宽度条宽度，以适应应用界面的要求。

3）自定义滑块外观，便于用户迅速区分滑块是否可用。

4）通过在滑轨两端添加自定义图片，让用户了解滑轨的用途，左右两端的图片表示最大值和最小值。

5）滑块在不同的位置、元素的不同状态定制不同的导轨外观。

实战案例——设计 APP 设置界面

📀 源文件：源文件\第 3 章\APP 设置界面.psd

🎬 视　频：视　频\第 3 章\APP 设置界面.mp4

1. 案例特点

本案例设计一款 APP 设置界面，运用渐变的色彩作为界面的背景，搭配同色系的进度条和功能按钮，整体界面风格统一，给人一种清新、简洁的印象。

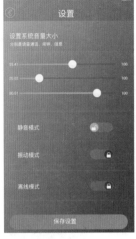
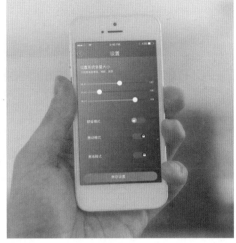

2. 设计思维过程

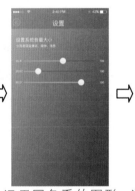
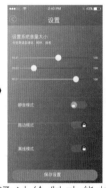

使用渐变工具为背景填充渐变颜色，界面清新、自然。

通过绘制矩形和设置手机顶部状态栏，来增加界面的层次感。

运用同色系的图形绘制进度条，使得界面风格相统一。

通过绘制功能按钮，完成 APP 设置界面的绘制。

3. 制作要点

本案例所设计的 APP 设置界面采用扁平化的设计风格进行表现，进度条由基本的矩形和正圆形构成，为正圆形添加了少量的微渐变和投影效果，表现效果清晰。开关按钮则采用图形与色彩相结合的方式进行表现，使用户非常轻易就能够区分开关的状态。

4. 配色分析

深灰蓝色与灰绿色的渐变颜色作为界面背景，使整个界面表现出一种复古的感觉，搭配同色系的进度条和按钮及白色的文字信息，在背景的衬托下更加清晰醒目，整个界面整洁、清新。

灰绿色　　　深蓝色　　　白色

5. 制作步骤

01 执行"文件>新建"命令，弹出"新建"对话框，新建一个空白文档，如图 3-57 所示。使用"渐变工具"，打开"渐变编辑器"对话框，设置渐变颜色，如图 3-58 所示。

RGB(1、235、184)

RGB(17、62、100)

图 3-57　　　　　　　　　　　图 3-58

02 单击"确定"按钮，完成渐变颜色的设置，在画布中拖动鼠标填充线性渐变，效果如图 3-59 所示。根据前面案例的制作方法，可以完成界面顶部相应内容的制作，效果如图 3-60 所示。

图 3-59　　　　　　　　　　　图 3-60

🔖 **提示**

填充渐变颜色可以创建多种颜色间的逐渐混合，实质上就是在图像中或图像的某一区域中填入一种具有多种颜色过渡的混合色。这个混合色可以是从前景色到背景色的过渡，也可以是前景色与透明背景间的相互过渡或者是其他颜色的相互过渡。

---

03 新建名称为"直线"的图层组，使用"直线工具"，设置"粗细"为 1 像素，在画布中绘制白色直线，设置该图层的"不透明度"为 20%，效果如图 3-61 所示。新建名称为"进度条 1"的图层组，使用"矩形工具"，设置"填充"RGB（12，75，106），在画布中绘制矩形，设置该图层的"不透明度"为 40%，效果如图 3-62 所示。

图 3-61　　　　　　　　　　　图 3-62

04 复制 "矩形 2" 图层得到 "矩形 2 拷贝" 图层, 修改填充颜色为 RGB（0，194，166），调整复制得到矩形到合适的大小，效果如图 3-63 所示。使用 "椭圆工具"，在画布中绘制白色正圆形，效果如图 3-64 所示。

图 3-63　　　　　　图 3-64

05 为该图层添加 "渐变叠加" 图层样式, 对相关选项进行设置, 如图 3-65 所示。继续添加 "投影" 图层样式, 对相关选项进行设置, 如图 3-66 所示。

RGB(241、241、241)　RGB(255、255、255)

图 3-65　　　　　　图 3-66

06 单击 "确定" 按钮, 完成 "图层样式" 对话框的设置, 效果如图 3-67 所示。使用 "横排文字工具", 在画布中输入文字, 如图 3-68 所示。

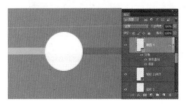

图 3-67　　　　　　图 3-68

07 使用相同的制作方法, 可以完成界面中其他进度条的制作, 效果如图 3-69 所示。新建名称为 "开关" 的图层组, 在该图层组中新建名称为 "静音" 的图层组, 使用 "横排文字工具", 在 "字符" 面板上对相关选项进行设置, 在画布中输入文字, 如图 3-70 所示。

图 3-69　　　　　　图 3-70

● 提示 ●

在"字符"面板中对字符间距进行调整时，设置两个字符间的"字距微调"主要适用于调节英文字母之间的距离，设置"所选字符间距调整"，则是设置所选字符的字距调整。

---

08 使用"圆角矩形工具"，设置"半径"为 20 像素，在画布中绘制白色圆角矩形，设置该图层的"不透明度"10%，效果如图 3-71 所示。使用"椭圆工具"，设置"填充"为 RGB（0，201，169），在画布中绘制正圆形，效果如图 3-72 所示。

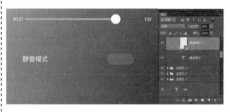

图 3-71   图 3-72

09 使用"圆角矩形工具"，设置"半径"为 3 像素，在画布中绘制白色圆角矩形，效果如图 3-73 所示。继续使用"圆角矩形工具"，在画布中绘制白色的圆角矩形，效果如图 3-74 所示。

图 3-73   图 3-74

10 使用"圆角矩形工具"，设置"路径操作"为"减去顶层形状"，在刚绘制的圆角矩形中减去一个圆角矩形，效果如图 3-75 所示。使用"矩形工具"，设置"路径操作"为"减去顶层形状"，在图形中减去一个矩形，效果如图 3-76 所示。

图 3-75   图 3-76

11 新建名称为"振动"的图层组,使用相同的制作方法,完成相似内容的制作,效果如图 3-77 所示。使用"圆角矩形工具",在"选项"栏上设置"填充"为无,"描边宽度"为 2 点,在画布中绘制白色圆角矩形,效果如图 3-78 所示。

图 3-77

图 3-78

12 使用相同的制作方法,完成该 APP 设置界面的设计制作,最终效果如图 3-79 所示。

图 3-79

3.3.3 进度条

进度条与滚动条非常相似,进度条在外观上只是比滚动条缺少了可拖动的滑块。进度条元素是 APP 应用程序在处理任务时,实时的、以图形方式显示的处理当前任务的进度、完成度,剩余未完成任务量的大小和可能需要完成的时间,例如下载进度、视频播放进度等。大多数 APP 界面中的进度条是以长条矩形的方式显示的,进度条的设计方法相对比较简单,重点是色彩的应用和质感的体现,如图 3-80 所示。

视频播放进度条,使用简洁的纯色图形表示当前播放进度,非常直观、简洁。

圆形加载进度条,搭配渐变颜色表示加载进度,运用动画的形式,使加载过程表现得更加直观、富有乐趣。

图 3-80

实战案例——设计游戏进度条

- 源文件：源文件\第3章\游戏进度条.psd
- 视 频：视 频\第3章\游戏进度条.mp4

1. 案例特点

本案例设计一款游戏进度条，采用常见的圆角矩形的方式体现该进度条，通过渐变色填充表现出进度条的质感效果。

2. 设计思维过程

 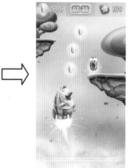 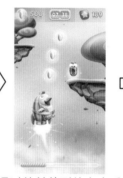 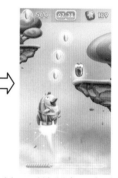

游戏场景为背景图像，丰富了界面内容。

通过圆角矩形制作出该进度条的基本轮廓，便于区分。

通过简单的形状多次重复制作，达到进度效果，具有高光效果。

椭圆形绘制表示当前位置，图层样式叠加达到质感效果。

3. 制作要点

本案例所设计的游戏进度条，重点需要清晰地表现出游戏的进度，通过渐变颜色填充的圆角矩形表现进度条的轮廓，同样使用圆角矩形制作进度过程显示图形，并且叠加倾斜的矩形，表现出进度的效果，丰富进度条的显示，在图形的绘制过程中使用多种渐变颜色叠加和高光图形表现出进度条的质感效果。

4. 配色分析

本案例所设计的游戏进度条，以白色为背景颜色，搭配绿色的渐变颜色形状作为进度图形，与该游戏界面的背景颜色相统一，使界面更加清晰、自然，并且添加高光图形，使游戏进度条更具有层次感。

绿色　　　　　绿色　　　　　浅黄色

5. 制作步骤

01 执行"文件>新建"命令，弹出"新建"对话框，新建一个空白文档，如图 3-81 所示。打开并拖入素材图像"源文件\第 3 章\素材\3401.png"，效果如图 3-82 所示。

图 3-81

图 3-82

02 使用"圆角矩形工具"，设置"半径"为 30 像素，在画布中绘制白色的圆角矩形，效果如图 3-83 所示。为该图层添加"内发光"图层样式，对相关选项进行设置，如图 3-84 所示。

图 3-83

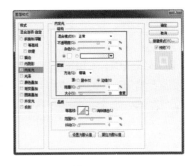

图 3-84

> **提示**
>
> 在"内发光"图层样式的"方法"选项下拉列表中包括"柔和"和"精确"两种发光的方法，用于控制发光的准确程度。如果设置"方法"为"柔和"，则发光轮廓会应用经过修改的模糊操作，以保证发光效果与背景之间可以柔和过渡。如果设置"方法"为"精确"，则可以得到精确的发光边缘，但会比较生硬。

03 继续添加"投影"图层样式，对相关选项进行设置，如图 3-85 所示。单击"确定"按钮，完成"图层样式"对话框的设置，设置该图层的"填充"为 0%，效果如图 3-86 所示。

图 3-85

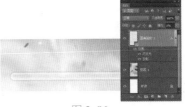

图 3-86

04 复制"圆角矩形
1"图层得到"圆角矩形 1
拷贝"图层，清除图层样
式，将复制得到的图形调
整到合适的大小和位置，
效果如图 3-87 所示。为
该图层添加"渐变叠加"
图层样式，对相关选项
进行设置，如图 3-88
所示。

图 3-87

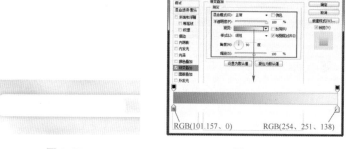

RGB(101、157、0)   RGB(254、251、138)

图 3-88

05 单击"确定"按
钮，完成"图层样式"
对话框的设置，效果如
图 3-89 所示。使用"矩
形工具"，设置"填充"
为 RGB（101，148，
1），在画布中绘制矩
形 ， 效 果 如 图 3-90
所示。

图 3-89

图 3-90

06 执行"编辑>变换>
斜切"命令，对矩形进
行斜切操作，效果如图
3-91 所示。使用"路径
选择工具"，选中刚绘制
的矩形，按住【Alt】键
同时拖动鼠标，多次复制
该矩形，效果如图 3-92
所示。

图 3-91

图 3-92

> 📄 **提示**
>
> 　　此处对矩形的变形处理方法除了使用"斜切"命令外，还可以使用"扭曲"命令，
> 或者使用"直接选择工具"选中矩形下方的两个锚点并进行调整，同样可以实现矩形的
> 变形处理。

07 载入"圆角矩形
1"图层选区,为"矩形
1"图层添加图层蒙版,
效果如图 3-93 所示。使
用"圆角矩形工具",设置
"填充"为 RGB(218,
228,79),"半径"为 30
像素,在画布中绘制圆角
矩形,设置该图层的"不
透明度"为 50%,效果如
图 3-94 所示。

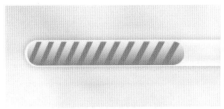

图 3-93

图 3-94

08 使用"椭圆工具",
设置"填充"为 RGB
(255,243,218),在画
布中绘制正圆形,效果如
图 3-95 所示。为该图层
添加"描边"图层样式,
对相关选项进行设置,如
图 3-96 所示。

图 3-95

RGB(239、190、153)

图 3-96

09 单击"确定"按钮,
完成"图层样式"对话框
的设置,效果如图 3-97 所
示。复制该图层,将复制
得到的正圆形等比例缩
小,并清除图层样式,效
果如图 3-98 所示。

图 3-97

图 3-98

10 为该图层添加"描
边"图层样式,对相关选
项进行设置,如图 3-99 所
示。为该图层添加"渐变
叠加"图层样式,对相关
选项进行设置,如图 3-100
所示。

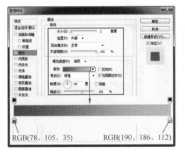

RGB(78、105、35)　　RGB(190、186、112)

图 3-99

RGB(100、149、0)　　RGB(245、239、61)

图 3-100

11 单击"确定"按钮，完成"图层样式"对话框的设置，效果如图 3-101 所示。新建图层，使用"画笔工具"，设置"前景色"为白色，选择合适的笔触，在画布中涂抹绘制高光，效果如图 3-102 所示。

图 3-101

图 3-102

12 完成该游戏进度条的设计制作，最终效果如图 3-103 所示。

图 3-103

3.4 搜索栏设计

在 APP 界面中常常能够看到搜索元素，根据 APP 界面的整体设计风格，搜索栏的表现形式各异，但是其实现的功能都是统一的，就是方便用户快速查找自己感兴趣的内容。

3.4.1 了解 APP 界面中的搜索栏

搜索栏可以通过用户输入获得搜索文本，并以此作为信息内容筛选的关键字。大多数搜索栏的外观与圆角的文本框相似，默认情况下，搜索图标位于搜索框的左侧，用户在搜索框中单击后，界面底部会自动出现键盘，在搜索框中输入的文字会在用户输入完毕后按照系统定义的样式进行处理。如图 3-104 所示为 APP 界面中的搜索框效果。

搜索图标 ——
占位符文本 ——

—— 清空按钮

图 3-104

另外，搜索栏中还可以包含以下可选元素。

1）占位符文本。占位符文本可以用来描述控件的作用，或用于提示用户。

2）清空按钮。大多数搜索栏都包含清空按钮，用户点击该按钮就可以清除搜索框中的

内容。

3）描述性标题。描述性标题通常出现在搜索栏上方，有时是一小段用于提供指引的文字，有时是一段介绍上下文的短语。

3.4.2 扁平化搜索栏

随着扁平化设计风格的流行，移动界面中各种元素的设计越来越扁平化，搜索栏也是如此，只需要通过简单的圆角矩形加上搜索图标即可简单、直观地表现出搜索栏的效果，并且这种简洁的扁平化设计方式，使所设计的搜索栏能够适应各种不同背景的界面，具有很高的通用性。

 实战案例——设计 APP 搜索栏

📀 源文件：源文件\第 3 章\APP 搜索栏.psd
🎬 视　频：视频\第 3 章\APP 搜索栏.mp4

1. 案例特点

本案例设计一款 APP 搜索栏，使用半透明的圆角矩形来表现搜索栏的外观，在搜索栏的左侧添加搜索图标和搜索占位符文本，清晰地表现搜索栏的作用，非常直观。

2. 设计思维过程

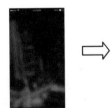

模糊背景更容易突出界面内容，状态栏放置顶部。

半透明形状制作出悬浮效果，简单的图形制作出拟物化图标。

Logo 与文案放置中间，直观醒目，达到良好的突出效果。

文字和图形混搭的方式来展示界面的主要内容。

3. 制作要点

本案例所设计的 APP 搜索栏，制作简单的半透明圆角矩形，可达到悬浮的视觉效果，使用基本形状制作出图标，搭配文字说明，生动形象，将搜索栏放置头部，层次分明，直观简约，操作便捷。

4. 配色分析

本案例所设计的 APP 搜索栏，使用明度较低的模糊素材图像作为界面背景，能够有效地突出界面中的内容，界面中的图形与文本大多使用白色进行搭配，与界面背景形成强烈的反差，直观、简洁。

黑色　　　　白色　　　　绿色

5. 制作步骤

01 执行"文件>新建"命令，弹出"新建"对话框，新建一个空白文档，如图 3-105 所示。打开并拖入素材图像"源文件\第 3 章\素材\3501.png"，效果如图 3-106 所示。

图 3-105

图 3-106

02 新建名称为"状态栏"的图层组，根据前面案例相同的制作方法，可以完成该部分内容的制作，效果如图 3-107 所示。新建名称为"搜索栏"的图层组，使用"圆角矩形工具"，设置"半径"为 3 像素，在画布中绘制白色的圆角矩形，并对该圆角矩形进行复制操作，效果如图 3-108 所示。

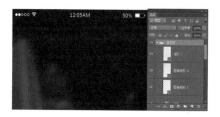

图 3-107

图 3-108

03 使用"圆角矩形工具"，设置"填充"为白色，"描边"为无，"半径"为 25 像素，在画布中绘制圆角矩形，效果如图 3-109 所示。为该图层添加"描边"图层样式，对相关选项进行设置，如图 3-110 所示。

图 3-109

图 3-110

04 单击"确定"按钮，完成"图层样式"对话框的设置，设置该图层的"填充"为 20%，效果如图 3-111 所示。使用"自定形状工具"，在"形状"下拉列表中选择相应的形状，在画布中绘制白色的形状图形，效果如图 3-112 所示。

图 3-111

图 3-112

05 使用"横排文字工具"，在"字符"面板中设置相关选项，在画布中输入文字，如图 3-113 所示。使用矢量绘图工具绘制基本图形，通过基本图形的加减操作，可以绘制出相机图标的效果，如图 3-114 所示。

图 3-113

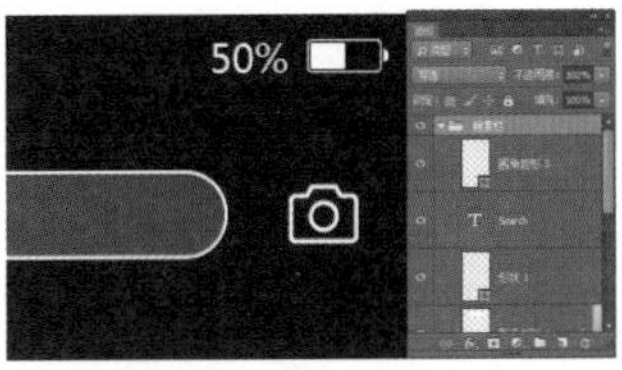

图 3-114

06 打开并拖入素材图像"源文件\第 3 章\素材\3502.png"，效果如图 3-115 所示。使用"横排文字工具"，在画布中输入文字，效果如图 3-116 所示。

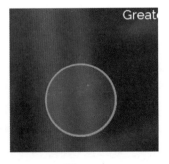

图 3-115

图 3-116

07 新建名称为 stay 的图层组，使用"椭圆工具"，在画布中绘制正圆形，并添加"描边"图层样式，设置该图层的"填充"为 20%，效果如图 3-117 所示。使用"矩形工具"，在画布中绘制白色矩形，继续使用"矩形工具"，设置"路径操作"为"减去顶层形状"，在矩形中减去多个矩形，得到需要的图形，效果如图 3-118 所示。

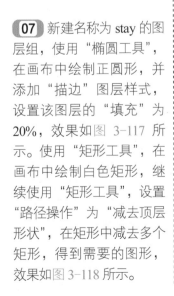

图 3-117

图 3-118

提示

　　"填充"选项用于设置图层内部元素的不透明度,只对图层内部图像起作用,对图层附加的其他元素(如图层样式)不会起作用。

08 使用"横排文字工具",在画布中输入文字,效果如图3-119所示。使用相同的制作方法,可以完成该界面中其他内容的制作,效果如图3-120所示。

图 3-119

图 3-120

09 完成该APP搜索栏的设计制作,最终效果如图3-121所示。

图 3-121

3.5 菜单和工具栏设计

　　菜单和工具栏是几乎所有的APP应用软件都需要设计的界面元素,它们为APP应用程序提供了快速执行特定功能和程序逻辑的用户接口。

3.5.1 菜单的重要性

　　菜单在APP应用软件中有非常广泛的应用。在APP应用软件中为了帮助使用者更好地使用该APP所提供的功能,开发人员会将APP中能够提供的功能列成一个清单,从而方便用户的选择和执行。用户根据菜单显示项目的功能,选择自己所需要的功能,从而完成所需要的任务。这种方法极大地方便了用户,使用户在使用一个新的APP应用时,不用花多少时间和精力去记忆使用规则,就能很快地学会使用该APP应用。因此,菜单是APP应用给用户的第一个界面,APP应用菜单设计的好坏,将直接影响用户对APP应用的使用效果。好的APP菜单设计有助于用户对APP应用的学习,更快地掌握APP应用的使用方法,并方便地操作APP应用程序。可以这样说,APP应用的实用性在一定程度上取决于菜单设计的质量和水平。如图3-122所示为APP界面中的菜单效果。

图 3-122

实战案例——设计 APP 菜单界面

源文件：源文件\第 3 章\APP 菜单界面.psd

视　频：视频\第 3 章\APP 菜单界面.mp4

1. 案例特点

本案例设计一款 APP 菜单界面，界面的设计采用扁平化设计风格，使用纯色作为界面的背景，每个菜单项都使用图标与文本相结合进行表现，并且当前所选中的菜单项将显示为深灰色的背景，与其他菜单项相区别，整个界面整洁、清晰。

2. 设计思维过程

使用玫瑰红作为界面的背景，表现出温馨、舒适的感觉。

通过绘制设置手机顶部状态栏，来增加界面的层次感和清晰感。

使用正圆形作为图像的背景，搭配浅黄色的文字，使得界面具有温馨感。

按照统一的设计风格顺序排列各菜单项，并使用分隔线进行分隔，清晰、统一。

3. 制作要点

本案例所设计的 APP 菜单界面舒适、温馨，在界面的上方放置状态栏和界面信息，界面中间按顺序使用图标与文字相结合的方式表现菜单选项，使得界面内容条理清晰，更加方便用户的操作，给人一种界面整洁、清晰的印象。

4. 配色分析

玫瑰红色作为界面背景色，使得界面更加温馨、舒适，黄色是明度较高的颜色，在背景的衬托下更加清晰醒目，搭配白色的文字信息，整个界面整洁、清晰。

玫瑰红　　　　　浅黄色　　　　　白色

5. 制作步骤

01 执行"文件>新建"命令，弹出"新建"对话框，新建一个空白文档，如图3-123所示。设置"前景色"为RGB（255，107，107），按【Alt+ Delete】组合键，为画布填充前景色，效果如图3-124所示。

图 3-123　　　　　　　　　　　　図 3-124

02 新建名称为"状态栏"的图层组，根据前面案例的制作方法，可以完成状态栏部分内容的制作，效果如图3-125所示。新建名称为"头像"的图层组，使用"椭圆工具"，设置"填充"为无，"描边"为白色，"描边宽度"为3点，在画布中绘制正圆形，效果如图3-126所示。

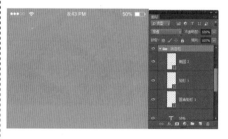
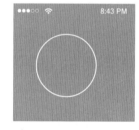

图 3-125　　　　　　　　　　　　图 3-126

03 使用"椭圆工具"，设置"填充"为白色，"描边"为无，在画布中绘制正圆形，效果如图3-127所示。打开并拖入素材图像"源文件\第 3 章\素材3601.jpg"，调整到合适的大小和位置，将该图层创建剪贴蒙版，效果如图3-128所示。

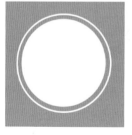

图 3-127　　　　　　　　　　　　图 3-128

04 使用"横排文字工具",在"字符"面板上对相关选项进行设置,在画布中输入文字,如图 3-129 所示。新建名称为"朋友"的图层组,使用"直线工具",设置"粗细"为 2 像素,在画布中绘制一条黑色直线,如图 3-130 所示。

图 3-129

图 3-130

05 设置该图层的"不透明度"为 20%,效果如图 3-131 所示。使用"钢笔工具",设置"填充"为 RGB(255,239,107),在画布中绘制形状图形,效果如图 3-132 所示。

图 3-131

图 3-132

提示

　　在使用"钢笔工具"时,光标在路径和锚点上会有不同的显示状态,通过对光标的观察,可以判断钢笔工具此时的功能。当光标在画布中显示为 形状时,单击可创建一个角点;单击并拖动鼠标可以创建一个平滑点。在画布上绘制路径的过程中,将光标移至路径起始的锚点上,光标会变为 形状,此时单击可闭合路径。

---

06 使用"横排文字工具"在画布中输入文字,效果如图 3-133 所示。使用"椭圆工具",设置"填充"为 RGB(255,239,107),在画布中绘制正圆形,效果如图 3-134 所示。

图 3-133

图 3-134

07 使用"横排文字工具",在画布中输入文字,使用"直线工具",在画布中绘制直线,效果如图 3-135 所示。使用"圆角矩形工具",设置"半径"为 1 像素,"填充"为RGB(255,239,107),在画布中绘制圆角矩形,效果如图 3-136 所示。

图 3-135　　　　　图 3-136

08 使用"矩形工具",设置"路径操作"为"减去顶层形状",在圆角矩形上减去一个圆角矩形,效果如图 3-137 所示。使用相同的制作方法,在该图形中减去一个矩形和正圆形,效果如图 3-138 所示。

图 3-137　　　　　图 3-138

09 使用"横排文字工具",在画布中输入文字,效果如图 3-139 所示。使用相同的制作方法,可以完成其他各菜单项效果的制作,如图 3-140 所示。

图 3-139　　　　　图 3-140

10 至此,完成该 APP菜单界面的设计制作,最终效果如图 3-141 所示。

图 3-141

3.5.2 菜单的设计要点

在设计 APP 应用菜单时，最好能够按照移动操作系统所设定的规范进行，不仅能使所设计出的 APP 菜单界面更美观丰富，而且能与操作系统协调一致，使使用户能够根据平时对系统的操作经验，触类旁通地知晓该 APP 应用的各功能和简捷的操作方法，增强 APP 应用的灵活性和可操作性。如图 3-142 所示为常见的 APP 菜单设计。

将菜单放置在界面的右侧，并使用不同的背景颜色进行区分，非常别致、新颖。

图 3-142

1）不可操作的菜单项一般要屏蔽变灰。APP 菜单中有一些菜单项是以变灰的形式出现的，并使用虚线字符来显示，这一类的命令表示当前不可用，也就是说，执行此命令的条件当前还不具备。

2）对当前使用的菜单命令进行标记。对于当前正在使用的菜单命令，可以使用改变背景色或在菜单命令旁边添加勾号（√），区别显示当前选择和使用的命令，使菜单的应用更具有识别性。

3）对相关的命令使用分隔条进行分组。为了使使用户迅速在菜单中找到需要执行的命令项，非常有必要对菜单中相关的一组命令用分隔条进行分组，这样可以使菜单界面更清晰，易于操作。

4）应用动态和弹出式菜单。动态菜单即在 APP 运行过程中会伸缩的菜单，弹出式菜单的设计则可以有效地节约界面空间，通过动态菜单和弹出式菜单的设计和应用，可以更好地提高 APP 应用界面的灵活性和可操作性。

实战案例——设计弹出下拉菜单

源文件：源文件\第 3 章\弹出下拉菜单.psd

视 频：视 频\第 3 章\弹出下拉菜单.mp4

1. 案例特点

本案例设计一款弹出下拉菜单，排列方式与界面的排列方式一致，具有整体性与统一性，弹出菜单在界面中的使用，能够有效地表现更多的选项，非常方便。

2. 设计思维过程

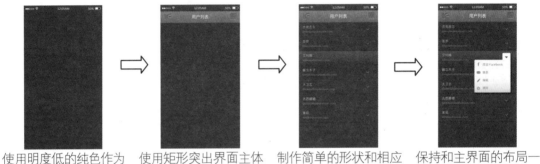

使用明度低的纯色作为
背景，具有突出作用。

使用矩形突出界面主体
内容，便于查看。

制作简单的形状和相应
的文字内容，使用瀑布
式排列信息内容。

保持和主界面的布局一
致，依次制作出菜单功
能。

3. 制作要点

　　本案例所设计的弹出下拉列表，叠加在主界面上方，层次分明，便于识别，排列方式与
主界面的排列方式一致，界面整齐，制作有条理，通过图标与文字相结合的方式表现选项，
清晰地介绍各个菜单的功能。

4. 配色分析

　　本案例所设计的弹出下拉菜单，使用明度极低的灰蓝色作为界面背景，与下拉列表的白
色背景形成强烈的反差，带来了极强的视觉冲击，辨识度极高。

灰蓝色　　　　白色　　　　红色

5. 制作步骤

01 执行"文件>新建"
命令，弹出"新建"对话
框，新建一个空白文档，如
图 3-143 所示。设置"前景
色"为 RGB（36，45，
52），按【Alt+Delete】组合
键，为画布填充前景色，
效果如图 3-144 所示。

图 3-143

图 3-144

> **提示**
>
> 在此设置背景颜色是为了能更好地方便观察，亮度较低的颜色为背景颜色，更容易突出界面内容。

---

02 新建名称为"状态栏"的图层组，根据前面案例的制作方法，可以完成该部分内容的制作，效果如图 3-145 所示。新建名称为"用户列表"的图层组，使用"矩形工具"，在画布中绘制白色的矩形，效果如图 3-146 所示。

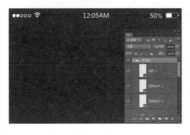
图 3-145

图 3-146

03 为该图层添加"渐变叠加"图层样式，对相关选项进行设置，如图 3-147 所示。单击"确定"按钮，完成"图层样式"对话框的设置，效果如图 3-148 所示。

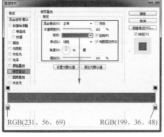
图 3-147

图 3-148

04 打开并拖入素材图像"源文件\第 3 章\素材\3701.png"，效果如图 3-149 所示。为该图层添加"投影"图层样式，对相关选项进行设置，如图 3-150 所示。

图 3-149

图 3-150

05 单击"确定"按钮，完成"图层样式"对话框的设置，效果如图 3-151 所示。使用"横排文字工具"，在"字符"面板中设置相关选项，在画布中输入文字，如图 3-152 所示。

图 3-151

图 3-152

06 使用"圆角矩形工具"，设置"填充"为 RGB（167，18，30），"半径"为 8 像素，在画布中绘制圆角矩形，并添加"内阴影"和"投影"图层样式，效果如图 3-153 所示。使用相同的制作方法，完成相似图形的绘制，效果如图 3-154 所示。

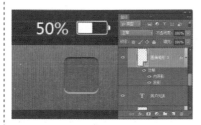
图 3-153

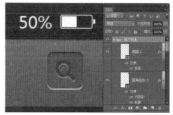
图 3-154

07 新建名称为"用户"的图层组，使用"横排文字工具"，在画布中输入文字，并为文字添加"投影"图层样式，效果如图 3-155 所示。使用"自定形状工具"，设置"填充"为 RGB（100，113，124），在"形状"下拉列表中选择合适的形状，在画布中绘制形状图形，并添加"投影"图层样式，效果如图 3-156 所示。

图 3-155

图 3-156

08 使用相同的制作方法，可以完成用户列表的制作，效果如图 3-157 所示。新建名称为"下拉菜单"的图层组，使用"圆角矩形工具"，设置"半径"为 8 像素，在画布中绘制一个白色的圆角矩形，效果如图 3-158 所示。

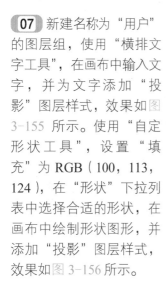

图 3-157

图 3-158

 提示

在界面设计过程中常常使用直线来分隔功能或内容区域，使用一条深色的线条搭配一条浅色的线条能够给人一种立体感，这也是界面设计中常用的一种立体感表现方式。

09 使用"钢笔工具"，设置"路径操作"为"减去顶层形状"，在刚绘制的圆角矩形中减去形状图形，效果如图 3-159 所示。为该图层添加"渐变叠加"图层样式，对相关选项进行设置，如图 3-160 所示。

图 3-159

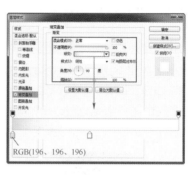

图 3-160

10 继续添加"投影"图层样式，对相关选项进行设置，如图 3-161 所示。单击"确定"按钮，完成"图层样式"对话框的设置，效果如图 3-162 所示。

图 3-161

图 3-162

11 使用"多边形工具"，设置"填充"为 RGB（36，45，52），"边数"为 3 边，在画布中绘制三角形，效果如图 3-163 所示。使用相同的制作方法，可以完成各菜单项的制作，效果如图 3-164 所示。

图 3-163

图 3-164

12 至此，完成该弹出下拉菜单的设计制作，最终效果如图 3-165 所示。

图 3-165

3.5.3　工具栏的作用

APP 应用中的工具栏是显示图形式按钮的选项控制条，每个图形按钮称为一个工具项，用于执行 APP 应用中的一个功能，或在不同的 APP 界面中进行跳转。通常情况下，出现在工具栏上的按钮所执行的都是一些比较常用的命令。

工具栏需要根据软件 APP 界面整体的风格来进行设计，只有这样才能够使整个 APP 界面和谐统一。如图 3-166 所示为设计精美的 APP 工具栏。

图 3-166

 实战案例——设计圆形快捷工具栏

💿 源文件：源文件\第 3 章\圆形快捷工具栏.psd
🎬 视　频：\视　频\第 3 章\圆形快捷工具栏.mp4

1. 案例特点

本案例设计一款圆形快捷工具栏，运用半透明的白色正圆形作为工具栏的背景，将正圆形等比例分隔为多份，分别放置不同的功能操作图标，使功能操作图标聚集在一起，效果统一，便于用户的操作。

2. 设计思维过程

拖入素材图像，调整合适的位置与大小作为界面的背景，添加半透明的黑色，突出界面中内容的显示。

使用相同的制作方法，可以完成顶部状态栏的制作，可以增加界面的层次感。

运用半透明的正圆形作为主要内容的背景，添加相应的图层样式，使得正圆形更加具有质感。

通过绘制功能图标，完成圆形快捷工具栏界面的绘制。

3. 制作要点

本案例所设计的圆形快捷工具栏简洁、大方，在界面的上方放置状态栏和 Logo，下方则是运用半透明的正圆形作为功能按钮的背景，界面留有大量的空白，使界面具有想象的空间，整个界面给人一种简洁具有质感的印象。

4. 配色分析

本案例所设计的圆形快捷工具栏运用半透明的黑色作为界面背景的主色调，使得界面内容更加清晰醒目，搭配灰色的正圆形和白色的文字和按钮，使得整个界面简洁、清晰。

黑色　　　　灰色　　　　白色

5. 制作步骤

01 执行"文件>新建"命令，弹出"新建"对话框，新建一个空白文档，如图 3-167 所示。打开并拖入素材图像"源文件\第 3 章\素材\3801.jpg"，调整到合适的大小与位置，效果如图 3-168 所示。

图 3-167　　　　　　　　　图 3-168

02 新建"图层 1"，为该图层填充黑色，设置该图层的"不透明度"为 60%，效果如图 3-169 所示。新建名称为"状态栏"的图层组，根据前面案例的制作方法，可以完成该部分内容的制作，效果如图 3-170 所示。

图 3-169　　　　　　　　　图 3-170

03 打开并拖入素材图像"源文件\第 3 章\素材\3802.png", 效果如图 3-171 所示。使用"椭圆工具",在画布中绘制白色的正圆形,效果如图 3-172 所示。

图 3-171

图 3-172

04 使用"椭圆工具",设置"路径操作"为"减去顶层形状",在刚绘制的正圆形上减去一个正圆形,效果如图 3-173 所示。为该图层添加"斜面和浮雕"图层样式,对相关选项进行设置,如图 3-174 所示。

RGB(74、100、22)

图 3-173

图 3-174

05 继续添加"内发光"图层样式,对相关选项进行设置,如图 3-175 所示。继续添加"光泽"图层样式,对相关选项进行设置,如图 3-176 所示。

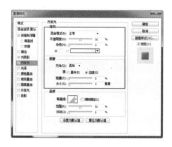

图 3-175

图 3-176

06 继续添加"渐变叠加"图层样式,对相关选项进行设置,如图 3-177 所示。继续添加"投影"图层样式,对相关选项进行设置,如图 3-178 所示。

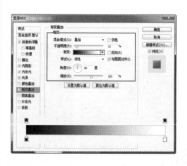

图 3-177

图 3-178

07 单击"确定"按钮，完成"图层样式"对话框的设置，设置该图层的"填充"为 40%，效果如图 3-179 所示。使用相同的制作方法，完成相似图形的绘制，如图 3-180 所示。

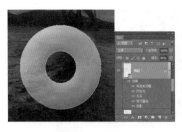 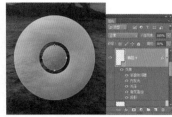

图 3-179　　　　　　　图 3-180

08 使用"圆角矩形工具"，设置"填充"为白色，"半径"为 5 像素，在画布中绘制圆角矩形，效果如图 3-181 所示。使用"圆角矩形工具"，设置"路径操作"为"减去顶层形状"，"半径"为 3 像素，在刚绘制的圆角矩形中减去一个圆角矩形，效果如图 3-182 所示。

图 3-181　　　　　　　图 3-182

09 使用"椭圆工具"，设置"填充"为无，"描边颜色"为白色，"描边宽度"为 2 点，"路径操作"为"合并形状"，在画布中绘制正圆形，效果如图 3-183 所示。使用"钢笔工具"，设置"路径操作"为"减去顶层形状"，在画布中绘制形状图形，效果如图 3-184 所示。

图 3-183　　　　　　　图 3-184

10 使用相同的制作方法，完成相似内容的绘制，效果如图 3-185 所示。为"圆角矩形 3"图层添加"投影"图层样式，设置该图层的"填充"为 60%，效果如图 3-186 所示。

图 3-185　　　　　　　图 3-186

11 显示文档标尺，从标尺中拖出参考线，定位正圆形的中心点位置，如图 3-187 所示。新建名称为"直线"的图层组，使用"直线工具"，设置"填充"RGB（80，80，80），"粗细"为 2 像素，在画布中绘制直线，效果如图 3-188 所示。

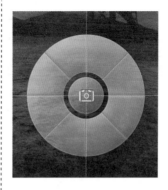

图 3-187

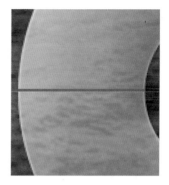

图 3-188

12 使用相同的制作方法，为该图层添加相应的图层样式，设置该图层的"填充"为 60%，效果如图 3-189 所示。复制"形状 3"图层得到"形状 3 拷贝"图层，按【Ctrl+T】组合键，显示自由变换框，调整旋转中心点为大正圆形的中心点位置，设置旋转角度为 45°，如图 3-190 所示。

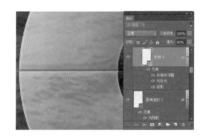

图 3-189

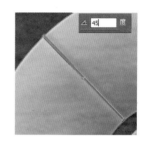

图 3-190

13 按【Enter】键，确认对图形的旋转处理，效果如图 3-191 所示。同时按住【Ctrl+Alt+Shift】组合键不放，多次按【T】键，对该直线图形进行旋转复制操作，效果如图 3-192 所示。

图 3-191

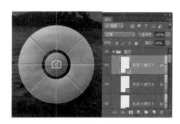

图 3-192

14 新建名称为"按钮"的图层组，使用"椭圆工具"，设置"填充"为无，"描边颜色"为白色，"描边宽度"为 3 点，在画布中绘制正圆形，效果如图 3-193 所示。使用"直接选择工具"，拖动相应的锚点进行调整，效果如图 3-194 所示。

图 3-193

图 3-194

提示

该处可以使用"添加锚点工具",将光标放置在路径上,当光标变为 ↳+形状时,单击即可添加一个锚点。如果单击并拖动鼠标,则可以添加一个平滑点。

---

15 使用"椭圆工具",在画布中绘制正圆形,效果如图 3-195 所示。为该图层添加"投影"图层样式,并设置该图层的"不透明度"为 80%,效果如图 3-196 所示。

图 3-195

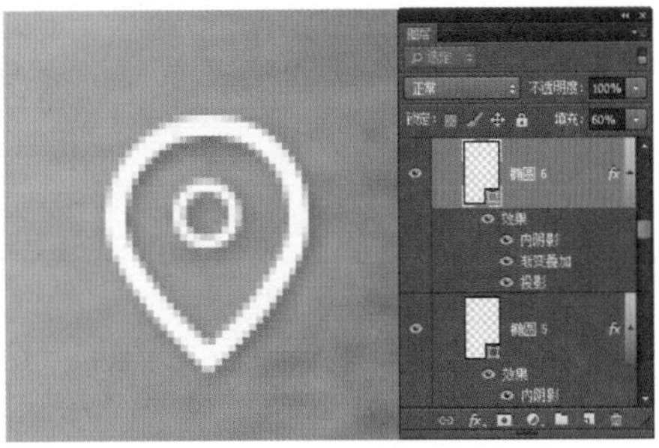

图 3-196

16 使用"圆角矩形工具",设置"填充"为白色,"半径"为 5 像素,在画布中绘制圆角矩形,效果如图 3-197 所示。使用"圆角矩形工具",设置"路径操作"为"减去顶层形状","半径"为 3 像素,在该圆角矩形上减去一个圆角矩形,效果如图 3-198 所示。

图 3-197

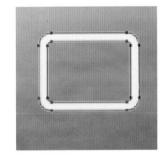

图 3-198·

17 使用"钢笔工具",设置"填充"为白色,"路径操作"为"合并形状",在画布中绘制形状图形,效果如图 3-199 所示。使用"椭圆工具",设置"填充"为白色,"路径操作"为"合并形状",在画布中绘制正圆形,效果如图 3-200 所示。

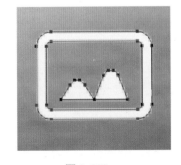

图 3-199

图 3-200

18 使用相同的制作方法，可以完成其他相似图标效果的绘制，如图 3-201 所示。完成该圆形快捷工具栏的设计制作，最终效果如图 3-202 所示。

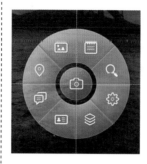  

图 3-201   图 3-202

3.6 本章小结

　　任何 APP 界面都是由基本图形和元素构成的，通过对这些基本图形的合理设计，可以设计出各种不同类型的 APP 界面。本章向读者详细介绍了 APP 界面中的各种基本图形和元素，并通过实例的制作，讲解了 APP 界面中各种基本元素的设计方法。完成本章内容的学习，读者需要掌握这些 APP 基本图形和元素的设计应用方法。

第 **4** 章

iOS 系统界面设计

iOS 系统是由苹果公司开发的移动设备操作系统，具体来说，是 iPhone、iPad 和 iPod Touch 的默认操作系统，最新的版本是 2015 年 9 月 16 日发布的 iOS 9。从 iOS 7 开始，iOS 系统界面设计抛弃了之前一直沿用的拟物化设计而走向扁平化设计，iOS 系统界面的设计越来越简约、精致，给用户带来更好的体验。本章将向读者介绍有关 iOS 系统界面的相关知识，并通过 iOS 系统界面的设计制作，使读者掌握 iOS 系统界面的设计技巧和方法。

精彩案例：

- 设计 iOS 系统待机界面。
- 设计 iOS 9 风格日历界面。
- 设计 iOS 系统主界面。
- 设计 iOS 系统天气界面。
- 设计 iOS 系统通话界面。
- 设计 iOS 系统音乐播放界面。

4.1 iOS 系统

iOS 系统是由苹果公司开发并应用于 iPhone 手机、iPad 和 iPod Touch 等手持设备的操作系统。iOS 系统的操作界面精致美观、稳定可靠、简单易用，受到了全球用户的青睐。

4.1.1 iOS 系统概述

iOS 系统最初是为 iPhone 手机设计使用的，iPhone 手机在市场上一推出便大获成功，于是苹果公司便陆续推出了 iPod Touch、iPad 和 Apple TV 等产品，如图 4-1 所示，并且全部都使用 iOS 系统，iOS 系统也是目前苹果公司推出的手持移动设备的唯一操作系统。

图 4-1

> 提示
>
> iOS 系统具有简单易懂的界面、令人惊叹的功能，以及超强的稳定性，这些性能已经成为 iPhone、iPad 和 iPod Touch 的强大基础。

4.1.2 iOS 系统的发展

iOS 系统的原名称为 iPhone OS，直到 2010 年宣布改名为 iOS，最新版本为 iOS 9。有国外专家指出，从 iOS 1 至 iOS 6，苹果一直没有停止"去谷歌化"的脚步，而且对于新接纳的大多数第三方应用，也一直采取淡化品牌的策略。

1. 2007 年——iOS 1

2007 年年初在 Macworld 活动上苹果公司正式发布用于移动智能手机的操作系统 iOS 1。当时的 iPhone 功能是非常有限的，没有 APP Store，不能进行任务切换，也不能移动主屏幕上的应用程序图标。

iOS 1 的应用包括由谷歌和雅虎提供的 YouTube、谷歌地图、天气和股票应用。虽然这 4 款应用是由苹果内部打造的，但仍需要谷歌和雅虎的服务来对这 4 款应用提供支持。此外，在移动版 Safari 浏览器中，苹果同时提供了谷歌和雅虎的搜索引擎服务，供用户自由选择。

2. 2008 年——iOS 2

在推出 iOS 2 时，苹果引入了应用商店。在接下来的几年中，苹果专注于提升 iOS 平台的核心功能，并通过赋予开发者更多的权利，把应用商店打造得越来越好。自此，苹果依靠应用商店进入了"不求合作伙伴"的时代。

此外，苹果还引入了 iTunes，让用户能以统一的账户购买音乐和应用程序，并且允许从其他渠道向苹果的 MobileMe（现已被 iCloud 取代）推送电子邮件。

3. 2009 年——iOS 3

苹果公司于 2009 年推出了 iOS 3。在 iOS 3 系统中，复制和粘贴功能变得更加方便，还增加了推送通知、彩信、语音控制、USB 和蓝牙传输等功能，这些功能直至今天仍然保留着。

4. 2010 年——iOS 4

苹果公司于 2010 年推出了 iOS 4。苹果在 Safari 移动浏览器中加入了对微软新搜索服务 Bing 的原生支持。从此以后，苹果不再为用户列出搜索引擎选项，而是以"搜索"功能取而代之。

iOS 4 的新增功能还包括：多任务处理、应用图标文件夹整合、自定义主屏壁纸、拼写错误和游戏中心等。

5. 2011 年——iOS 5

iOS 5 于 2011 年正式发布，苹果称其加入了约 200 项新功能，其中包括：全新的通知功能、提醒事项、免费在 iOS 5 设备间发送信息的 iMessage、系统集成 Twitter、可以下载最新杂志报纸的虚拟书报亭等。同时，iCloud 也被发布，使备份和建立新的 iOS 设备更加容易。

在拍照功能上，iOS 5 允许在锁屏状态下迅速进入拍照界面，并且可以用音量键进行拍照，还能对照片进行裁切、旋转、增强效果和去除红眼。

6. 2012 年——iOS 6

iOS 6 于 2012 年正式发布，iOS 6 拥有 200 多项新功能，全新的地图应用是其中较为引人注目的内容之一，它采用苹果自己设计的制图法，首次为用户免费提供在车辆需要拐弯时进行语音提醒的导航服务。

iOS 6 拥有完善的文本输入法，从而让各种设备更适合中文用户使用。此外，iOS 6 还增加了 Siri、分享照片流、Passbook 和 Face time 等功能。

7. 2013 年——iOS 7

iOS 7 于 2013 年推出，在用户界面上有着与之前版本完全不同的视觉设计，界面采用扁平化设计风格，使用较为纤细的字体，以往的拟物化风格不复存在。

iOS 7 的界面采用类似 3D 的效果，在锁定画面及桌面会有 3D 的效果。所有的内置程序、解锁画面与通知中心也经过重新设计。此外，还新增了控制中心界面，让用户能够快速控制各种系统功能的开关。后台多任务处理功能也经过了强化。

8. 2014 年——iOS 8

iOS 8 于 2014 年推出，在 iOS 8 中为用户日常使用的信息和照片等 APP 带来重大更新，iCloud 推出"照片云端串流"功能，以后在 iPhone 上编辑的图片，会自动同步到 iCloud，并与用户所有的设备同步。

iOS 8 让 iOS 设备之间的关联性更强，在其他设备也是最新版系统下，iPhone 可以在 iPad 和 Mac 上收发短信，实现信息共通性。

9. 2015 年——iOS 9

2015 年 9 月 16 日，iOS 9 操作系统正式推出。新的 iOS 9 系统比 iOS 8 更稳定，功能更全面，而且还更加开放。iOS 9 加入了更多的新功能，包括更加智能的 Siri、新加入的省电模式。

4.1.3 iOS 系统的基本组件

iOS 系统的界面由大量的组件构成，只要掌握了不同组件的特征和制作方法，就可以非常容易地制作出完整的 iOS 系统界面。

标准的 iOS 8 系统界面的组件主要包括以下内容。

1）栏：包括"状态栏""导航栏""标签栏"和"工具栏"。

2）内容视图：包括"浮出层（仅限 iPad）""分栏视图（仅限 iPad）""表格式图""文本视图""Web 视图"。

3）警告框。

4）操作列表。

5）模态视图。

6）登录图片。

7）控件：包括"活动指式器""日期和时间拾取器""详情展开按钮""信息按钮""标签""网络活动指示器""页码指示器""拾取器""进度提示器""范围栏""搜索栏""分段控件""滚动条""切换器""文本框"。

如图 4-2 所示为 iOS 8 系统中部分组件的图示效果。

图 4-2

4.2 iOS 系统 UI 设计规范

在设计移动 APP 界面之前，首先需要清楚所设计的 UI 界面是适用于何种操作系统的，不同的操作系统对界面 UI 设计有着不同的要求。本节将向读者介绍 iOS 系统对于 UI 设计的相关规范要求。

4.2.1 iPhone 界面尺寸

iPhone 手机界面尺寸如表 4-1 所示。

表 4-1　iPhone 手机界面尺寸

设　　备	尺　　寸	分　辨　率	状态栏高度	导航栏高度	标签栏高度
iPhone & iPod Touch 一代/二代/三代	320×480 px	163PPI	20px	44px	49px
iPhone 4 / 4S	640×960 px	326PPI	40px	88px	98px
iPhone 5 /5C/ 5S	640×1136 px	326PPI	40px	88px	98px
iPhone 6	750×1334 px	326PPI	40px	88px	98px
iPhone 6 plus 物理版	1080×1920 px	401PPI	54px	132px	146px
iPhone 6 plus 放大版	1125×2001 px	401PPI	54px	132px	146px
iPhone 6 plus 设计版	1242×2208 px	401PPI	60px	132px	146px

iPhone 手机界面尺寸示意图如图 4-3 所示。

 提示

　　iPhone 6 plus 的"物理版""放大版"和"设计版"是 UI 设计中的叫法，iPhone 6 plus 物理版是指 iPhone 6 plus 手机屏幕的实际像素；iPhone 6 plus 放大版其实就是 iPhone 6 plus 屏幕尺寸等比放大 1.5 倍得出的大小；iPone 6 plus 的屏幕有 1080 个像素点，但是截屏后发现图像是 1242 像素，也就是说在一个物理只有 1080 像素点的屏幕中放入了 1242 像素的内容。如果需要设计适用于 iPhone 6 plus 的界面，可以按照设计版 1242× 2208 的尺寸进行设计。

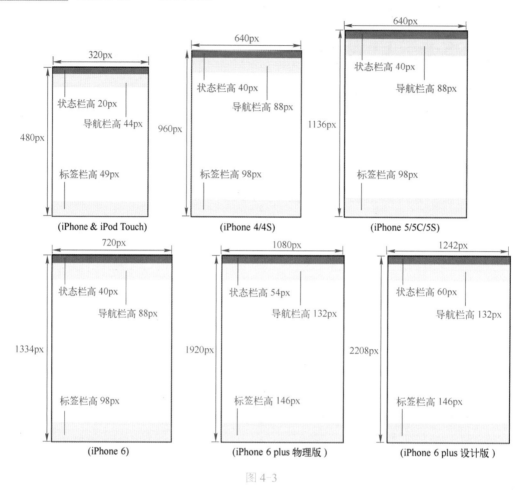

图 4-3

4.2.2 iPad 界面尺寸

iPad 平板电脑界面尺寸如表 4-2 所示。

表 4-2 iPad 平板电脑界面尺寸

设备	尺寸	分辨率	状态栏高度	导航栏高度	标签栏高度
iPad Mini	1024 px×768 px	163PPI	20px	44px	49px
iPad 1 /2	1024 px×768 px	132PPI	20px	44px	49px
iPad 3 /4 /5 /6 /Air /Air2 /mini2	2048 px×1536 px	264PPI	40px	88px	98px

iPad 平板电脑界面尺寸示意图如图 4-4 所示。

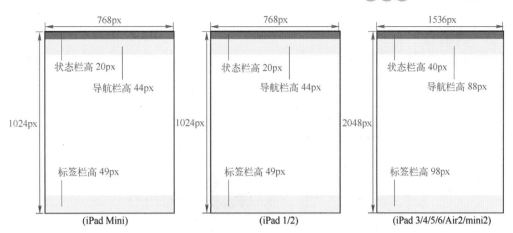

图 4-4

4.2.3 iOS 系统 APP 布局

基于 iOS 系统的 APP 界面布局元素分为状态栏、导航栏（含标题）、工具栏/标签栏三个部分，如图 4-5 所示为基于 iOS 系统的 APP 应用。

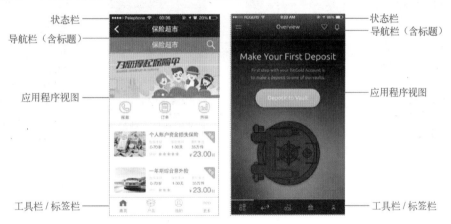

图 4-5

> 状态栏：显示应用程序运行状态。
> 导航栏：显示当前 APP 应用的标题名称。左侧为后退按钮，右侧为当前 APP 内容操作按钮。
> 工具栏/标签栏：工具栏与标签栏共用一个位置，在界面的最下方，因此必须根据 APP 的要求选择其一，工具栏按钮不超过 5 个。

实战案例——设计 iOS 系统待机界面

源文件：源文件\第 4 章\iOS 系统待机界面.psd

视 频：视 频\第 4 章\iOS 系统待机界面.mp4

1. 案例特点

本案例设计 iOS 系统待机界面，界面的构成非常简约，通过大字体表现系统时间和日期，在界面的左下角和右下角分别放置浏览器和相机图标，使得界面内容一目了然、清晰简洁。

2. 设计思维过程

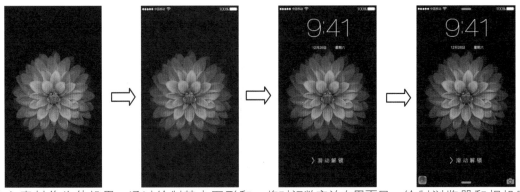

拖入素材作为待机界面的主题背景，色彩对比强烈，素净优雅。

通过绘制基本图形和输入文字来完成界面顶部状态栏的制作。

将时间数字放在界面显眼位置，通过绘制图形和解锁文字的添加，来表现解锁的位置。

绘制浏览器和相机图形，完成手机待机界面的绘制。

3. 制作要点

本案例所设计的 iOS 系统待机界面非常简约、大方，使用素雅的花瓣图片作为界面的背景，在界面显著位置使用大字体展示当前的系统时间信息，下方则是界面滑动解锁信息、浏览器和相机功能操作按钮，整个界面给人一种清晰、整洁、优雅的视觉效果。

4. 配色分析

本案例所设计的 iOS 系统待机界面使用黑色的背景素材，界面中的信息文字和功能图标都使用白色，在背景图像的衬托下显得非常清晰，下方的"滑动解锁"则通过渐变颜色的方式给用户提供很好的提醒，整个界面给人一种清晰、一目了然的印象。

白色　　　　　褐色　　　　　黑色

5. 制作步骤

01 执行"文件>新建"命令，弹出"新建"对话框，新建一个空白文档，如图 4-6 所示。打开并拖入素材图像"源文件\第 4 章\素材\4101.jpg"，效果如图 4-7 所示。

图 4-6　　　　　　　　图 4-7

02 新建名称为"状态栏"的图层组，在该图层组中新建名称为"组 1"的图层组，使用"椭圆工具"，在画布中绘制白色正圆形，如图 4-8 所示。多次复制"椭圆 1"图层，分别将复制得到的正圆形调整到合适的位置，效果如图 4-9 所示。

 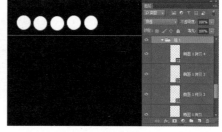

图 4-8　　　　　　　　图 4-9

💡 提示

　　按住【Alt】键拖动复制对象的同时，按下【Shift】键不放，可以将所复制的对象控制在水平或垂直方向上。

03 使用"横排文字工具"，在"字符"面板中对相关选项进行设置，在画布中输入文字，如图 4-10 所示。使用"自定形状工具"，在"选项"栏上的"形状"下拉列表中选择合适的形状，在画布中绘制形状图形，效果如图 4-11所示。

图 4-10　　　　　　　　图 4-11

04 使用"钢笔工具"，在"选项"栏上设置"路径操作"为"与形状区域相交"，在画布中绘制形状，得到相交的图形，效果如图 4-12 所示。使用"圆角矩形工具"，在"选项"栏上设置"半径"为 5 像素，在画布中绘制白色圆角矩形，效果如图 4-13 所示。

图 4-12

图 4-13

05 继续使用"圆角矩形工具"，在"选项"栏上设置"路径操作"为"减去顶层形状"，在刚绘制的圆角矩形上减去一个圆角矩形，得到需要的图形，效果如图 4-14 所示。继续使用"圆角矩形工具"，在"选项"栏上设置"路径操作"为"合并形状"，在画布中绘制白色圆角矩形，效果如图 4-15 所示。

图 4-14

图 4-15

06 使用"椭圆工具"，在画布中绘制椭圆形，如图 4-16 所示。使用"矩形工具"，在"选项"栏上设置"路径操作"为"减去顶层形状"，在刚绘制的椭圆形上减去矩形，得到需要的图形，效果如图 4-17 所示。

图 4-16

图 4-17

07 使用"横排文字工具"，在"字符"面板中对相关选项进行设置，在画布中输入文字，如图 4-18 所示。使用"横排文字工具"，在画布中输入其他文字，效果如图 4-19 所示。

图 4-18

图 4-19

08 新建名称为"滑动解锁"的图层组，使用"圆角矩形工具"，设置"半径"为 5 像素，在画布中绘制白色圆角矩形，并对其进行旋转操作，效果如图 4-20 所示。使用"路径选择工具"，选中刚绘制的圆角矩形路径，按【Ctrl+C】组合键，复制路径，按【Ctrl+ V】组合键，粘贴路径，执行"编辑>变换路径>垂直翻转"命令，将复制得到的图形垂直翻转，并向下移至合适的位置，如图 4-21 所示。

图 4-20

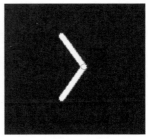
图 4-21

> **提示**
>
> 还可以使用快捷键【Ctrl+T】，执行"变形"命令后，显示变形框，可以通过拖动锚点或改变变形框为曲线的方式对图像进行任意变形处理，从而改变图像的效果，变形操作完成后，按【Enter】键，即可确认图像的变形处理。

09 使用"横排文字工具"，在画布中输入文字，如图 4-22 所示。在"滑动解锁"图层组上方新建图层，使用"画笔工具"，设置"前景色"RGB（190，167，110），选择合适的笔触与大小，在画布中进行涂抹绘制，将该图层创建剪贴蒙版，效果如图 4-23 所示。

图 4-22

图 4-23

10 新建名称为"Safari 浏览器"的图层组，使用"圆角矩形工具"，在"选项"栏上设置"半径"为 20 像素，在画布中绘制白色圆角矩形，如图 4-24 所示。使用"椭圆工具"，在画布中绘制黑色正圆形，如图 4-25 所示。

图 4-24

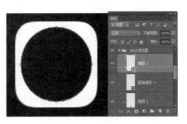
图 4-25

11 为该图层添加"渐变叠加"图层样式，对相关选项进行设置，如图4-26所示。单击"确定"按钮，完成"图层样式"对话框的设置，效果如图4-27所示。

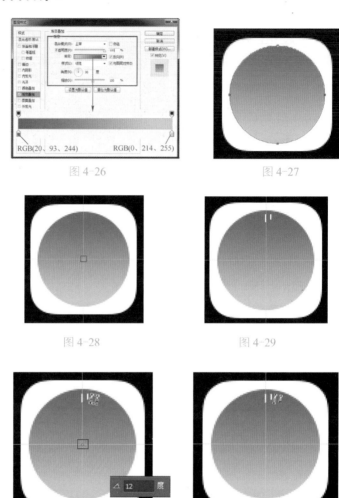

图4-26　　　　　　　　图4-27

12 按【Ctrl+R】组合键，显示出文档标尺，从标尺中拖出参考线定位正圆形中心点位置，如图4-28所示。使用"直线工具"，在"选项"栏上设置"粗细"为1像素，在画布中绘制两条白色直线，如图4-29所示。

图4-28　　　　　　　　图4-29

13 使用"路径选择工具"，选中刚绘制的两条直线路径，按【Ctrl+C】组合键，复制路径，按【Ctrl+V】组合键，粘贴路径，按【Ctrl+T】组合键，显示自由变换框，调整旋转中心点至正圆形中心点位置，在"选项"栏上设置旋转角度为12度，如图4-30所示。按【Enter】键，确认路径的旋转变换操作，效果如图4-31所示。

图4-30　　　　　　　　图4-31

14 同时按住【Ctrl+Alt+Shift】组合键键不放，多次按【T】键，重复复制路径并旋转操作，得到需要的图形，效果如图4-32所示。使用"钢笔工具"，在画布中绘制白色图形，如图4-33所示。

图4-32　　　　　　　　图4-33

15 使用相同的制作方法，完成该图形的绘制，设置"Safari 浏览器"图层组的"不透明度"为50%，效果如图 4-34 所示。使用相同的制作方法，完成相似图形的绘制，如图 4-35 所示。

图 4-34   图 4-35

16 至此，完成该 iOS 系统待机界面的设计制作，最终效果如图 4-36 所示。

图 4-36

4.3 了解全新的 iOS 9

苹果公司在 2015 年 9 月 16 日发布了 iOS 系统的最新版本 iOS 9，iOS 9 延续了 iOS 8 系统的整体扁平化设计风格，主要在细节功能上进行了升级改进，其中不乏非常重要的改善。

4.3.1 iOS 8 与 iOS 9 的区别

如果 iOS 7 相较于 iOS 6 系统是苹果的一次大刀阔斧的改进，那么从 iOS 7、iOS 8 再到最新发布的 iOS 9 系统，那就是苹果对 iOS 系统的一次次完善。

1. 全新的字体

在 iOS 9 系统中使用了全新的 San Francisco 字体取代了之前 iOS 版本中使用的 HelveticaNue 字体，全新的字体使屏幕上的文字看起来显得更加锐利，可视性也更强，如图 4-37 所示。

2. 全新的应用切换动画

iOS 9 系统中为应用切换设计了全新的卡片式翻页动画效果，一个应用预览卡片堆砌在另一个卡片上，卡片显得更大，如图 4-38 所示。同时推翻了 iOS 8 系统中最新联系人的设计。

（iOS 8）　　　　（iOS 9）　　　　　　　（iOS 8）　　　　（iOS 9）

图 4-37　　　　　　　　　　　　　　图 4-38

3. 圆角设计的 Spotlight 搜索框

iOS 9 系统中的 Spotlight 搜索框采用了全新设计的圆角样式，并且还增加了语音听写的标识，如图 4-39 所示。在 iOS 9 系统桌面的第一页屏幕向左滑动，用户还会发现专门为 Spotlight 而设计的全新界面，在这里用户可以看到 Siri 的建议联系人和建议应用，在该搜索框中用户还可以进行体育比分、货币转换等操作。

4. 相机应用

iOS 9 系统中对相机应用的界面进行了微调，闪光灯不再显示打开/关闭状态，只显示图标。开启的时候会显示为橙色的闪电图标，关闭的时候在闪电图标上多一个"X"。HDR 也采取了类似的调整，另外，HDR 和倒计时拍照功能的图标位置也进行了微调，如图 4-40 所示。

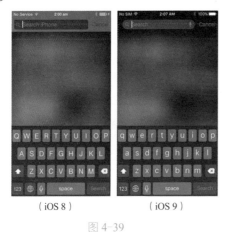

（iOS 8）　　　　（iOS 9）　　　　　　　（iOS 8）　　　　（iOS 9）

图 4-39　　　　　　　　　　　　　　图 4-40

5. 分享界面

iOS 9 系统的分享界面，底部的操作按钮更大了，与此同时图标变得更亮，似乎与背景更为融合，如图 4-41 所示。

6. 新增 Safari 阅读模式选项

在 iOS 9 的 Safari 阅读模式中，用户可以改变字体的大小、字体样式和背景，而在 iOS 8 中，用户只能改变字体大小，如图 4-42 所示。

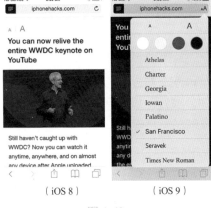

图 4-41   图 4-42

7. 全新的 Siri 界面

在 iOS 9 中对 Siri 界面进行了全新的设计，底部的波动动画效果更加明显，类似于 Apple Watch 中 Siri 的设计风格，如图 4-43 所示。

8. 圆角设计

iOS 9 系统界面的设计有一个值得注意的变化，就是很多 UI 元素的圆角值更大，圆角效果更加明显，包括通知、操作框等界面，如图 4-44 所示。

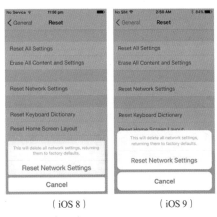

图 4-43   图 4-44

9. 全新的地图应用

iOS 9 中对地图应用进行了全新的设计，当用户点击全新的搜索栏，就会看到附近的服务，这可以让用户更容易发现不同类别的"新大陆"，如图 4-45 所示。

10．画中画功能

当启用 iOS 9 中的画中画功能时，无论是正在进行 Face Time 语音还是观看视频，按下 Home 键返回到主屏幕时，这个视频小窗口不会消失，而是悬浮界面上方继续播放，如图 4-46 所示。

11．全新的 iPad 键盘

在 iOS 9 全新设计的 iPad 键盘中加入了"剪切""复制""粘贴"这 3 个常用功能的快捷操作按钮。值得一提的是，iOS 9 的键盘会根据使用场景的不同，也就是在不同的应用中，会出现不同的快捷键，如图 4-47 所示。

图 4-45   图 4-46   图 4-47

4.3.2　iOS 9 的特点

苹果公司针对新时代用户彻底更新了其设计语言，iOS 9 系统的设计语言相对之前大为简化，能够让设计师将精力集中到动画和功能上，而不是繁复的视觉细节上。iOS 9 系统给人一种类似现代杂志的感觉，文字精美、布局 简单。

1．系统、应用齐瘦身

iSO 9 对系统进行了精简处理，系统所占用的空间比 iOS 8 大幅减少。iOS 9 能够与用户的设备相适配，下载最适合用户的应用，使 iSO 9 系统的运行更加流畅、体积更小，如图 4-48 所示。

2．分屏多任务处理

iOS 9 支持两个应用同时在屏幕上进行分屏显示，这样就可以在两个应用之间进行快速的切换操作。视频可以浮动窗口的形式保留在屏幕上，并且可以随意调整视频的大小和位置，如图 4-49 所示。

图 4-48

图 4-49

3．更加智能的搜索功能

在 iSO 9 中对 Siri 功能进行了更新，使得 Siri 功能更加智能，能够了解用户的使用习惯，使用 iSO 9 中的 Spotlight 功能，可以搜索第三方应用内的信息，准确度大幅提升，如图 4-50 所示。

图 4-50

4．更省电

iSO 9 能够使 iPhone 6 续航时间增加一个小时，如果将手机设置为低功耗模式，能够使手机的续航时间增加 3 个小时，并且当设备处于低电量时，会自动开启节电模式。

5．内置全新的 Safari 浏览器

在 iOS 9 系统中内置了自带屏蔽广告功能的全新 Safari 浏览器，在该浏览器中增加了阅读模式，并且浏览器的运行更加流畅，如图 4-51 所示。

6．强大的备忘录功能

在 iOS 9 系统中增加了备忘录功能，在备忘录中支持启动相机拍摄照片并将照片添加到备忘录中，并且在备忘录中可以添加购物清单，与 Safari 浏览器相关联，如图 4-52 所示。

图 4-51

图 4-52

7. 新闻聚合应用

在 iOS 9 中新增了新闻聚合应用功能，用户可以自定义新闻来源，系统能够快速推送用户所关注的新闻内容，如图 4-53 所示。

8. 苹果地图

iSO 9 系统中的苹果地图新增公交导航，使用户能够快速找到公交系统进站和出站的位置，并且新增附近搜索功能，随时随地搜索附近的餐厅、商场等信息，如图 4-54 所示。

图 4-53

图 4-54

4.3.3 iOS 9 界面设计遵循的原则

iOS 9 系统界面的设计表现了 UI 界面设计的三大设计原则。

➢ 遵从：UI 应该有助于用户更好地理解内容并与之交互，并且不会分散用户对内容本身的注意力。

➢ 清晰：界面中各种尺寸的文字清晰、易读；图标应该精确醒目，去除多余的修饰，突出重点，以功能驱动设计。

➢ 深度：视觉的层次感和生动的交互动画会赋予 UI 新的活力，有助于用户更好地理解并让用户在使用过程中感到愉悦。

无论是需要重新设计现有的 APP 应用，还是重新开发一个新的 APP 应用，都需要基于以下方法进行设计。

首先，去除 UI 元素，让 APP 应用的核心功能凸显出来，并明确之间的相关性。

然后，使用 iOS 的主题来定义 UI 并进行用户体验设计。完善细节设计，以及适当合理的修饰。

最后，保证所设计的 UI 界面可以适配各种设备和各种操作模式，使得用户在不同场景下都可以正常使用该 APP 应用。

 实战案例——设计 iOS 9 风格日历界面

* 源文件：源文件\第 4 章\iOS9 风格日历界面.psd
* 视　频：视　频\第 4 章\ iOS9 风格日历界面.mp4

1. 案例特点

本案例设计一款 iOS 9 风格的日历界面，在界面中包括时间、天气、日期等相关的内容，因为界面中的内容较多，如何整齐地排列，使界面看起来结构清晰、富有条理就显得尤其重要，在本实例的日历界面中，使用模糊处理的图像作为界面的背景，在界面中搭配简洁的文字，并没有使用什么修饰图形，使界面显示清晰、整洁。

2. 设计思维过程

模糊的背景更容易突出重要的内容，目标明确。

简单的文字和图形构成状态栏，并放置界面顶部，定位清楚。

加上时间、天气等辅助信息，使界面内容丰富全面。

使用简单的形状将事件分离，结构清晰，层次分明。

3. 制作要点

本案例设计的是一款 iOS 9 风格的日历界面，界面中内容较多，因此，要注重界面的排版方式，使界面达到丰富却不拥挤的视觉效果，重点的信息通过不同颜色的形状来标识，更具有辨识度，信息——对应，有条理性，使界面看起来整洁、直观。

4. 配色分析

本案例所设计的 iOS 9 风格日历界面使用模糊处理的图像素材作为界面背景，搭配纯白色的文字和图形，界面简洁清晰，使用红色的圆形背景作为设置标记，突出当前所选中的日期。

白色　　　　　红色　　　　　灰色

5. 制作步骤

01 执行"文件>新建"命令，弹出"新建"对话框，新建一个空白文档，如图 4-55 所示。打开并拖入素材图像"源文件\第 4章\素材\4201.jpg"，效果如图 4-56 所示。

图 4-55　　　　　　　　　　　　　　　图 4-56

02 执行"滤镜>模糊>高斯模糊"命令，弹出"高斯模糊"对话框，设置如图 4-57 所示。单击"确定"按钮，应用"高斯模糊"滤镜，效果如图 4-58 所示。

图 4-57　　　　　　　　　　　　　　　图 4-58

03 新建名称为"状态栏"的图层组，根据前面案例的制作方法，可以完成状态栏效果的制作，如图 4-59 所示。新建名称为"时间天气"的图层组，使用"自定形状工具"，在"形状"下拉列表中选择合适的形状，在画布中绘制白色的形状图形，如图 4-60 所示。

图 4-59　　　　　　　　　　　　　　　图 4-60

04 使用"横排文字工具",在"字符"面板中设置相关选项,在画布中输入文字,设置该图层的"不透明度"为80%,如图4-61所示。使用"圆角矩形工具",设置"填充"为无,"描边"为白色,"描边宽度"为3点,"半径"为20像素,在画布中绘制圆角矩形,如图4-62所示。

图 4-61

图 4-62

提示

　　除了可以在"字符"面板中对文字的相关属性进行设置外,还可以在使用文字工具时,在其"选项"栏中对文字的相关属性进行设置。不过,"字符"面板中的文字属性设置选项比较全面,建议使用"字符"面板对文字属性进行设置。

05 使用"圆角矩形工具",设置"路径操作"为"合并形状",在刚绘制的圆角矩形上添加一个圆角矩形,效果如图4-63所示。使用"椭圆工具",设置"填充"为无,"描边"为白色,"描边宽度"为3点,"路径操作"为"合并形状",在刚绘制的图形上添加一个正圆形,效果如图4-64所示。

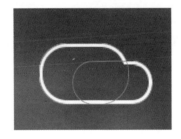

图 4-63

图 4-64

06 使用相同的制作方法,可以完成天气图标的绘制,效果如图4-65所示。使用"横排文字工具",在画布中输入文字,效果如图4-66所示。

图 4-65

图 4-66

07 新建名称为"日历"的图层组，使用"横排文字工具"，在"字符"面板中设置相关选项，在画布中输入文字，设置该图层的"不透明度"为80%，如图4-67所示。使用相同的制作方法，在画布中输入其他文字内容，效果如图4-68所示。

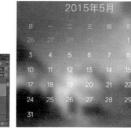

图4-67

图4-68

08 使用"椭圆工具"，在画布中绘制白色的正圆形，如图4-69所示。多次复制刚绘制的正圆形，并分别将复制得到的正圆形调整到合适的位置，效果如图4-70所示。

图4-69

图4-70

09 使用"椭圆工具"，设置"填充"为RGB（214，88，112），在画布中绘制正圆形，并调整图层的叠放顺序，效果如图4-71所示。复制刚绘制的正圆形，将复制得到图形调整到合适的位置，设置其"填充"为无，"描边"为白色，"描边宽度"为1点，效果如图4-72所示。

图4-71

图4-72

10 在"日历"图层组上方新建名称为"备忘录"的图层组，使用"横排文字工具"，在画布中输入文字，设置该图层的"不透明度"为 50%，如图 4-73 所示。使用"直线工具"，设置"粗细"为 1 像素，在画布中绘制一条白色的直线，设置该图层的"不透明度"为 10%，效果如图 4-74 所示。

图 4-73

图 4-74

11 使用相同的制作方法，完成相似内容的制作，效果如图 4-75 所示。使用"矩形工具"，在画布中绘制黑色的矩形，设置该图层的"不透明度"为 30%，效果如图 4-76 所示。

图 4-75

图 4-76

12 使用"自定形状工具"，设置"填充"为无，"描边"为白色，"描边宽度"为 3 点，在"形状"下拉列表中选择合适的形状，在画布中绘制形状图形，如图 4-77 所示。使用相同的制作方法，完成其他操作小图标的绘制，效果如图 4-78 所示。

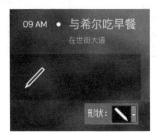

图 4-77

图 4-78

13 完成该 iOS 9 风格日历界面的设计制作，最终效果如图 4-79 所示。

图 4-79

4.4 iOS 系统界面设计规范

iOS 用户已经对内置应用的外观和行为都非常熟悉了，所以用户会期待这些下载来的程序能带来相似的体验。设计程序时，模仿内置程序的每一个细节，对理解它们所遵循的设计规范很有帮助。

4.4.1 iOS 系统应用特点

首先需要了解 iOS 设备及运行于该设备上的程序所具有的特性并注意以下几点。

1. 控件应该是可以点击的

控钮、挑选器、滚动条等控件都使用轮廓和亮度渐变，如图 4-80 所示。

2. 程序的框架应该简明、易于导航

iOS 为浏览层级内容提供了导航栏，还为不同组的内容或功能提供了 Tab 页标签，如图 4-81 所示。

高亮的按钮设计，提示用户此处可以点击。

对不同的内容进行分类，并通过不同的图标设计与说明文字相结合，使用户能够很方便地选择自己感兴趣的内容。

图 4-80　　　　　　　图 4-81

3. 反馈应该是微妙且清晰的

iOS 系统使用了精确、流畅的动态效果来反馈用户的操作，使用进度条、活动指示器来指示状态，使用警告给用户以提醒、呈现关键信息。

4.4.2 确保在 iPhone 和 iPad 上通用

要确保设计方案在 iPhone 和 iPad 两种设备上通用，首先需要考虑以下几点。

1. 为设备量身定做界面

大多数的界面元素都可以在两种设备上通用，只是通常会在界面布局上有很大的差异。

2. 为屏幕尺寸调整图片

建议不要将 iPhone 上的程序在 iPad 上放大，因为用户在 iPad 上希望看到与 iPhone 上同样清晰的图片。

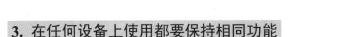

3. 在任何设备上使用都要保持相同功能

既要为任务提供更深入或更具交互性的展示，还要让用户不会感觉使用的是两个完全不同的版本。

4. 超越"默认"

iPhone 上的程序如果没有优化过，那么在 iPad 上默认会以兼容模式运行。这种模式使用户可以在 iPad 上使用现有的 iPhone 程序，但却没有给用户提供他们期待的 iPad 体验。

4.4.3 重新考虑基于 Web 的设计

如果使用从 Web 中移植而来的程序，就需要确保该程序能够使用户感觉到 iOS 系统特有的体验，因为用户可能会使用 Safari 来浏览网页。

以下策略可以帮助 Web 开发者创建 iOS 程序。

1. 关注程序

iOS 程序不适合网页中给访客很多任务和选项供用户挑选这种体验，iOS 用户期待能够立刻看到有用的内容。

2. 确保程序为用户做事

用户可能会喜欢在网页中浏览内容，但更喜欢可以使用程序来完成一些任务。

3. 为触摸而设计

不要尝试在 iOS 应用中复用网页设计模式。

熟悉 iOS 的界面元素和模式并用它们来展示内容。菜单、基于 hover 的交互、链接等 Web 元素需要重新考虑。

4. 让用户翻页

很多网页将重要的内容认真地在第一时间展现出来，因为如果用户在顶部区域附近没有找到想要的内容就会离开，但在 iOS 设备上，翻页是很容易的。如果缩小字体、压缩尺寸，使所有内容挤在同一屏幕中，那么，可能使显示的内容都看不清了，布局也没有办法使用。

5. 重置主页图标

大多数网页会将返回主页的图标放置在每个页面的顶部。iOS 程序不包括主页，所以不必放置返回主页的图标，另外，iOS 程序允许用户通过点击状态栏快速返回到列表的顶部。如果在屏幕顶部放置一个主页图标，那么想按状态栏就很困难了。

 实战案例——设计 iOS 系统主界面

　　源文件：源文件\第 4 章\iOS 系统主界面.psd
　　视　频：视　频\第 4 章\iOS 系统主界面.mp4

1. 案例特点

本案例设计一款 iOS 系统主界面，在界面中顺序排列各功能图标，各图标的设计都以突出其功能为中心，采用扁平化和类扁平化的风格进行设计，整体界面给人一种清晰、一目了然的印象。

2. 设计思维过程

 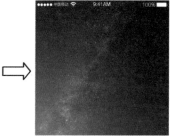  

使用素材图像作为手机主界面的主题背景。

通过绘制基本图形并输入相应的文字，完成顶部状态栏的制作。

绘制界面中的各功能图标，注意各图标的大小相同，重点突出其功能特点。

界面底部制作毛玻璃背景，并绘制重要功能图标，完成该系统主界面的制作。

3. 制作要点

本案例所设计的 iOS 系统主界面，使用风景素材作为界面的背景，界面中各图标的设计严格按照 iOS 系统对图标的要求来进行设计，每个图标都根据其自身的特点通过相应的图形进行表现，使用户能够很容易进行区分，整个界面让人感觉整洁、清晰。

4. 配色分析

本案例所设计的 iOS 系统主界面中各图标采用了不同的颜色进行表现，突出其功能作用，从而有效地区别各图标，并且图标的配色能够适应在各种颜色和图像的界面背景上显示，具有很好的识别性。

白色　　　　　　绿色　　　　　　灰色

5. 制作步骤

01 执行 "文件>新建" 命令，弹出 "新建" 对话框，新建一个空白文档，如图 4-82 所示。打开并拖入素材图像 "源文件\第 4 章\素材\4301.jpg"，效果如图 4-83 所示。

图 4-82

图 4-83

02 新建名称为 "状态栏" 的图层组，根据前面案例的制作方法，完成状态栏内容的制作，效果如图 4-84 所示。新建名称为 "信息" 的图层组，使用 "圆角矩形工具"，设置 "半径" 为 40 像素，在画布中绘制任意颜色的圆角矩形，如图 4-85 所示。

图 4-84

图 4-85

03 为该图层添加 "渐变叠加" 图层样式，对相关选项进行设置，如图 4-86 所示。单击 "确定" 按钮，完成 "图层样式" 对话框的设置，效果如图 4-87 所示。

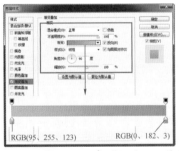

RGB(95、255、123)   RGB(0、182、3)

图 4-86

图 4-87

04 使用 "椭圆工具"，在画布中绘制白色椭圆形，如图 4-88 所示。使用 "钢笔工具"，设置 "路径操作" 为 "合并形状"，在刚绘制的椭圆形上添加图形，效果如图 4-89 所示。

图 4-88

图 4-89

05 使用"横排文字工具",在"字符"面板上对相关选项进行设置,在画布中输入相文字,如图 4-90 所示。新建名称为"日历"的图层组,复制"圆角矩形 2"图层得到"圆角矩形 2 拷贝"图层,清除该图层的图层样式,将其移至"日历"图层组中,修改该图形的填充颜色为白色并调整 到合适的位置,效果如图4-91所示。

图 4-90

图 4-91

06 使用"横排文字工具",在画布中输入文字,完成该日历图标的制作,效果如图 4-92 所示。新建名称为"相册"的图层组,复制"圆角矩形 2 拷贝"图层,得到"圆角矩形 2 拷贝 2"图层,将该图层移至"相册"图层组中,并将图形移至合适的位置,如图 4-93 所示。

图 4-92

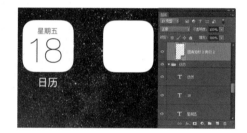

图 4-93

> ● **提示** ●
>
> 使用图层组可以通过将不同的图层分类放置,这样既便于管理,又不会对原图层产生影响,并且还可以为图层添加图层蒙版或添加图层样式效果。

07 使用"圆角矩形工具",设置"填充"为 RGB(250,156,34),"半径"为 40 像素,在画布中绘制任意颜色的圆角矩形,如图 4-94 所示。复制"圆角矩形 3"图层得到"圆角矩形 3 拷贝"图层,按【Ctrl+T】组合键,显示自由变换框,调整变换中心点的位置,如图 4-95 所示。

图 4-94

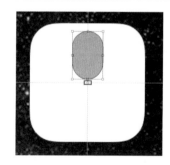

图 4-95

08 将复制得到的图形旋转 45°，效果如图 4-96 所示。按【Enter】键确认变换操作，同时按住【Ctrl+Shift+Alt】组合键不放，多次按【T】键，对该图形进行多次旋转复制操作，效果如图 4-97 所示。

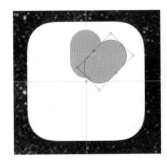
图 4-96

图 4-97

09 为"圆角矩形 3"图层添加"渐变叠加"图层样式，对相关选项进行设置，如图 4-98 所示。单击"确定"按钮，完成"图层样式"对话框的设置，设置该图层的"混合模式"为"线性加深"，"填充"为 95%，效果如图 4-99 所示。

图 4-98

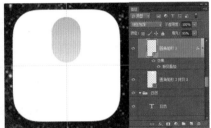
图 4-99

10 分别修改复制得到图形的填充颜色，并添加"渐变叠加"图层样式，效果如图 4-100 所示。使用"横排文字工具"，在画布中输入文字，完成相册图标的制作，效果如图 4-101 所示。

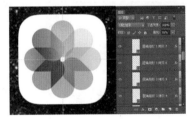
图 4-100

图 4-101

11 新建名称为"相机"的图层组，复制"圆角矩形 2"图层得到"圆角矩形 2 拷贝 3"图层，将该图层移至"相机"图层组中，并将复制得到的图形移至合适的位置，如图 4-102 所示。双击"渐变叠加"图层样式，对相关选项进行修改，如图 4-103 所示。

图 4-102

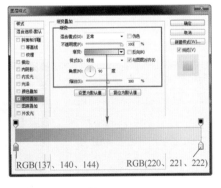
图 4-103

12 单击"确定"按钮，完成"图层样式"对话框的设置，效果如图 4-104 所示。使用"圆角矩形工具"，设置"半径"为 5 像素，在画布中绘制黑色的圆角矩形，如图 4-105 所示。

图 4-104

图 4-105

13 使用"椭圆工具"，设置"路径操作"为"减去顶层形状"，在刚绘制的圆角矩形上减去一个正圆形，效果如图 4-106 所示。使用"椭圆工具"，设置"路径操作"为"合并形状"，在画布中绘制正圆形，效果如 图 4-107 所示。

图 4-106

图 4-107

14 使用"直线工具"，设置"路径操作"为"减去顶层形状"，"粗细"为 1 像素，在图形上减去两条直线图形，效果如图 4-108 所示。使用"钢笔工具"，设置"路径操作"为"合并形状"，在图形上添加相应的形状图形，效果如图 4-109 所示。

图 4-108

图 4-109

15 使用"矩形工具"，设置"路径操作"为"合并形状"，在图形上添加一个矩形，效果如图 4-110 所示。为该图层添加"内阴影"图层样式，对相关选项进行设置，如图 4-111 所示。

图 4-110

图 4-111

16 继续添加"渐变叠加"图层样式，对相关选项进行设置，如图 4-112 所示。继续添加"投影"图层样式，对相关选项进行设置，如图 4-113 所示。

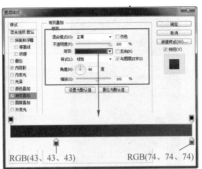

RGB(43、43、43)　　　　　RGB(74、74、74)

图 4-112

图 4-113

17 单击"确定"按钮，完成"图层样式"对话框的设置，效果如图 4-114 所示。使用相同的制作方法，完成该相机图标的绘制，效果如图 4-115 所示。

图 4-114

图 4-115

18 使用相同的制作方法，可以完成主界面中其他应用图标的绘制，效果如图 4-116 所示。使用"矩形工具"，在画布中绘制白色矩形，如图 4-117 所示。

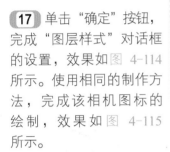

图 4-116

图 4-117

19 为该图层添加"内阴影"图层样式，对相关选项进行设置，如图 4-118 所示。单击"确定"按钮，完成"图层样式"对话框的设置，设置该图层的"混合模式"为"颜色减淡"，"填充"为 15%，效果如图 4-119 所示。

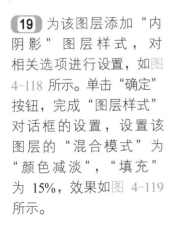

图 4-118

图 4-119

20 载入该图层选区，选中"图层 1"，按【Ctrl+J】组合键，复制选区中的图像，得到新图层，如图 4-120 所示。执行"滤镜>模糊>表面模糊"命令，弹出"表面模糊"对话框，设置如图 4-121 所示。

图 4-120

图 4-121

> **提示**
>
> 表面模糊在保留边缘的同时模糊图像。此滤镜用于创建特殊效果并消除杂色或粒度。"半径"选项指定模糊取样区域的大小。"阈值"选项控制相邻像素色调值与中心像素值相差多大时才能成为模糊的一部分。色调值差小于阈值的像素被排除在模糊之外。

21 单击"确定"按钮，应用"表面模糊"滤镜，效果如图 4-122 所示。使用相同的制作方法，可以绘制出界面底部的应用图标，效果如图 4-123 所示。

图 4-122

图 4-123

22 至此，完成该 iOS 系统主界面的设计制作，最终效果如图 4-124 所示。

图 4-124

4.5 如何设计出色的 **iOS** 系统应用界面

出色的应用界面设计应该是以内容为主，界面中所设计的元素都应该是内容的补充，不会分散用户注意力的视觉元素，并且界面的设计要尽可能简洁，在界面中只保留最核心的美感。

4.5.1 内容决定设计

尽管清新、美观的界面和流畅的动态效果都是 iOS 系统给用户带来的亮点，但是内容始终是 iOS 的核心。下面介绍一些方法，使所设计的 APP 界面既可以提升功能体验，又能够关注内容本身。

1. 充分利用整个屏幕

iOS 系统中的天气应用界面就充分利用了整个屏幕，使用漂亮的全屏天气图片呈现当前的天气情况，直观地向用户传递最重要的信息，同时也留出空间呈现每个时段的天气数据，如图 4-125 所示。

2. 尽量减少使用拟物化设计

遮罩、渐变和阴影等效果的应用有时会使所设计的 UI 元素显得很厚重，从而影响用户对内容的关注。相反，应该以内容为核心，让用户界面成为内容的支撑，界面设计是为内容服务的，如图 4-126 所示。

3. 使用半透明 UI 样式来暗示背后的内容

半透明的控件元素可以为用户提供上下文的使用场景，帮助用户看到更多可用的内容，并可以起到短暂的提示作用。在 iOS 系统中，半透明的控件元素只让它遮挡住的地方变得模糊，看上去像一层半透明的毛玻璃，但是它并没有遮挡屏幕的全部区域，如图 4-127 所示。

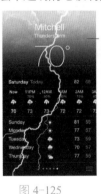
—— 使用当前天气图片作为界面的背景，使用户能够快速获取信息。

图 4-125

在界面中突出内容的表现，柔化其他不重要的操作。

图 4-126

—— 使用半透明毛玻璃背景，使界面产生层次感，并凸显操作选项。

图 4-127

4.5.2 保证清晰的视觉效果

确保所设计的 APP 界面始终以内容为核心的另一个方法就是保证界面的清晰度。通过以下几种简单的方法可以使界面中最重要的内容和功能清晰可见，并且易于交互。

1. 大量使用留白

在界面设计中大量使用留白可以使界面中重要的内容和功能更加醒目、更容易理解，留白还可以传达一种平静和安宁的心理感受，大量使用留白可以使所设计的界面看起来更加聚焦和高效，如图 4-128 所示。

2. 使用颜色简化 UI

在界面设计中使用主题色，例如在 iOS 9 的 Notes 中使用了黄色来表现重要区块的信息，并且巧妙地使用样式来暗示其可交互性，如图 4-129 所示。同时，也使该应用界面有了一致的视觉主题。内置的应用使用了同系列的系统颜色，这样一来，无论在深色或浅色的背景上看起来都很干净、纯粹。

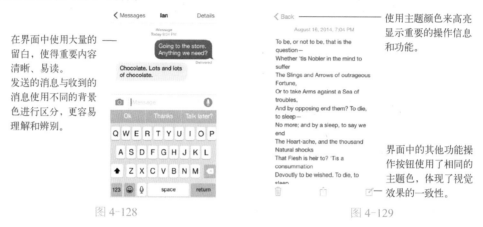

在界面中使用大量的留白，使得重要内容清晰、易读。
发送的消息与收到的消息使用不同的背景色进行区分，更容易理解和辨别。

使用主题颜色来高亮显示重要的操作信息和功能。

界面中的其他功能操作按钮使用了相同的主题色，体现了视觉效果的一致性。

图 4-128　　　　　　　　　　　　图 4-129

3. 使用系统默认字体确保易读性

iOS 系统中的默认字体（San Francisco）使用动态类型（Dynamic Type）来自动调整字间距和行间距，使文本在任何屏幕尺寸下都能够清晰易读，如图 4-130 所示。所以设计师在设计 APP 界面时，无论是使用系统默认字体还是自定义字体，一定要采用动态类型，这样一来当用户选择不同的字体尺寸时，所设计的 APP 应用界面都能够及时做出响应。

4. 使用无边框按钮

默认情况下，在 iOS 系统中所有栏上的按钮图标都是无边框的，如图 4-131 所示。在内容区域中，可以通过文案、颜色及操作指引标题来表明该无边框按钮图标的可交互性。当该按钮图标被激活时，按钮图标可以显示较窄的边框或者浅色背景来作为操作响应。

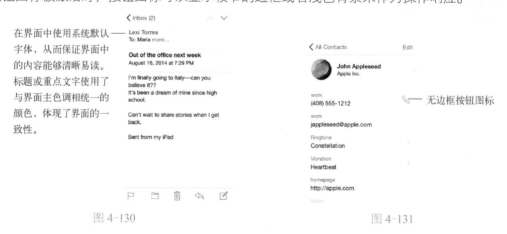

在界面中使用系统默认字体，从而保证界面中的内容能够清晰易读。
标题或重点文字使用了与界面主色调相统一的颜色，体现了界面的一致性。

无边框按钮图标

图 4-130　　　　　　　　　　　　图 4-131

4.5.3　使用深度层次进行交流

iOS 系统界面的设计常常在不同的视图层级上展现内容，用于表达层次结构和位置，这样可以帮助用户了解屏幕上对象之间的关系。

对于支持 3D 触控的设备，轻压、重压，以及快捷操作能够让用户在不离开当前界面的情况下预览其他重要内容，如图 4-132 所示。还可以使用一个在主屏幕上方的半透明背景浮层，这样文件夹就能清楚地把内容和屏幕上的其他内容区分开来，如图 4-133 所示。

iOS 9 系统中的备忘录以不同的层级来展示内容条目，用户在使用备忘录中的某个条目时，其他条目会被集中收起在屏幕的下方，如图 4-134 所示。

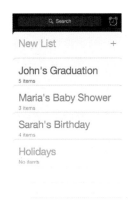

图 4-132　　　　　　　　　　图 4-133　　　　　　　　　　图 4-134

日历具有较深的层级，当用户在翻阅年、月、日时，增强的转场动画效果能够给用户一种层级纵深感。在滚动年份视图时，用户可以即时看到今天的日期及其他日历任务，如图 4-135 所示。当用户选择了某个月份，年份视图会局部放大该月份，过渡到月份视图。今天的日期依然处于高亮状态，年份会显示在返回按钮处，这样用户可以清楚地知道当前的位置，从哪里进来及如何返回，如图 4-136 所示。类似的过渡动画还出现在用户选择某个日期时，月份视图从所选位置分开，将所在的周日期推出内容区顶部并显示以小时为单位的当天时间轴视图，如图 4-137 所示。这些交互动画都增强了年、月、日之间的层级关系，以及用户的感知。

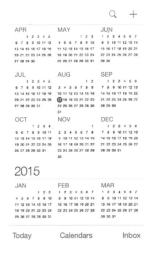

图 4-135　　　　　　　　　　图 4-136　　　　　　　　　　图 4-137

实战案例——设计 iOS 系统天气界面

💿 源文件：源文件\第 4 章\iOS 系统天气界面.psd

🎬 视　频：视　频\第 4 章\iOS 系统天气界面.mp4

1. 案例特点

　　本案例设计一款 iOS 系统天气应用界面，通过基本图形的加减操作，绘制出各种简约天气图标，将目前的天气情况放置在界面的中间位置，并使用较大的字体进行突出表现，具有极高的辨识度，并且在界面下方依次放置未来几天的天气情况，整个界面非常简洁，天气信息非常直观。

2. 设计思维过程

| 为界面背景填充浅蓝色到深蓝色的径向渐变，突出界面中的内容。 | 通过绘制基本图形并输入相应的文字，完成界面顶部状态栏制作。 | 绘制简约的线框天气图形，搭配文字，表现当前天气情况，注意文字的大小和排版。 | 在界面下方依次使用矩形作为背景，放置未来几天的天气情况，注意天气图标风格统一。 |

3. 制作要点

　　本案例所设计的一款 iOS 天气应用界面，通过简单的图形和文字相搭配，介绍天气情况，当天的天气消息放大且放置于界面的中间，便于查看，未来几天的天气以大色块作为背景，依次展现出来，便于用户了解，使该应用界面内容更加全面。

4. 配色分析

　　本案例所设计的 iOS 天气应用界面非常简洁，使用浅蓝色到蓝色的渐变颜色作为界面背景，在界面中搭配纯白色的天气图标和信息内容，并没有添加任何装饰性图形，突出界面的整洁，简约的特点。

| 浅蓝色 | 蓝色 | 白色 |

5. 制作步骤

01 执行"文件>新建"命令，弹出"新建"对话框，新建一个空白文档，如图 4-138 所示。使用"渐变工具"，打开"渐变编辑器"对话框，设置渐变颜色，如图 4-139 所示。

RGB(76、114、184)
RGB(183、187、223)

图 4-138 | 图 4-139

02 单击"确定"按钮，完成渐变颜色的设置，在画布中拖动鼠标填充径向渐变，效果如图 4-140 所示。新建名称为"状态栏"的图层组，根据前面案例的制作方法，可以完成相似内容的制作，效果如图 4-141 所示。

图 4-140 | 图 4-141

03 使用"自定形状工具"，在"形状"下拉列表中选择合适的形状，在画布中绘制白色的形状图形，效果如图 4-142 所示。对刚绘制的图形进行旋转操作，使用"直接选择工具"，选中图形相应的锚点，拖动锚点，调整图形，效果如图 4-143 所示。

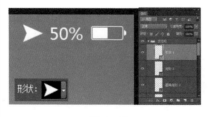

图 4-142 | 图 4-143

04 新建名称为"天气"的图层组，使用"椭圆工具"，设置"填充"为无，"描边"为白色，"描边宽度"为3点，在画布中绘制正圆形，效果如图4-144所示。使用"圆角矩形工具"，设置"填充"为白色，"描边"为无，"路径操作"为"合并形状"，"半径"为3像素，在画布中绘制圆角矩形，如图4-145所示。

05 使用"路径选择工具"，选择刚绘制的圆角矩形，按住【Alt】键，多次拖动复制图形，并分别调整到合适位置，效果如图4-146所示。使用"圆角矩形工具"，设置"填充"为无，"描边"为白色，"描边宽度"为3点，"半径"为30像素，在画布中绘制圆角矩形，如图4-147所示。

06 使用"圆角矩形工具"和"椭圆工具"，设置"路径操作"为"合并形状"，在刚绘制的圆角矩形上添加相应的形状，得到需要的图形，效果如图4-148所示。选择"椭圆3"图层，为该图层添加图层蒙版，使用"画笔工具"，设置"前景色"为黑色，在蒙版中涂抹，效果如图4-149所示。

图 4-144

图 4-145

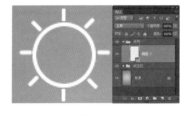

图 4-146

图 4-147

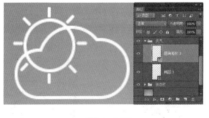

图 4-148

图 4-149

提示

使用"画笔工具"在图层蒙版中进行涂抹的过程中，需要随时调整画笔笔触大小和不透明度，从而使涂抹的效果更好。

---

07 使用"横排文字工具"，在"字符"面板中设置相关选项，在画布中输入相应文字，如图 4-150 所示。使用相同的制作方法，完成相似图形和文字的制作，效果如图 4-151 所示。

图 4-150

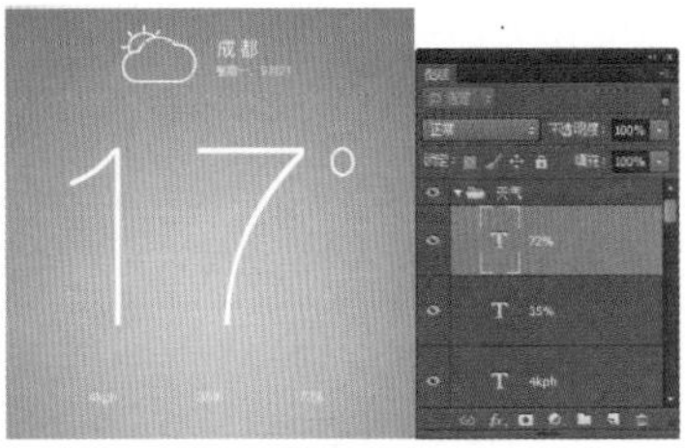

图 4-151

08 使用"自定形状工具"，在"形状"下拉列表中选择合适的形状，在画布中绘制白色形状图形，效果如图 4-152 所示。使用相同的制作方法，完成相似图形的绘制，效果如图 4-153 所示。

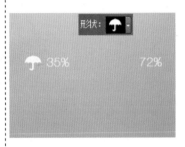

图 4-152

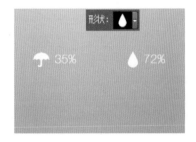

图 4-153

提示

使用各种形状的工具绘制矩形、椭圆形、多边形、直线和自定义形状时，按住键盘上的空格键可以移动形状的位置。

---

09 新建名称为"星期二"的图层组，使用"矩形工具"，设置"填充"为 RGB（158，163，210），"描边"为无，在画布中绘制矩形，如图 4-154 所示。使用"横排文字工具"，在"字符"面板中设置相关选项，在画布中输入文字，如图 4-155 所示。

图 4-154

图 4-155

10 使用欠量绘图工具，绘制天气图形，并输入相应的文字，效果如图4-156所示。使用相同的制作方法，完成界面底部相似内容的制作，效果如图4-157所示。

图 4-156

图 4-157

11 完成该 iOS 系统天气界面的设计制作，最终效果如图4-158所示。

图 4-158

实战案例——设计 iOS 系统通话界面

● 源文件：源文件\第 4 章\iOS 系统通话界面.psd
● 视　频：视　频\第 4 章\iOS 系统通话界面.mp4

1. 案例特点

本案例设计 iOS 系统通话界面，秉承简洁、突出重点的设计理念，在界面中依次顺序放置各功能操作图标，通过不透明的设置，表现出图标的可用与不可用状态，并且使用红色背景突出重点功能操作图标的表现，界面直观、简洁。

2. 设计思维过程

使用绚丽的色彩图像作为界面的背景，丰富了界面的颜色，使界面显眼美观。

使用圆形表现当前通话人头像，并显示当前通话人的姓名和通话状态。

使用纯色简约图形表现各功能操作选项，并分别放置在正圆形中，排列整齐，方便操作。

在界面下方使用红色的正圆形作为背景，突出表现结束通话的操作按钮。

3. 制作要点

本案例设计 iOS 系统通话界面，以简约为设计理念，制作步骤并不复杂，重点是几个功能图标，通过简单的形状图形进行加减操作，从而得到需要的图形效果，界面内容虽然少，但是需要清晰、明确地将相应的功能操作和信息内容展示出来。

4. 配色分析

本案例设计的 iOS 系统通话界面，使用鲜艳的色彩图像作为界面背景，在界面中搭配白色的功能操作图标和文字，并且使用红色突出表现结束通话的操作图标，界面色彩搭配简洁、清晰，重点突出。

灰蓝色　　　　白色　　　　红色

5. 制作步骤

01 执行"文件>新建"命令，弹出"新建"对话框，新建一个空白文档，如图 4-159 所示。打开并拖入素材图像"源文件\第 4 章\素材\4501.jpg"，效果如图 4-160 所示。

图 4-159

图 4-160

02 使用"横排文字工具"，在"字符"面板中设置相关选项，在画布中输入文字，如图 4-161 所示。使用"椭圆工具"，设置"填充"为黑色，"描边"为白色，"描边宽度"为 3 点，在画布中绘制正圆形，效果如图 4-162 所示。

图 4-161

图 4-162

03 打开并拖入素材图像 "源文件\第 4 章\素材\4502.jpg"，调整到合适的大小和位置，将该图层创建剪贴蒙版，效果如图 4-163 所示。新建名称为 "选项" 的图层组，使用 "椭圆工具"，设置 "填充" 为黑色，"描边" 为无，在画布中绘制正圆形，如图 4-164 所示。

图 4-163

图 4-164

04 为该图层添加 "描边" 图层样式，对相关选项进行设置，如图 4-165 所示。单击 "确定" 按钮，完成 "图层样式" 对话框的设置，设置该图层的 "不透明度" 为 50%，"填充" 为 0%，效果如图 4-166 所示。

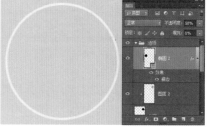

图 4-165

图 4-166

> 提示
>
> 在设置 "描边" 图层样式时，可以通过 "位置" 选项设置描边的位置，共有 3 个选项可以选择，分别是 "外部" "内部" 和 "居中"，默认选择 "外部" 选项，即在对象的边缘外部进行描边。

05 使用 "圆角矩形工具"，设置 "半径" 为 100 像素，在画布中绘制白色的圆角矩形，如图 4-167 所示。使用 "圆角矩形工具"，设置 "路径操作" 为 "减去顶层形状"，在刚绘制的圆角矩形上减去一个圆角矩形，效果如图 4-168 所示。

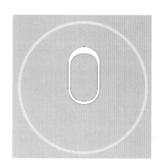

图 4-167

图 4-168

06 使用"矩形工具"，设置"路径操作"为"减去顶层形状"，在图形中减去一个矩形，效果如图4-169所示。使用"圆角矩形工具"，设置"填充"为白色，"路径操作"为"合并形状"，在图形中添加一个圆角矩形，效果如图4-170所示。

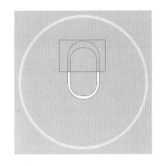

图4-169

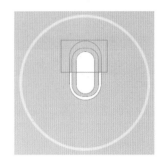

图4-170

07 使用"矩形工具"，设置"路径操作"为"合并形状"，在图形中添加两个矩形，效果如图4-171所示。使用"直线工具"，设置"粗细"为2像素，在画布中绘制一条直线，如图4-172所示。

图4-171

图4-172

08 为该图层添加"描边"图层样式，对相关选项进行设置，如图4-173所示。单击"确定"按钮，完成"图层样式"对话框的设置，效果如图4-174所示。

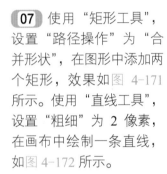

图4-173

图4-174

09 使用"横排文字工具"，在"字符"面板中设置相关选项，在画布中输入文字，如图4-175所示。使用相同的制作方法，可以完成相似内容的制作，效果如图4-176所示。

图4-175

图4-176

10 使用"椭圆工具"，设置"填充"为 RGB（232，65，53），在画布中绘制正圆形，如图 4-177 所示。使用"圆角矩形"，设置"填充"为白色，在画布中绘制圆角矩形，效果如图 4-178 所示。

图 4-177

图 4-178

11 使用"矩形工具"，设置"路径操作"为"减去顶层形状"，在刚绘制的圆角矩形上减去一个矩形，效果如图 4-179 所示。使用"圆角矩形工具"，设置"路径操作"为"合并形状"，在图形中添加两个圆角矩形，效果如图 4-180 所示。

图 4-179

图 4-180

12 完成该 iOS 系统通话界面的设计制作，最终效果如图 4-181 所示。

图 4-181

4.6 iOS 系统界面的设计原则

iOS 系统界面遵从以用户为中心的原则，这些原则不是基于设备的能力，而是基于用户的思考方式。例如大多数用户都希望自己的设备程序与屏幕能够相衬，并对于用户熟悉的手势能够有所响应。

很多手机用户也许并不了解"直接操控"和"一致性"人机交互设计的原则，但用户还是会察觉出遵守原则与违背原则的程序之间有什么样的差别。只有遵守原则的用户界面才符合用户的直觉，并且能够与程序的功能相辅相成，只有这样的程序才会受到用户的青睐，从而使用该程序。

而违背原则的程序使用起来会让用户感觉费解、逻辑混乱，这样的用户界面会使程序变成一团糟，也不会吸引用户。

4.6.1 美观性

除了要在外表上能够吸引用户的眼球之外，一个美观性的用户界面还需要保持其外观与程序功能相衬。

例如许多设计师通常会将用来产生内容的程序（如 Word、PPT）装饰性元素处理得很低调，并通过使用标准的控件和动作来凸显任务，这样用户在获得有关该程序目的和特性的信息时会比较容易一些。如图 4-182 所示为 iOS 系统的应用程序界面。

在一些娱乐性应用程序的界面上，即使用户没有想要在游戏中能够完成非常困难的任务，但用户还是希望启动程序后能够看到华丽的、充满探索的、有乐趣的界面，如图 4-183 所示为应用于 iOS 系统的手机游戏界面。

简洁的纯色块与线框图标相结合，清晰地表现内容。

图 4-182   图 4-183

4.6.2 一致性

保持界面一致性就是利用用户已经熟悉的标准和模式，并不是盲目地抄袭其他程序。保持界面一致性可以让用户继续使用那些之前已经掌握的知识和技能。如图 4-184 所示为 iOS 系统的应用程序界面。

无论是界面的设计风格还是界面中功能区域的布局都保持了一致性原则，用户在使用的过程中，可以很方便地进行操作。

图 4-184

从以下几个问题进行思考，就可以鉴定一个程序有没有遵从一致性原则。

1）该程序与 iOS 系统的标准是否一致？程序是否正确地使用了系统提供的控件、外观和图标，以及它是否将程序与设备的特性有机地结合在一起？

2）该程序是否充分保持了内部一致性？文案是否使用了统一的术语和样式？同一个图标是不是始终代表一种含义？用户能不能预测他在不同地方进行同一种操作的结果？定制的 UI 组件的外观和行为在程序内部是否表现一致？

3）该程序是不是与之前的版本保持一致？术语和意义是否保持一致？核心的概念本质有没有发生变化？

4.6.3　操作便捷

使用手势而不通过鼠标等中介设备直接触动屏幕上的物体，会让用户感觉有更强的操纵感。

iOS 系统就能使用户很享受在多点触摸屏上直接控制的感觉。手势能使用户对屏幕上的物体拥有更强的操控感，因为用户可以不通过鼠标等中介设备直接控制物体，例如用户可以用手势直接缩放一块内容区域，而不是通过放大或缩小按钮，如图 4-185 所示。

界面控件的控制是能够直接控制屏幕上的某种物体，会让用户感觉有更强的操纵感。

图 4-185

在 iOS 系统中，用户在以下场景中可以直接控制。

1）旋转或用其他方式移动设备影响屏幕上的物体。

2）使用手势操纵屏幕上的物体。

3）用户可以看到直接、可见的动作结果。

4.6.4　及时反馈

反馈可以告诉用户正在执行的任务行为的结果，用于确定程序是否在运行。用户操纵控件时常常期待即刻的反馈，也期待在较长的流程中能提供状态提示。

iOS 的内置程序会为用户的每一个动作提供可以察觉的反馈。例如当用户点击列表项时，该项的背景会呈高亮显示；在那些会持续很多秒的长流程里，一个控件会展示已完成的进度，并在需要的时候提供解释信息，如图 4-186 所示。

高亮背景显示，为用户提供及时的反馈，使用户能够清楚分辨当前选项的操作情况。

不同颜色的图标搭配文字内容，更清晰地表现各选项内容。

图 4-186

　　流程的动态效果会给用户提供有意义的反馈，帮助用户了解动作的结果，例如向列表中添加新项时，列表会自动向下滚动，帮助用户发现这个显著的变化。

　　声音同样能够为用户提供有用的反馈，但它不应该是唯一的或主要的反馈方式，因为用户的使用场所可能会迫使他们关掉声音。

4.6.5　暗喻

　　使用虚拟的物体和动作暗喻真实世界中的物体和动作，可以使用户立刻明白该如何使用程序。例如，人们通常会将整理好的文件放在文件夹中，相同地，在计算机上用户也可以将文件存放在文件夹中，在手机上也可以将屏幕上的文件放在文件夹中，但现实世界中能够放在文件夹中的东西非常有限，而在这里却有很大甚至无限的空间，如图 4-187 所示。

图 4-187

　　iOS 系统支持丰富的动作和图片，因此运用暗喻手法的控件是相当充足的，用户可以像在现实世界中操纵物体一样与屏幕上的物体进行交互。

　　iOS 系统中的暗喻包括以下几个方面。

　　1）轻触 iPod 的播放按钮。

　　2）在游戏中拖拉、轻拂或水平滑动。

　　3）滑动切换开关。

　　4）轻拂照片。

　　5）旋转拾取器的拨轮，做出选择。

　　一般情况下，没有对暗喻做过多引申时，它的效果会比较好，如果必须将操作系统中的文件夹放在书柜中，那么用户使用起来就不是那么方便了。

4.6.6 用户控制

一个应用程序的设计应该以用户的控制操作为出发点，而不是程序。程序虽然可以建议某种流程、操作，也可以警示危险的结果，但应该避免程序抛开用户来做决策。优秀的程序能够平衡用户的操作权并帮助用户避免犯错。

用户在对控件和行为都很熟悉、可以预测结果的时候最有操控感，而且当动作非常简单时，用户可以很容易地理解并记住它。

用户希望在进程开始执行前有机会取消它；在执行破坏性动作前有再次确认的机会，能优雅地终止运行中的进程。

 实战案例——设计 iOS 系统音乐播放界面

💿 源文件：源文件\第 4 章\iOS 系统音乐播放界面.psd

🎬 视　频：视　频\第 4 章\ iOS 系统音乐播放界面.mp4

1. 案例特点

本案例设计一款 iOS 系统音乐播放界面，将当前播放的专辑封面图像进行模糊处理，作为界面的背景，使界面具有一定的景深层次感，界面中通过将多个专辑封面图像进行叠放处理，增加界面的层次感，专辑封面图形下方依次设置相应的播放控制图标和歌典列表，界面清晰、层次感强。

2. 设计思维过程

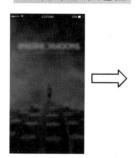

将素材图像进行模糊处理，作为界面的背景，使界面产生景深层次感。

将多个专辑封面使用相互叠放的处理方式，增强界面的立体感表现。

绘制相应的音乐波形图和控制操作按钮，非常简洁、直观。

在界面下方按顺序排列歌曲列表，当前正在播放的歌曲使用黄色进行突出。

3. 制作要点

本案例所设计的一款 iOS 系统音乐播放界面，顶部放置当前所处的状态和项目信息，便于用户清晰定位，中间放置详细信息，包括专辑封面展示，当前歌曲的播放进度的控制操作按钮，在专辑封面的处理上使用叠加的方法，使界面形成视觉立体感。

4. 配色分析

本案例设计一款 iOS 系统音乐播放界面，使用模糊处理的图像作为界面的背景，在界面中主要使用白色的文字和图形来表现信息和功能操作图标，对于播放进度和当前正在播放的歌典名称则使用黄色进行突出表现，使得界面的信息内容清晰、直观。

白色　　　　浅黄色　　　　灰色

5. 制作步骤

01 执行"文件>新建"命令，弹出"新建"对话框，新建一个空白文档，如图 4-188 所示。打开并拖入素材图像"源文件\第 4 章\素材\4601.jpg"，调整到合适的大小和位置，效果如图 4-189 所示。

图 4-188

图 4-189

02 执行"滤镜>模糊>高斯模糊"命令，弹出"高斯模糊"对话框，设置如图 4-190 所示。单击"确定"按钮，应用"高斯模糊"滤镜，效果如图 4-191 所示。

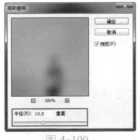

图 4-190

图 4-191

03 使用"矩形工具"，在画布中绘制黑色的矩形，设置该图层的"不透明度"为 30%，效果如图 4-192 所示。新建名称为"状态栏"的图层组，根据前面案例的制作方法，可以完成该部分内容的制作，效果如图 4-193 所示。

图 4-192

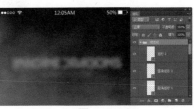

图 4-193

04 新建名称为"导航栏"的图层组，使用"直线工具"，设置"粗细"为 1 像素，在画布中绘制白色的直线，效果如图 4-194 所示。使用"路径选择工具"选择并复制刚绘制的直线，将复制得到的直线调整到合适的大小和位置，效果如图 4-195 所示。

图 4-194　　　　图 4-195

💡 **提示**

使用"路径选择工具"选中需要复制的路径或形状，再按住【Alt】键拖动鼠标，复制该路径或形状，可以将复制得到的路径或形状与原路径或形状处于同一图层中，而不会得到新图层。

05 使用"横排文字工具"，在"字符"面板中设置相关选项，在画布中输入文字，如图 4-196 所示。使用"直线工具"，设置"粗细"为 2 像素，在画布中绘制白色直线，如图 4-197 所示。

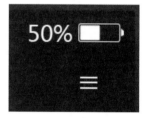

图 4-196　　　　图 4-197

06 使用"椭圆工具"，设置"填充"为无，"描边"为白色，"描边宽度"为 1 点，"路径操作"为"合并形状"，在画布中绘制正圆形，效果如图 4-198 所示。使用"直线工具"在画布中绘制直线，使用"矩形工具"在画布中绘制矩形，并对所绘制的矩形进行斜切操作，效果如图 4-199 所示。

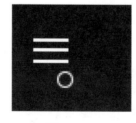

图 4-198　　　　图 4-199

07 新建名称为"专辑"的图层组，使用"圆角矩形工具"，设置"填充"为RGB（30，33，38），"半径"为5像素，在画布中绘制圆角矩形，效果如图4-200所示。为该图层添加"渐变叠加"图层样式，对相关选项进行设置，如图4-201所示。

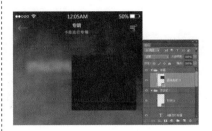

图 4-200

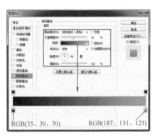

图 4-201

08 继续添加"投影"图层样式，对相关选项进行设置，如图4-202所示。单击"确定"按钮，完成"图层样式"对话框的设置，效果如图4-203所示。

图 4-202

图 4-203

09 打开并拖入素材图像"源文件\第4章\素材\4602.jpg"，调整到合适的大小和位置，如图4-204所示。将该图层创建剪贴蒙版，设置该图层的"不透明度"为20%，效果如图4-205所示。

图 4-204

图 4-205

> **提示**
>
> 剪贴蒙版并不是一个特殊的图层类型，而是一组具有剪贴关系的图层名称，剪贴蒙版最少包括两个图层，最多可以包括无限个图层。

10 使用相同的制作方法，完成相似图形效果的制作，如图4-206所示。使用"圆角矩形工具"，设置"填充"为RGB（11，9，27），"半径"为5像素，在画布中绘制圆角矩形，效果如图4-207所示。

图 4-206

图 4-207

11 执行"滤镜>模糊>高斯模糊"命令，弹出"高斯模糊"对话框，设置如图 4-208 所示。单击"确定"按钮，应用"高斯模糊"滤镜，将该图层创建剪贴蒙版，并设置该图层的"不透明度"为 70%，效果如图 4-209 所示。

图 4-208

图 4-209

12 使用"自定形状工具"，设置"填充"为无，"描边"为白色，"描边宽度"为 2 点，在"形状"下拉列表中选择合适的形状，在画布中绘制形状图形，效果如图 4-210 所示。使用"横排文字工具"在"字符"面板中设置相关选项，在画布中输入文字，如图 4-211 所示。

图 4-210

图 4-211

13 使用"直线工具"，设置"粗细"为 1 像素，在画布中绘制白色直线，如图 4-212 所示。使用"路径选择工具"，选中并复制刚绘制的直线，将复制得到的直线调整到合适的大小，多次复制直线并调整，设置该图层的"不透明度"为 20%，效果如图 4-213 所示。

图 4-212

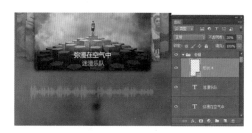

图 4-213

14 复制"形状 4"图层得到"形状 4 拷贝"图层，修改复制得到图形的填充颜色为 RGB（235，195，99），修改"形状 4 拷贝"图层的"不透明度"为 100%，效果如图 4-214 所示。使用"矩形选框工具"，在画布中绘制选区，为"形状 4 拷贝"图层添加图层蒙版，效果如图 4-215 所示。

图 4-214

图 4-215

> **提示**
>
> 在对图层蒙版进行操作时需要注意，必须单击图层蒙版缩览图，选中需要操作的图层蒙版，才能够针对图层蒙版进行操作。

15 使用"横排文字工具"，在"字符"面板中设置相关选项，在画布中输入文字，如图 4-216 所示。新建名称为"按钮"的图层组，使用相同的制作方法，可以绘制出相应的控制图标，效果如图 4-217 所示。

图 4-216

图 4-217

16 使用"椭圆工具"，在画布中绘制一个白色正圆形，效果如图 4-218 所示。为该图层添加"描边"图层样式，对相关选项进行设置，如图 4-219 所示。

图 4-218

图 4-219

17 单击"确定"按钮，完成"图层样式"对话框的设置，设置该图层的"填充"为 20%，效果如图 4-220 所示。使用"圆角矩形工具"，在画布中绘制白色的圆角矩形，并复制该圆角矩形，效果如图 4-221 所示。

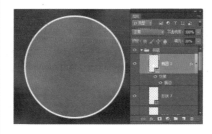

图 4-220　　　　　　　图 4-221

18 新建名称为"列表"的图层组，使用相同的制作方法，可以完成该部分内容的制作，效果如图 4-222 所示。为该图层组添加图层蒙版，使用"渐变工具"，在图层蒙版中填充黑白线性渐变，效果如图 4-223 所示。

图 4-222　　　　　　　图 4-223

19 至此，完成该 iOS 系统音乐播放界面的设计制作，最终效果如图 4-224 所示。

图 4-224

4.7 本章小结

　　手机是与人们日常生活相关的工具，其界面的美观程度、操作便捷性，对人们有很大的影响。本章向读者介绍了 iOS 系统的相关知识，包括最新版本的 iOS 9 系统，使读者对 iOS 系统有全新的认识和了解，并通过 iOS 系统界面的设计制作，使读者能够掌握 iOS 界面设计的方法和技巧。

第 **5** 章

Android 系统界面设计

    Android（安卓）系统是目前在智能移动设备中使用最广泛的操作系统之一，除了 iPhone 手机使用 iOS 系统外，其他大多数手机使用的都是 Android 系统。Android 系统界面在多个层次上都很漂亮且具有美感，它的转场效果快速清晰，界面的排版和样式干脆利落。本章将向读者介绍 Android 系统界面设计的相关知识，并通过 Android 系统界面设计制作的讲解，使读者能够快速掌握 Android 系统界面的设计方法和技巧。

  精彩案例:

- 设计 Android 系统锁屏界面。
- 设计 Android L 风格手机主界面。
- 设计 Android 系统待机界面。
- 设计 Android 系统主界面。
- 设计 Android 系统音乐 APP 界面。

5.1 了解 Android 系统

Android 系统是一个以 Linux 为基础的开源移动设备操作系统，主要用于智能手机和平板电脑。

5.1.1 Android 系统概述

Android 操作系统最初由 Andy Rubin 开发，主要支持手机。2005 年 8 月由 Google 收购注资。2007 年 11 月，Google 与 84 家硬件制造商、软件开发商及电信营运商组建开放手机联盟共同研发改良 Android 系统，其后于 2008 年 10 月发布了第一部 Android 智能手机。如图 5-1 所示为使用 Android 系统的智能手机和平板电脑。

图 5-1

目前，Android 系统已经逐渐扩展到平板电脑及其他领域，如电视、数码相机和游戏机等，如图 5-2 所示。2011 年第一季度，Android 占居全球的市场份额首次超过塞班系统，跃居全球第一。2012 年 11 月数据显示，Android 占据全球智能手机操作系统市场 76%的份额，中国市场占有率为 90%。

图 5-2

5.1.2 Android 系统的发展

随着 Android 系统的迅猛发展，它已经成为全球范围内具有广泛影响力的操作系统。

Android 系统已经不仅仅是一款手机的操作系统，而且正越来越广泛地被应用于平板电脑、可佩戴设备、电视、数码相机等设备上。

5.1.3 Android 系统的基本组件

和苹果的 iOS 系统一样，Android 系统也有一套完整的 UI 界面基本组件。在创建基于 Android 系统的 APP 应用，或者是将其他系统平台中的 APP 应用移植到 Android 系统平台中时，就需要按照 Android 系统的 UI 设计规范对界面进行全方位的整合，为用户提供统一的产品体验。如图 5-3 所示为 Android 系统部分基本组件效果。

键盘　　滑动条　　进度条　　标签栏　　按钮

图 5-3

💡 **提示**

Android 系统的界面分为白色和黑色两种，为了使读者能够更清晰地观察到 UI 组件的原貌，这里使用白色界面进行展示。

5.1.4 了解深度定制 Android 系统

从 Android 1.0 发布至今，Android 系统正在逐步走向成熟，有越来越多的厂商加入到 Android 阵营，也让更多的人体验到了智能手机的强大功能，但这也导致了手机界面的同质化现象异常严重。

为了能给用户创造出不同的使用体验，一些手机厂商开始对 Android 系统进行深度定制，力求在保持 Android 系统原有特色和优势的基础上，开发出更有新意和特点的手机系统界面，其中比较成功的有小米的 MIUI、OPPO 的 Color OS 和华为的 Emotion UI。

1. 小米 MIUI

小米手机的 MIUI 系统自 2010 年 8 月首个内测版本发布至今，已经拥有超过 600 万的用户。MIUI 系统是基于 Android 4.0 深度定制的，它更精致、更美观，并且针对中国人的操作习惯进行了深度优化。MIUI 系统拥有大量的主题资源，用户可以根据自己的喜好下载并使用。如图 5-4 所示为小米 MIUI 系统界面。

图 5-4

2．OPPO Color OS

2013 年 4 月，OPPO 发布了基于 Android 系统深度定制开发的 Color OS 系统，Color OS 系统的界面简洁、美观，与其手机的时尚风格十分协调。在 Color OS 系统中新增了人脸识别、悬浮视频窗口等功能，还对相机和相册界面进行了全面优化，使整体界面风格更加时尚、美观，给用户带来了绝佳的操作体验。如图 5-5 所示为 OPPO Color OS 系统界面。

图 5-5

3．华为 Emotion UI

2012 年 7 月 30 日，华为正式发布了自己品牌的手机定制系统 Emotion UI，Emotion UI 是基于 Android 4.0 深度开发和定制的，以"功能强大、简单实用、情感喜爱"为核心设计理念，号称是最具情感的人性化系统。Emotion UI 系统允许用户打造属于自己的个性化主题，还内置了中文语音助手和 Message+等服务。如图 5-6 所示为华为 Emotion UI 系统界面。

图 5-6

5.2 Android 系统 UI 设计规范

应用 Android 系统的手机、平板电脑和其他移动设计有数以百万计，这些设备有各种屏幕尺寸，设计师在对基于 Android 系统的应用界面进行设计之前，首先必须清楚所适用设备的屏幕尺寸等各种设计规范，本节将向读者介绍 Android 系统的 UI 设计规范，从而根据规范能够设计出符合标准的 UI 界面。

5.2.1 Android 系统的设计尺寸

目前，除苹果公司的 iPhone 和 iPad 等智能设备以外，大多数智能手机都使用 Android 系统。Android 系统涉及的手机种类非常多，屏幕的尺寸很难有一个相对固定的参数，所以只能按照手机屏幕的横向分辨率将大致分为 4 类：低密度（LDPI）、中等密度（MDPI）、高密度（HDPI）和超高密度（XHDPI），常见屏幕尺寸如表 5-1 所示。

表 5-1 Android 系统常见屏幕尺寸

屏幕大小	低密度 LDPI（120ppi）	中等密度 MDPI（160ppi）	高密度 HDPI（240ppi）	超高密度 XHDPI（320ppi）
小屏幕	240×320 px		480×640 px	
普通屏幕	240×400 px 240×432 px	320×480 px	480×800 px 480×845 px 600×1024 px	640×960 px
大屏幕	480×800 px 480×854 px	480×800 px 480×854 px 600×1024 px		
超大屏幕	600×1024 px	768×1024 px 768×1280 px 800×1280 px	1152×1536 px 1152×1920 px 1200×1920 px	1536×2048 px 1536×2560 px 1600×2560 px

前面也介绍到了因为 Android 系统的手机非常多，很难有一个统一的标准，表 5-2 介绍了目前市场中主流 Android 系统手机的屏幕分辨率和尺寸，供读者参考。

表 5-2　主流 Android 系统手机屏幕分辨率和尺寸

手　机	分辨率和尺寸	手　机	分辨率和尺寸
魅族 MX2	4.4in 800×1280 px	魅族 MX3	5.1in 1080×1280 px
魅族 MX4	5.36in 1152×1920 px	魅族 MX4 Pro	5.5in 1536×2560 px
三星 GALAXY Note4	5.7in 1440×2560 px	三星 GALAXY Note3	5.7in 1080×1920 px
三星 GALAXY S5	5.1in 1080×1920 px	三星 GALAXY Note II	5.5in 720×1280 px
索尼 Xperia Z3	5.2in 1080×1920 px	索尼 XL39h	6.44in 1080×1920 px
HTC Desire 820	5.5in 720×1280 px	HTC One M8	4.7in 1080×1920 px
OPPO Find7	5.5in 1440×2560 px	OPPO N1	5.9in 1080×1920 px
OPPO R3	5in 720×1280 px	OPPO N1 Mini	5in 720×1280 px
小米 M4	5in 1080×1920 px	小米红米 Note	5.5in 720×1280 px
小米 M3	5in 1080×1920 px	小米红米 1S	4.7in 720×1280 px
小米 M3S	5in 1080×1920 px	小米 M2S	4.3in 720×1280 px
华为荣耀 6	5in 1080×1920 px	锤子 T1	4.95in 1080×1920 px
LG G3	5.5in 1440×2560 px	OnePlus One	5.5in 1080×1920 px

5.2.2　字体的使用标准

Android 系统的设计语言依赖于传统的排版工具，如大小、空间、节奏，以及与底层网格对齐。成功应用这些工具可以帮助用户快速了解信息。在 Android 系统中使用了 Roboto

字体，该字体是专门为高分辨率屏幕下的 UI 而设计的，目前，TextView 的框架默认支持 Roboto 字体的常规、粗体、斜体和粗斜体样式，如图 5-7 所示为 Roboto 字体的常规和粗体样式效果。

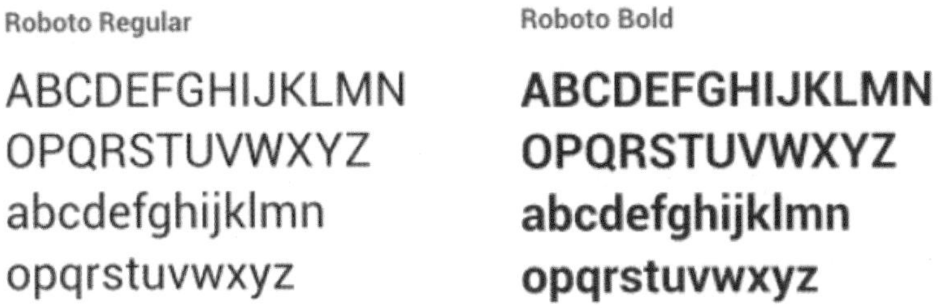

Roboto Regular

ABCDEFGHIJKLMN
OPQRSTUVWXYZ
abcdefghijklmn
opqrstuvwxyz

Roboto Bold

ABCDEFGHIJKLMN
OPQRSTUVWXYZ
abcdefghijklmn
opqrstuvwxyz

图 5-7

> **提示**
>
> TextView 是指 Android 系统中的文本视图的意思。TextView 是 Android 系统中使用最多的控件，TextView 类似一般 UI 中的 Label、TextBlock 等控件，只是为了单纯显示一行或多行文本。

1. 默认的文字颜色

在 Android 系统的 UI 中使用了两种默认的文字颜色样式，分别是 textColorPrimary 和 textColorSecondary。

浅色主题使用 textColorPrimaryInverse 和 textColorSecondaryInverse，框架中的文本颜色样式同样支持使用不同的触摸反馈状态，如图 5-8 所示。

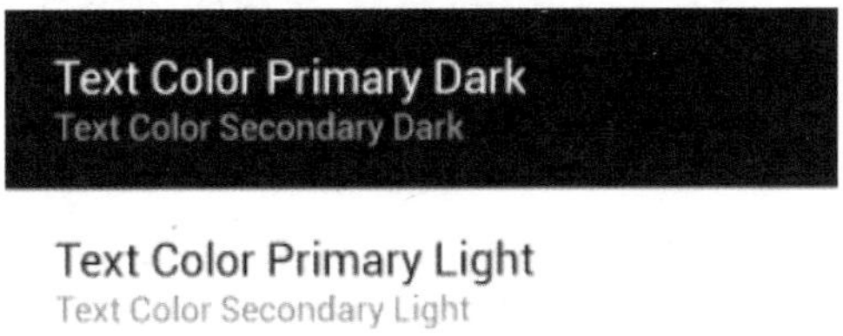

Text Color Primary Dark
Text Color Secondary Dark

Text Color Primary Light
Text Color Secondary Light

图 5-8

2. 字号大小

在界面设计中使用不同的大小字体对比，可以创建有序的、易理解的布局。但是在同一个用户界面中如果使用太多不同大小的字号，会显得很混乱。

在 Android 系统的 UI 设计中限定使用如图 5-9 所示的几种字号。用户可以在设置 APP 中选择系统级的文本缩放。

Text Size Micro	12sp
Text Size Small	14sp
Text Size Medium	16sp
Text Size Large	18sp

图 5-9

注意，字号大小的单位是 sp，这是 Android 系统的字号大小的单位，全称为 scale-independent pixels。以 160PPI 的屏幕为标准，当字体大小为 100%时，1sp = 1px。sp 与 px 的换算公式为：sp×ppi / 160 = px。

3. 如何向前端输出文字

第一步，将 Android 系统的字体大小单位 sp 换算成 px。但是 px 单位的文字会随着屏幕 PPI 的变化而变化，这一点可以从 sp 与 px 的换算公式 "sp×ppi / 160 = px" 看出来，所以在设计过程中不可能算出所有的情况，只能计算首先需要适配的 PPI 对应的像素高度。

第二步，将算好的像素高度和换算公式 "sp×ppi / 160 = px" 同时输出给前端，这样以后再更换 PPI，前端可以自动计算。另外，前端代码中定义字体高度使用的也是 px 单位，所以设计师向前端输出以 px 计算的字号尺寸也是合适的。

如表 5-3 所示为当屏幕 PPI 为 240 时 Android 规范字号对应的字体像素高度。

表 5-3　PPI 为 240 时 Android 规范字号对应的字体高度

Android 系统规范字号	sp 与 px 换算公式 sp×ppi / 160 = px	
	PPI 为 240 的字体高度	其他 PPI
12sp	18px	…
14sp	21px	…
18sp	27px	…
22sp	33px	…

4. 在 Photoshop 中如何选择字号

前面已经介绍了将 Android 系统字体单位 sp 换算为字体像素高度 px 的方法，把这些字体像素高度应用到 Photoshop 中，再将需要使用的字体调整到这样的像素高度，即可得出在 Photoshop 中设计时需要使用的字号大小。也就是说 Photoshop 中设计时需要使用的字号大小需要根据实际情况手动调整得到，没有捷径。

例如当屏幕 PPI 为 240 时，对应的像素高度和字体字号如图 5-10 所示。

33px	Roboto 48pt	方正兰亭黑36号
27px	Roboto 40pt	方正兰亭黑30号
21px	Roboto 30pt	方正兰亭黑24号
18px	Roboto 26pt	方正兰亭黑20号

图 5-10

5.2.3　色彩的应用标准

色彩从当代建筑、路标、人行横道及运动场馆中获取灵感，由此引发出大胆的颜色表达激活了色彩，与单调乏味的周边环境形成鲜明的对比。在 UI 设计中同样需要使用合适的颜色来强调内容，并通过色彩为视觉元素提供更好的对比。

1. UI 调色板

UI 调色板以一些基础颜色作为基准，通过填充光谱来为 Android、iOS 和 Web 环境提供一套可用的颜色，如图 5-11 所示为 UI 调色板，基础颜色的饱和度为 500。

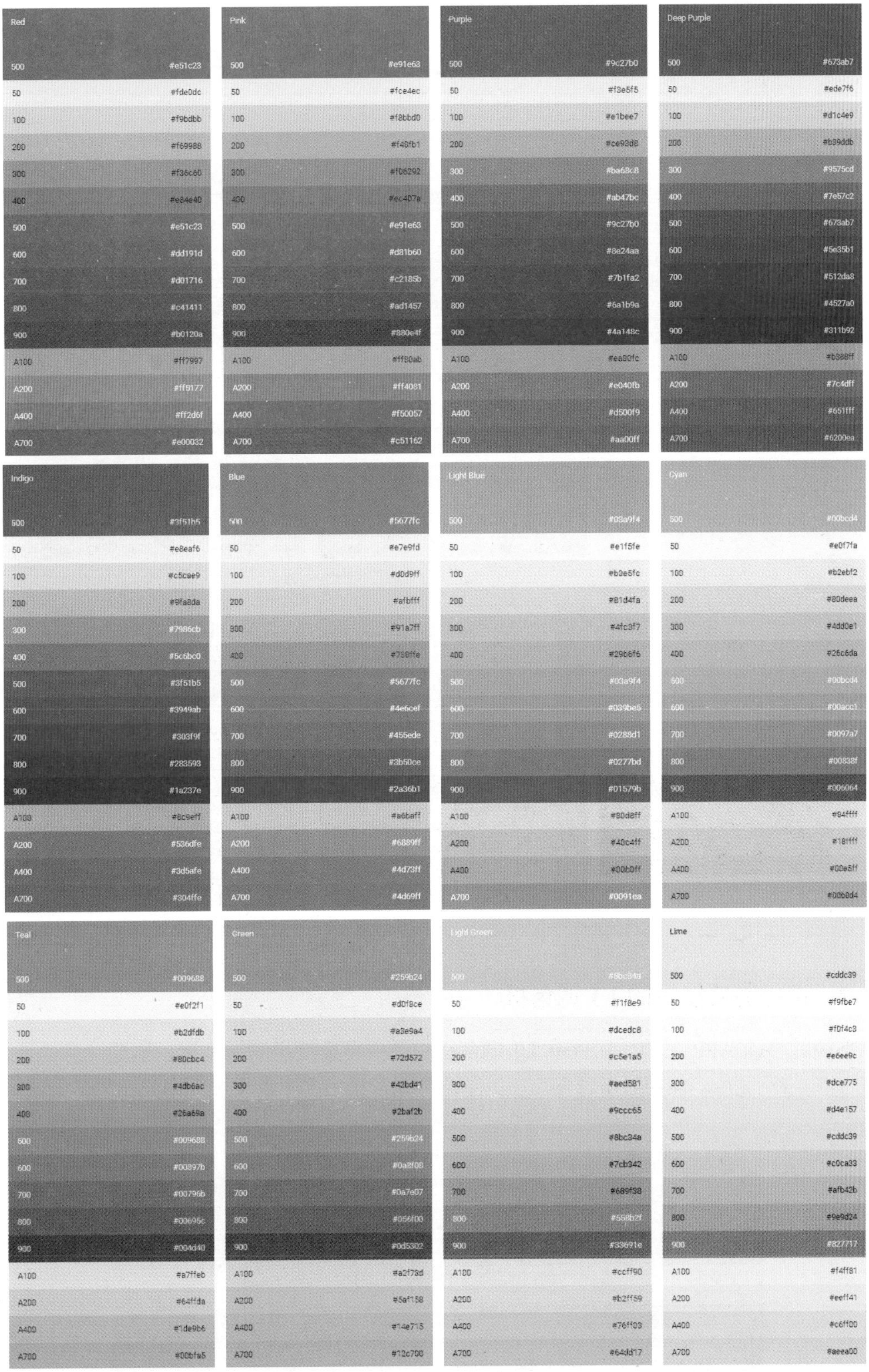

Red		Pink		Purple		Deep Purple	
500	#e51c23	500	#e91e63	500	#9c27b0	500	#673ab7
50	#fde0dc	50	#fce4ec	50	#f3e5f5	50	#ede7f6
100	#f9bdbb	100	#f8bbd0	100	#e1bee7	100	#d1c4e9
200	#f69988	200	#f48fb1	200	#ce93d8	200	#b39ddb
300	#f36c60	300	#f06292	300	#ba68c8	300	#9575cd
400	#e84e40	400	#ec407a	400	#ab47bc	400	#7e57c2
500	#e51c23	500	#e91e63	500	#9c27b0	500	#673ab7
600	#dd191d	600	#d81b60	600	#8e24aa	600	#5e35b1
700	#d01716	700	#c2185b	700	#7b1fa2	700	#512da8
800	#c41411	800	#ad1457	800	#6a1b9a	800	#4527a0
900	#b0120a	900	#880e4f	900	#4a148c	900	#311b92
A100	#ff7997	A100	#ff80ab	A100	#ea80fc	A100	#b388ff
A200	#ff5177	A200	#ff4081	A200	#e040fb	A200	#7c4dff
A400	#ff2d6f	A400	#f50057	A400	#d500f9	A400	#651fff
A700	#e00032	A700	#c51162	A700	#aa00ff	A700	#6200ea

Indigo		Blue		Light Blue		Cyan	
500	#3f51b5	500	#5677fc	500	#03a9f4	500	#00bcd4
50	#e8eaf6	50	#e7e9fd	50	#e1f5fe	50	#e0f7fa
100	#c5cae9	100	#d0d9ff	100	#b3e5fc	100	#b2ebf2
200	#9fa8da	200	#afbfff	200	#81d4fa	200	#80deea
300	#7986cb	300	#91a7ff	300	#4fc3f7	300	#4dd0e1
400	#5c6bc0	400	#738ffe	400	#29b6f6	400	#26c6da
500	#3f51b5	500	#5677fc	500	#03a9f4	500	#00bcd4
600	#3949ab	600	#4e6cef	600	#039be5	600	#00acc1
700	#303f9f	700	#455ede	700	#0288d1	700	#0097a7
800	#283593	800	#3b50ce	800	#0277bd	800	#00838f
900	#1a237e	900	#2a36b1	900	#01579b	900	#006064
A100	#8c9eff	A100	#a6baff	A100	#80d8ff	A100	#84ffff
A200	#536dfe	A200	#6889ff	A200	#40c4ff	A200	#18ffff
A400	#3d5afe	A400	#4d73ff	A400	#00b0ff	A400	#00e5ff
A700	#304ffe	A700	#4d69ff	A700	#0091ea	A700	#00b8d4

Teal		Green		Light Green		Lime	
500	#009688	500	#259b24	500	#8bc34a	500	#cddc39
50	#e0f2f1	50	#d0f8ce	50	#f1f8e9	50	#f9fbe7
100	#b2dfdb	100	#a3e9a4	100	#dcedc8	100	#f0f4c3
200	#80cbc4	200	#72d572	200	#c5e1a5	200	#e6ee9c
300	#4db6ac	300	#42bd41	300	#aed581	300	#dce775
400	#26a69a	400	#2baf2b	400	#9ccc65	400	#d4e157
500	#009688	500	#259b24	500	#8bc34a	500	#cddc39
600	#00897b	600	#0a8f08	600	#7cb342	600	#c0ca33
700	#00796b	700	#0a7e07	700	#689f38	700	#afb42b
800	#00695c	800	#056f00	800	#558b2f	800	#9e9d24
900	#004d40	900	#0d5302	900	#33691e	900	#827717
A100	#a7ffeb	A100	#a2f78d	A100	#ccff90	A100	#f4ff81
A200	#64ffda	A200	#5af158	A200	#b2ff59	A200	#eeff41
A400	#1de9b6	A400	#14e715	A400	#76ff03	A400	#c6ff00
A700	#00bfa5	A700	#12c700	A700	#64dd17	A700	#aeea00

图 5-11

图 5-11（续）

2. 选择需要使用的 UI 调色板

在设计移动 APP 之前，可以从 UI 调色板中选择需要使用的调色板，需要注意的是，在 UI 设计中限制颜色的使用数量，在众多的基础色中选择出三个色度及一个强调色，如图 5-12 所示。

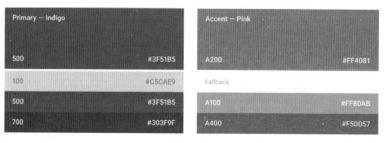

图 5-12

3. 为灰色的文字、图标和分隔线设置 Alpha 值

为了有效地传达信息的视觉层次，在设计中应该使用深浅颜色不同的文本。对于白色背景上的文字，应该使用 Alpha 为 87%的黑色；对于视觉层次偏低的次要文字，应该使用 Alpha 值为 54%的黑色；而对于像正文和标签中用于提示用户的文字，视觉层次更低，应该使用 Alpha 值为 26%的黑色。

界面中的其他元素，如图标和分隔线，也应该设置为具有 Alpha 值的黑色，而不是实心颜色，从而确保它们能够适应任何颜色的背景。

UI 中不同的元素适合主题中不同的色彩，鼓励在移动 UI 界面中的大块区域内使用醒目的颜色。工具栏和大色块适合使用饱和度为 500 的基础色，这也是界面中的主色调，状态栏适合使用更深一些的饱和度为 700 的基础色，如图 5-13 所示。

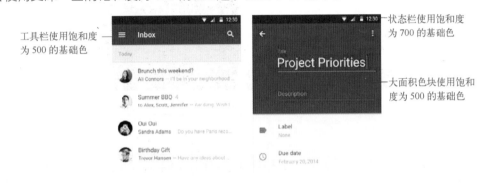

图 5-13

4. 强调色

在移动 UI 界面设计中可以为主要的操作按钮及组件使用鲜艳的强调色进行突出显示，如开关或滑块等，左对齐的部分图标或章节标题也可以使用强调色，如图 5-14 所示。

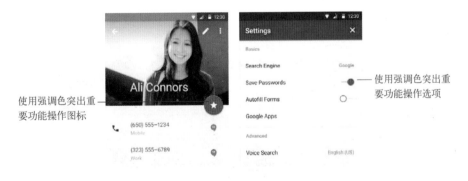

图 5-14

5. 主题

主题是为移动 APP 提供一致性色调的方法。样式指定了表面的亮度、阴影的层次和字

体元素的适当不透明度。为了提高移动 APP 应用的一致性，在设计基于 Android 系统的 APP 应用时，需要提供"浅色"和"深色"两种主题以供选择，如图 5-15 所示。

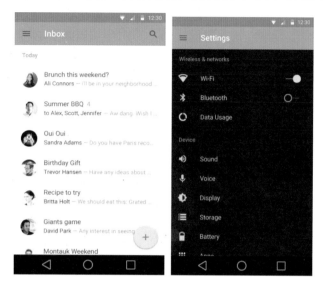

图 5-15

实战案例——设计 Android 系统锁屏界面

 源文件：源文件\第 5 章\Android 系统锁屏界面.psd

视　频：视　频\第 5 章\Android 系统锁屏界面.mp4

1. 案例特点

本案例设计一款 Android 系统锁屏界面，界面内容非常简洁，使用色彩图像作为界面背景，在顶部放置状态栏，在界面的中心位置使用圆环图形搭配文字表现当前的系统时间信息，使界面的整体效果非常简洁、直观。

2. 设计思维过程

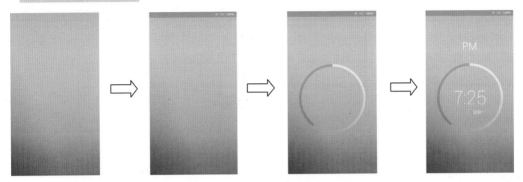

色彩渐变的素材图像 作为背景，丰富界面 颜色。

简单的文字和图形构 成状态栏，放置在界 面右上方。

通过颜色渐变来突出 时钟的当前位置，形 象生动。

添加简单的文字，与圆 环形状表达内容相一 致，具有统一性。

3. 制作要点

本案例所设计的 Android 系统锁屏界面，结构简单，在界面顶部绘制状态栏，使用基本 图形表现出信号强度和电池电量，界面中间绘制圆环图形，添加渐变颜色，从而表现出当前 的系统时间，并添加大号字体与圆环图形相结合，表现系统时间。

4. 配色分析

本案例所设计的 Android 系统锁屏界面，使用彩色图像素材作为界面的背景，在界面中 搭配浅黄色到粉红色的渐变圆环图形，色彩与背景图像色彩相统一，搭配纯白色的文字内 容，整个界面的色调统一、和谐，内容清晰、自然。

白色　　　　浅黄　　　　粉红色

5. 制作步骤

01 执行"文件>新建" 命令，弹出"新建"对话 框，新建一个空白文档， 如图 5-16 所示。打开并 拖入素材图像"源文件\第 5 章\素材\5101.jpg"，效果 如图 5-17 所示。

图 5-16

图 5-17

02 新建名称为"状态栏"的图层组，使用"矩形工具"，在画布中绘制一个黑色矩形，设置该图层的"不透明度"为20%，效果如图 5-18 所示。使用"矩形工具"，在画布中绘制一个白色的矩形，如图 5-19 所示。

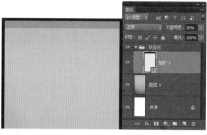

图 5-18

图 5-19

03 使用"路径选择工具"，选择刚绘制的矩形，按住【Alt】键拖动多次复制该矩形，并分别调整到合适的大小和位置，效果如图 5-20 所示。使用"圆角矩形工具"，设置"填充"为无，"描边"为白色，"描边宽度"为1点，"半径"为3像素，在画布中绘制圆角矩形，效果如图 5-21 所示。

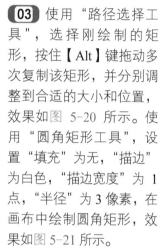

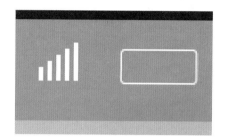

图 5-20

图 5-21

04 使用"矩形工具"，设置"路径操作"为"合并形状"，在刚绘制的圆角矩形上添加一个矩形，效果如图 5-22 所示。使用相同的制作方法，完成相似图形的绘制，效果如图 5-23 所示。

图 5-22

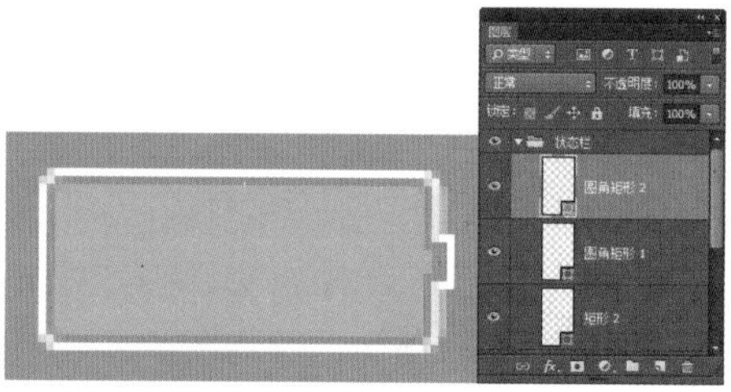

图 5-23

05 使用"钢笔工具"，设置"填充"为白色，"描边"为无，在画布中绘制形状图形，效果如图 5-24 所示。使用"横排文字工具"，在"字符"面板中设置相关选项，在画布中输入文字，如图 5-25 所示。

图 5-24

图 5-25

06 新建名称为"中间"的图层组,使用"椭圆工具",在画布中绘制黑色的正圆形,如图 5-26 所示。使用"椭圆工具",设置"路径操作"为"减去顶层形状",在刚绘制的正圆形上减去正圆形,得到需要的圆环图形,设置该图层的"不透明度"为 20%,效果如图 5-27 所示。

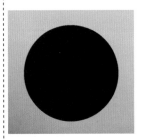

图 5-26

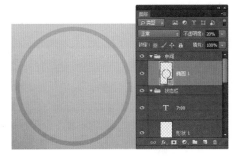

图 5-27

07 复制"椭圆 1"图层得到"椭圆 1 复制"图层,设置该图层的"不透明度"为 100%,添加"渐变叠加"图层样式,对相关选项进行设置,如图 5-28 所示。单击"确定"按钮,完成"图层样式"对话框的设置,设置该图层的"填充"为 0%,效果如图 5-29 所示。

图 5-28

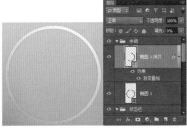

图 5-29

💡 **提示** •

选择需要添加图层样式的图层,执行"图层>图层样式"命令,通过选择"图层样式"子菜单中相应的选项可为图层添加相应的图层样式。还可以在需要添加图层样式的图层名称外侧区域双击,也可以弹出"图层样式"对话框,为该图层添加相应的图层样式。

08 使用"钢笔工具",设置"路径操作"为"减去顶层形状",在圆环图形上减去不需要的形状,效果如图 5-30 所示。使用"直线工具",设置"填充"为白色,"粗细"为 2 像素,在画布中绘制直线,效果如图 5-31 所示。

图 5-30

图 5-31

09 使用"横排文字工具",在"字符"面板中设置相关选项,在画布中输入文字,如图 5-32 所示。使用相同的制作方法,输入其他文字,并设置相应图层的"不透明度",效果如图 5-33 所示。

图 5-32

图 5-33

10 至此,完成该 Android 系统锁屏界面的设计制作,最终效果如图 5-34 所示。

图 5-34

5.3 了解全新的 Android L 系统

谷歌在 2014 年 6 月 26 日的 Google I/O 大会上发布了全新的 Android L 系统,界面发生了非常大的变化,彻底的扁平化,并且增加了很多实用的功能。Android L 可以说是 Android 系统自 2008 年问世以来变化最大的升级。除了新的用户界面、性能升级和跨平台支持,全面的电池寿命增强及更深入的应用程序集成也令人印象深刻。

5.3.1 全新的 UI 设计风格

Android L 带来了全新的 Material Design 设计风格,看上去极具个性,如图 5-35 所示。Material Design 设计风格主打干净排版和简洁布局,同时在界面中融入了丰富的色彩,使得界面具有更强的指向性。另外它还支持多种设备,如手机、平板电脑、计算机、电视等,几乎涵盖了整个 Android 产品线,具有高度统一性。

另外在 Android L 系统中还新增了动画触觉反馈功能,用户按下屏幕上的一个虚拟按钮,会得到相应的动画反馈效果。

图 5-35

5.3.2 优化用户体验

1. 强大的搜索功能

搜索是谷歌的基础,在最新的 Android L 系统中大大增强了搜索功能。当用户进行搜索时,可以直接进入搜索的结果页面,系统会记忆这一搜索结果,当用户利用其他应用对搜索结果进行处理后,仍然可以轻松返回搜索结果。

2. 改进的消息处理

Android L 系统可以让用户对消息进行展开或忽略,在锁屏界面上双击消息将立即重定向到触发它的应用程序。另外,Android L 系统还推出了一款叫做 heads up 的功能,通过这一功能,当收到新消息时,用户正在使用的应用不会被打断。

3. 环境感知

另一个重要的改进是谷歌关于环境的感知比以往任何时候都强大。Android L 系统的智能手机或平板电脑上的应用可以无缝转移到 Android TV 上。如图 5-36 所示为全新的 Android L 系统界面。

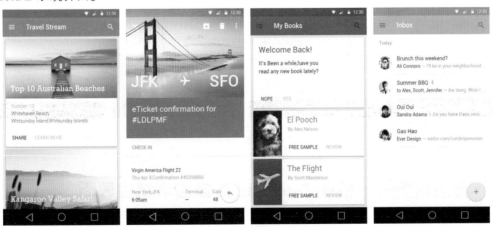

图 5-36

5.3.3　增强的通知中心

Android L 系统拥有更先进的通知中心，采用卡片式风格，在锁屏状态下也可以使用，直接进行多种功能操作。另外，这种卡片式风格也被集成到弹窗中，使用户更容易察觉，不易错过信息。

5.3.4　增强的多任务功能

在 Android L 系统中增强了多任务处理功能，拥有立体式的层叠效果，可以通过滑动快速切换。例如用户在浏览器中打开多个页面，然后退出，在多任务界面中就可以切换选项卡，而不必进入到浏览应用中。

5.3.5　性能升级

Android L 系统支持 64 位计算能力，这就意味着未来使用 Android L 系统的手机可以搭载 64 位处理器。另外，图形部分的处理性能也有所增强，包括更好的着色、纹理及光线处理，使得使用 Android L 系统的游戏画面会更加出色。

5.3.6　增强电池续航能力

Android L 系统还带来了更智能化的节电功能，系统能够根据电池电量来减少处理器功耗、屏幕亮度等，谷歌称将为用户带来额外 90 分钟的续航时间。如图 5-37 所示为全新的 Android L 系统界面。

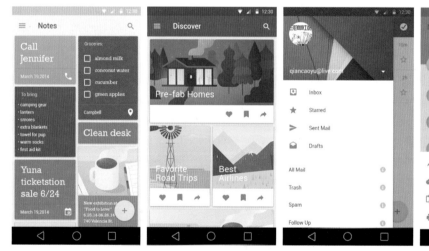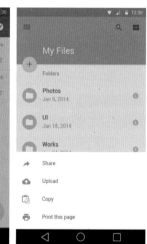

图 5-37

实战案例——设计 Android L 风格手机主界面

 源文件：源文件\第 5 章\Android L 风格手机主界面.psd

🎬 视 频：视 频\第 5 章\Android L 风格手机主界面.mp4

1. 案例特点

本案例设计一款 Android L 风格手机主界面，使用扁平化的设计风格来表现该界面，通过纯色块的搭配使界面的背景表现更加多样化，拉开了视觉空间，使得界面的视觉表现效果更加立体。

2. 设计思维过程

棱角分明的形状组成背景，空间感十足，达到对称美观的效果。

简单的文字和图形构成状态栏，放置在界面右上方。

搜索栏和天气栏放置在界面上方，文字和扁平化图形相搭配。

简单的形状构成每个图标，再将每个图标排放整齐。

3. 制作要点

本案例所设计的 Android L 风格手机主界面中所有元素都保持了统一的设计风格，背景是该界面的亮点，既丰富了内容，又拉开了空间，从而没有拥挤的视觉效果。通过设置不透明度和投影，增加了立体层次感。

4. 配色分析

本案例所设计的 Android L 风格手机主界面，使用蓝色和绿色的渐变颜色作为界面的背景，界面中其他元素的配色同样使用了不同明度的绿色和蓝色，使得界面整体色调统一、上下呼应，在界面中搭配白色的文字，表现效果清晰、自然。

靛蓝　　　　　深绿　　　　　白色

5 制作步骤

01 执行"文件>新建"命令，弹出"新建"对话框，新建一个空白文档，如图 5-38 所示。使用"渐变工具"，打开"渐变编辑器"对话框，设置渐变颜色，如图 5-39 所示。

RGB(87、96、174) RGB(48、110、11)

图 5-38 　　　　　　　　　图 5-39

02 单击"确定"按钮，完成渐变颜色的设置，在画布中拖动鼠标填充线性渐变，效果如图 5-40 所示。新建名称为"背景"的图层组，使用"矩形工具"，设置"填充"为 RGB（95，155，49），"描边"为无，在画布中绘制矩形，效果如图 5-41 所示。

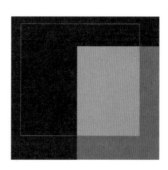

图 5-40 　　　　　　　　　图 5-41

03 按【Ctrl+T】组合键，对矩形进行旋转操作，效果如图 5-42 所示。为该图层添加"投影"图层样式，对相关选项进行设置，如图 5-43 所示。

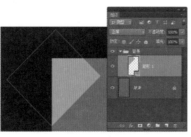

图 5-42 　　　　　　　　　图 5-43

04 单击"确定"按钮，完成"图层样式"对话框的设置，效果如图 5-44 所示。复制"矩形 1"图层得到"矩形1 复制"图层，修改复制得到图形的填充颜色为 RGB（150，197，91），将其向左移动位置，效果如图 5-45 所示。

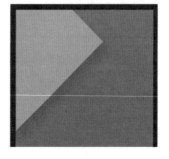
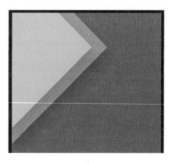

图 5-44 　　　　　　　　　图 5-45

05 双击"矩形 1 复制"图层的"投影"图层样式，修改相关选项的设置，如图 5-46 所示。单击"确定"按钮，完成"图层样式"对话框的设置，效果如图 5-47 所示。

图 5-46

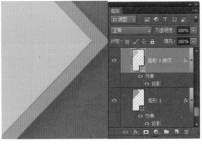

图 5-47

> **提示**
>
> 为图层添加了图层样式后，可以在该图的下方显示所添加的图层样式名称，双击该图层样式名称，可以弹出"图层样式"对话框，可以对图层样式进行修改。单击图层样式名称前的眼睛图标，可以显示或隐藏所添加的图层样式效果。

06 使用相同的制作方法，可以完成该界面背景的制作，效果如图 5-48 所示。新建名称为"状态栏"的图层组，根据前面案例的制作方法，完成顶部状态栏内容的制作，效果如图 5-49 所示。

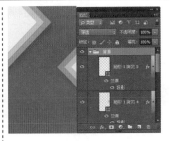

图 5-48

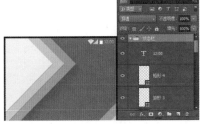

图 5-49

07 新建名称为"搜索"的图层组，使用"圆角矩形工具"，设置"半径"为 200 像素，在画布中绘制白色圆角矩形，效果如图 5-50 所示。为该图层添加"投影"图层样式，对相关选项进行设置，如图 5-51 所示。

图 5-50

图 5-51

08 单击"确定"按钮，设置该图层的"不透明度"为 85%，"填充"为 45%，效果如图 5-52 所示。打开并拖入素材图像"源文件\第 5 章\素材\5201.png"，效果如图 5-53 所示。

图 5-52

图 5-53

09 为该图层添加"颜色叠加"图层样式，对相关选项进行设置，如图 5-54 所示。继续添加"投影"图层样式，对相关选项进行设置，如图 5-55 所示。

图 5-54　　　　　　　　图 5-55

10 单击"确定"按钮，完成"图层样式"对话框的设置，效果如图 5-56 所示。使用"圆角矩形工具"和"矩形工具"，绘制出相应的图标，并添加"投影"图层样式，效果如图 5-57 所示。

图 5-56　　　　　　　　图 5-57

11 在"搜索"图层组上方新建名称为"天气"的图层组，使用"圆角矩形工具"，设置"填充"为 RGB（87，96，174），在画布中绘制圆角矩形，设置该图层的"不透明度"为 85%，如图 5-58 所示。使用"矩形工具"，在画布中绘制黑色的矩形，并进行旋转操作，效果如图 5-59 所示。

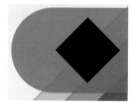

图 5-58　　　　　　　　图 5-59

12 使用"路径选择工具"，选中刚绘制的矩形，按住【Alt】键拖动，多次复制矩形，并分别调整到合适的位置，如图 5-60 所示。将该图层创建剪贴蒙版，设置该图层的"不透明度"为 5%，效果如图 5-61 所示。

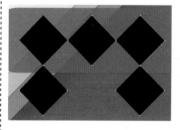

图 5-60　　　　　　　　图 5-61

13 使用相同的制作方法，可以完成相似背景效果的制作，效果如图5-62所示。使用"椭圆工具"，设置"填充"为RGB（231，217，57），"描边"为白色，"描边宽度"为3点，在画布中绘制正圆形，如图5-63所示。

图5-62

图5-63

14 使用"多边形工具"，设置"边数"为3，"路径操作"为"合并形状"，在刚绘制的正圆形上添加一个三角形，效果如图5-64所示。使用"路径选择工具"，选中刚绘制的三角形，通过旋转复制的方法，制作出太阳的图形效果，如图5-65所示。

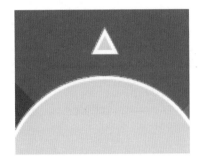

图5-64

图5-65

> 💡 **提示**
>
> 用"多边形工具"可以绘制三角形、六边形等形状。单击工具箱中的"多边形工具"按钮⬢，在画布中单击并拖动鼠标即可按照在"选项"栏上的设置绘制出多边形和星形。

15 为该图层添加"投影"图层样式，对相关选项进行设置，如图5-66所示。单击"确定"按钮，完成"图层样式"对话框的设置，效果如图5-67所示。

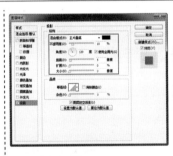

图5-66

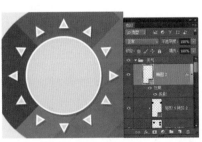

图5-67

16 使用"椭圆工具"绘制出云彩图形效果，并添加"投影"图层样式，效果如图5-68所示。使用"横排文字工具"，在"字符"面板中设置相关选项，在画布中输入文字，效果如图5-69所示。

图5-68

图5-69

17 为该文字图层添加"投影"图层样式，对相关选项进行设置，如图 5-70 所示。单击"确定"按钮，完成"图层样式"对话框的设置，效果如图 5-71 所示。

图 5-70

图 5-71

18 使用"横排文字工具"，在画布中输入其他文字，并分别添加"投影"图层样式，效果如图 5-72 所示。使用"自定形状工具"，在"形状"下拉列表中选择相应的形状，在画布中绘制白色形状图形，设置该图层的"不透明度"为 50%，效果如图 5-73 所示。

图 5-72

图 5-73

19 使用"横排文字工具"，在画布中输入其他文字，并添加"投影"图层样式，效果如图 5-74 所示。新建名称为"图标"的图层组，使用"椭圆工具"，设置"填充"为 RGB（187，209，82），在画布中绘制正圆形，效果如图 5-75 所示。

图 5-74

图 5-75

20 使用"矩形工具"，在画布中绘制黑色矩形，对矩形进行旋转，并设置图层的"不透明度"，可以制作出图标的背景效果，如图 5-76 所示。使用"椭圆工具"，在画布中绘制一个白色的正圆形，效果如图 5-77 所示。

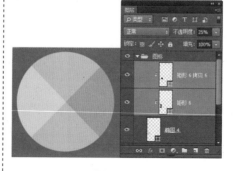

图 5-76

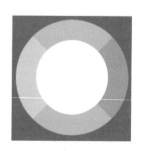

图 5-77

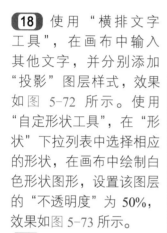

21 为该图层添加"描边"图层样式，对相关选项进行设置，如图 5-78 所示。继续添加"投影"图层样式，对相关选项进行设置，如图 5-79 所示。

RGB(128、154、34)

图 5-78   图 5-79

22 单击"确定"按钮，完成"图层样式"对话框的制作，效果如图 5-80 所示。使用相同的制作方法，完成该图标中其他图形的绘制，效果如图 5-81 所示。

图 5-80   图 5-81

23 使用"横排文字工具"，在"字符"面板中设置相关选项，在画布中输入文字，如图 5-82 所示。为该图层添加"投影"图层样式，对相关选项进行设置，如图 5-83 所示。

图 5-82   图 5-83

24 单击"确定"按钮，完成"图层样式"对话框的设置，效果如图 5-84 所示。使用相同的制作方法，可以完成该界面中其他图标的绘制，效果如图 5-85 所示。

图 5-84   图 5-85

25 至此，完成该 Android L 风格手机主界面的设计制作，最终效果如图 5-86 所示。

图 5-86

5.4 认识 Android 系统 APP 布局

在前面已经介绍了 Android 系统的 UI 设计规范，Android 系统 APP 的设计风格与 iOS 系统 APP 设计风格比较相似，均采用了简洁大气的扁平化风格设计，但是其 APP 的布局却有所区别，本节将向读者介绍基于 Android 系统的 APP 布局，以及 Android 与 iOS 系统界面的区别等相关内容，使读者能够更加深刻地理解 Android 与 iOS 系统界面的异同。

5.4.1 Android 系统 APP 布局

基于 Android 系统的 APP 元素一般分为 4 个部分：状态栏、标题栏、标签栏和工具栏，如图 5-87 所示为基于 Android 系统的 APP 软件界面。

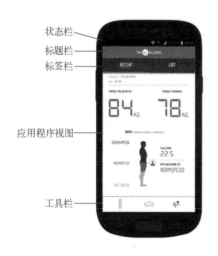

图 5-87

> ➤ 状态栏：位于界面最上方。当有短信、通知、应用更新、连接状态变更时，会在左侧显示，右侧是电量、信息、时间等常规手机信息。按住状态栏下拉，可以查看信息、通知和应用更新等详细情况。
> ➤ 标题栏：在该部分显示当前 APP 应用的名称或者功能选项。
> ➤ 标签栏：标签栏放置的是 APP 的导航菜单，标签栏既可以在 APP 主体的上方，也可以在主体的下方，但标签项目数不宜超过 5 个。

5.4.2 Android 与 iOS 系统界面设计区别

iOS 与 Android 是目前智能移动设备使用最多的两种操作系统，从界面设计上来说，两种系统中许多设计都是通用的，特别是 Android 系统中，几乎可以实现所有的效果。iOS 系统的设计风格相对比较稳定，而 Android 系统一直在寻找合适的设计语言，最新的 Material Design，和以前相比又有很大的转变。本节主要向读者介绍的是 Android 系统与 iOS 系统在界面设计上的一些区别。

> 🔲 提示

> Material Design 是谷歌推出的全新的设计语言，谷歌计划将这款设计语言应用到 Android、Chrome OS 和网页等平台上，旨在为手机、平板电脑、台式机和其他设备提供更加一致、更广泛的外观和体验。Material Design 设计语言的一些重要功能包括系统字体 Roboto 的升级版本，同时界面的颜色更加鲜艳，动画效果更加突出。

1. 导航方式

iOS 系统中的 Tab 导航通常放置在界面的底部，不能通过滑动来进行切换，只提供单击的功能，也可以放置在界面的顶部，状态栏的下方，同样不能进行滑动，只能单击，如图 5-88 所示。

图 5-88

Android 系统中的 Tab 导航通常放置在界面的顶部，状态栏的下方，可以通过滑动页面的方式来切换 Tab 导航，Tab 导航本身也可以通过单击进行切换，如果 Tab 导航选项比较多，Tab 导航本身也可以进行滑动操作，如图 5-89 所示。

图 5-89

2. 单条 item 的操作

在 iOS 系统中，单条 item 的操作方式有两种，分别是单击和滑动。单击则进入一个新的页面中，显示该 item 的内容；滑动则会出现对该条 item 的一些常用操作，如图 5-90 所示。

在 Android 系统中，单条 item 的操作方式也有两种，分别是单击和长按。单击则进入一个新页面中，显示该 item 的内容；长按则进入一个编辑模式，可以在该编辑模式中进行批量或其他的操作，例如删除或置顶等，有些基于 Android 系统的 APP 应用中，长按还可以弹出操作选项窗口，提供相应的操作选项，如图 5-91 所示。

图 5-90   图 5-91

3. 界面排版方式

iOS 系统中喜欢居中的排版布局方式，如图 5-92 所示。而在 Android 系统中更喜欢左对齐的排版布局方式，如图5-93所示。

图 5-92   图 5-93

4. 动态效果

iOS 系统与 Android 系统的动态效果差别不大，两者都强调模拟现实世界中的动画效果，比如物体运动有一定的加速度，动画的结束和开始速度小，中间速度大。

谷歌最新推出的 Material Design 设计语言，动态效果的变化比较大，动画效果能够实时实地地反馈用户的操作，动画在用户的单击位置开始触发，但这种设计语言还没有在 Android 系统中大范围应用。

5. 悬浮窗口

在 Android 系统中可以看到界面中的各种悬浮窗口，iOS 系统暂时还不支持这样的悬浮窗口，如图 5-94 所示为 Android 系统中的悬浮窗口效果。

6. 实体按键

使用 iOS 系统的 iPhone 手机或 iPad 平板电脑只有一个实体按键，即 Home 键，如图 5-95 所示。按一次 Home 键，可以返回到系统桌面；连续两次按 Home 键，可以调出多任务界面；在 iOS 8 系统中，轻触两次 Home 键，可以调出单手模式。

使用 Android 系统的移动设备有 4 个实体按键，目前很多 Android 系统的实体按钮被屏幕中的虚拟按键代替，但功能是一样的。如图 5-96 所示。

> 提示
>
> Android 系统的 Back 键，在多数情况下与界面中的返回功能是一致的，不过 Android 系统的 Back 键可以在多个应用界面之间切换，还可以返回到主屏幕，而 iOS 系统的 Home 键不能在多个应用之间进行直接切换。

Android
系统中的
悬浮窗口。

Home 键

多任务键
Home 键
Back 键

图 5-94   图 5-95   图 5-96

实战案例——设计 Android 系统待机界面

源文件：源文件\第 5 章\Android 系统待机界面.psd

视　频：视　频\第 5 章\Android 系统待机界面.mp4

1. 案例特点

本案例设计一款 Android 系统待机界面，在界面中只显示了关键信息和解锁功能操作
图标，非常简约，大量的留白给人一种简约、时尚的印象，整体界面给人一种简洁、明快
的感觉。

2. 设计思维过程

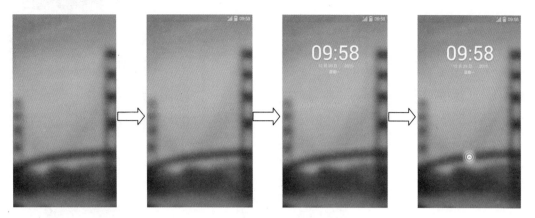

拖入素材作为手机界面的主题背景，并对背景图片进行模糊处理，增强了景深感。

在界面顶部通过绘制基本图形来实现状态栏的效果。

将当前系统时间放在界面中的显眼位置，并添加相应的图层样式，使文字更加具有质感。

通过绘制解锁图标，添加一些高光，完成手机界面的绘制。

3. 制作要点

本案例所设计的 Android 系统待机界面简洁、大方，使用精美的风景图片作为界面的背景，并对该风景图片进行模糊处理，使界面产生一定的景深感，并且能够有效突出界面中的信息内容。界面中的系统时间文字，使用大号字体进行突出表现，在界面的下方放置解锁图标，整体界面给人一种时尚和简约的感觉。

4. 配色分析

本案例所设计的 Android 系统待机界面，使用褐色作为主色调，给人一种朦胧、梦幻、时尚的感觉，在界面中搭配灰色和白色的文字图形，使整个界面给人一种清晰、时尚感。

灰色   褐色   白色

5. 制作步骤

01 执行"文件>新建"命令，弹出"新建"对话框，新建一个空白文档，如图 5-97 所示。打开并拖入素材图像"源文件\第 5 章\素材\5301.jpg"，调整到合适的大小和位置，效果如图 5-98 所示。

图 5-97

图 5-98

02 将"图层 1"转换为智能对象图层，执行"滤镜>模糊>高斯模糊"命令，弹出"高斯模糊"对话框，设置如图 5-99 所示。单击"确定"按钮，完成"高斯模糊"对话框的设置，效果如图 5-100 所示。

图 5-99

图 5-100

03 添加"曲线"调整图层，在打开的"属性"面板中对曲线进行设置，如图 5-101 所示。完成"曲线"调整图层的添加，效果如图 5-102 所示。

图 5-101

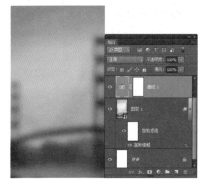

图 5-102

> **提示**
>
> 通过添加相应的调整图层来对图像进行调整处理，好处在于不会对原始图像产生破坏，而且如果需要对所设置的选项进行修改，只需要双击该调整图层，即可重新对参数进行设置，并且调整图层自带图层蒙版，可以通过对调整图层蒙版进行操作，控制需要调整的区域范围。

04 新建名称为"状态栏"的图层组，使用"矩形工具"，在画布中绘制黑色矩形，设置该图层的"不透明度"为 5%，效果如图 5-103 所示。使用"矩形工具"，设置"填充" RGB（229，220，216），"描边"为无，在画布中绘制矩形，效果如图 5-104 所示。

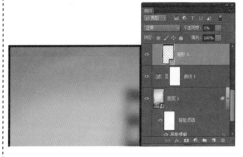

图 5-103

图 5-104

┌───┐
│ 🔲 **提示**   │
│   │
│ 　　使用 "矩形工具" 可以绘制出矩形或正方形，使用 "矩形工具"，按住【Shift】键的 │
│ 同时拖动鼠标，可以绘制出正方形。使用 "矩形工具"，在其 "选项" 栏上单击 "设置" 按 │
│ 钮，在弹出的面板中对相关选项进行设置，还可以绘制出固定大小或固定比例的矩形。 │
└───┘

05 使用 "直接选择工具"，选择矩形左上角的锚点，拖动调整该锚点的位置，效果如图 5-105 所示。使用 "矩形工具"，设置 "路径操作" 为 "减去顶层形状"，在刚绘制的图形上减去矩形，效果如图 5-106 所示。

图 5-105　　　　　　　　图 5-106

06 使用 "横排文字工具"，在 "字符" 面板上对相关选项进行设置，在画布中输入文字，如图 5-107 所示。使用 "圆角矩形工具"，设置 "填充" RGB（229，220，216），"半径" 为 3 像素，在画布中绘制圆角矩形，效果如图 5-108 所示。

图 5-107　　　　　　　　图 5-108

07 使用 "矩形工具"，设置 "路径操作" 为 "减去顶层形状"，在刚绘制的圆角矩形上减去一个矩形，效果如图 5-109 所示。使用 "圆角矩形工具"，设置 "路径操作" 为 "合并形状"，在画布中绘制圆角矩形，效果如图 5-110 所示。

图 5-109　　　　　　　　图 5-110

08 使用"矩形工具"，设置"路径操作"为"合并形状"，在画布中绘制矩形，效果如图 5-111 所示。使用"横排文字工具"，在"字符"面板中设置相关选项，在画布中输入文字，效果如图 5-112 所示。

图 5-111　　　　　　　　图 5-112

09 新建名称为"时间"的图层组，使用"横排文字工具"，在画布中输入文字，如图 5-113 所示。为文字图层添加"投影"图层样式，对相关选项进行设置，如图 5-114 所示。

图 5-113　　　　　　　　图 5-114

10 单击"确定"按钮，完成"图层样式"对话框的设置，效果如图 5-115 所示。使用"横排文字工具"，在画布中输入其他文字，并分别添加"投影"图层样式，效果如图 5-116 所示。

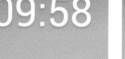

图 5-115　　　　　　　　图 5-116

11 新建名称为"解锁图标"的图层组，使用"椭圆工具"，在画布中绘制白色正圆形，效果如图 5-117 所示。使用"椭圆工具"，设置"路径操作"为"减去顶层形状"，在刚绘制的正圆形上减去正圆形，得到圆环图形，设置该图层的"填充"为 10%，效果如图 5-118 所示。

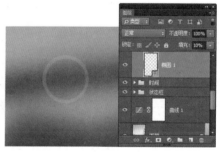

图 5-117　　　　　　　　图 5-118

12 使用相同的制作方法，完成相似图形的绘制，效果如图 5-119 所示。新建"图层 2"，使用"画笔工具"，设置"前景色"RGB（131，131，131），选择合适的笔触与大小，在画布中相应的位置进行涂抹绘制，效果如图 5-120 所示。

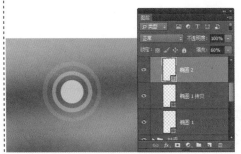

图 5-119

图 5-120

13 设置该图层的"混合模式"为"颜色减淡"，"填充"为 60%，效果如图 5-121 所示。使用"圆角矩形工具"，绘制出相应的图形，并为该图形添加"投影"图层样式，效果如图 5-122 所示。

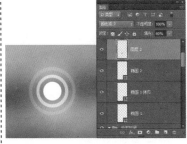
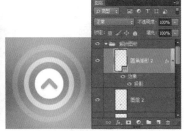

图 5-121

图 5-122

提示

"颜色减淡"是通过混合色及基色的各通道颜色值进行对比，减少二者的对比度使基色变亮来反映混合色。

14 至此，完成该 Android 系统待机界面的设计制作，最终效果如图 5-123 所示。

图 5-123

5.5 Android 系统界面的特点

　　手机不仅仅只靠外观上取胜，手机的软件系统已经成为用户直接操作和应用的主体，所以手机界面设计应该以操作快捷、美观实用为基础。

5.5.1　简约大方

手机的显示区域小，不能有太丰富的展示效果，因此 Android 系统 APP 界面的设计要求精简而不失表达能力，以实用和方便用户操作为主要原则，如图 5-124 所示。

在界面上部使用大色块背景来突出重点信息内容的显示，与界面中下半部分形成鲜明对比。界面中通过简约的图形与文字相结合，清晰地表现内容与功能，使界面看起来更加简洁、大方。

图 5-124

5.5.2　操作便捷

Android 系统 APP 界面中的交互过程不能设计得太复杂，交互步骤不能太多，尽量多设计快捷方式，这样能够有效地方便用户操作，如图 5-125 所示。

使用大面积、不同颜色的色块作为重要选项的背景，非常便于用户的识别和点击操作。

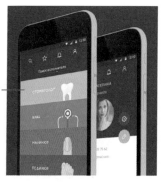

将功能操作按钮使用背景色块排列在界面的左侧，打破传统的布局方式，给用户带来新意，同样也能方便用户的操作。

图 5-125

5.5.3　通用性强

在手机操作界面中会有图标、色块、文字等内容，这些内容下方通常都会有背景图或背景颜色，在设计过程中注意手机界面元素的通用性，需要能够适用于各种不同的手机背景。不同型号的手机支持的图像格式、声音格式、动画格式不一样，需要选择尽可能通用的格式，或者对不同型号进行配置选择，如图 5-126 所示。

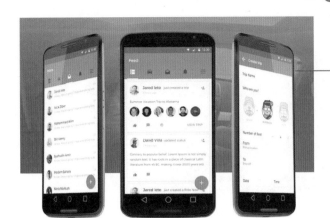

操作界面更重要的是实用，所以通用性一定要强，这样才能在不同手机格式中依然可以操作运行，做到操作界面的统一，使用户能够快速了解、熟悉操作界面。

图 5-126

5.5.4 布局合理

布局的合理性不仅仅适用于平面设计或网页设计，在手机界面设计中同样非常重要，合理的布局可以使所设计的手机界面适用于多种不同的手机型号，并且可以为用户操作提供更好的便利性。不同型号的手机屏幕大小不一致，设置形状不一致，因此需要考虑图片的自适应问题和界面元素的布局问题，如图 5-127 所示。

因为手机的尺寸有限，所以在有限的尺寸中怎样合理地布局是关键，根据不同型号的手机大小，必须考虑图片和界面元素的大小位置，通过合理的布局，达到想要的效果，从而给用户带来便捷舒适的感觉。

图 5-127

实战案例——设计 Android 系统主界面

源文件：源文件\第 5 章\Android 系统主界面.psd

视　频：视　频\第 5 章\Android 系统主界面.mp4

1. 案例特点

本案例设计 Android 系统主界面，使用风景图片作为界面的背景，在界面中整齐地排列扁平化设计的图标，使得界面效果清晰、时尚、简约。

2. 设计思维过程

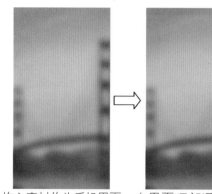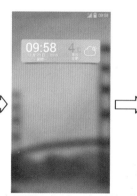

拖入素材作为手机界面的主题背景，并对背景图片进行模糊处理，增强界面景深感。

在界面顶部通过绘制基本图形来实现状态栏的效果。

在界面上部放置当前的时间和天气等信息，使文字和图标信息在背景的衬托下更加清晰。

通过绘制各种功能的图标，完成 Android 系统主界面的设计。

3. 制作要点

　　本案例所设计的 Android 系统主界面，使用经过模糊处理的风景图片作为界面的背景，使界面产生景深感，并能够有效突出界面中的内容。在界面上方使用明度较高的鲜艳色彩作为背景，突出当前系统的天气和日期等信息内容，使天气图形和信息更加清晰自然，在界面的下方依次放置一些功能的操作图标，采用类扁平化的设计风格，整体界面给人一种活泼和简约的感觉。

4. 配色分析

　　本案例所设计的 Android 系统主界面使用白色作为界面的主色调，搭配优雅时尚的蓝色作为背景，使界面中的信息文字和功能图标在背景图像的衬托下显得非常清晰，界面下方的各功能图标由不同颜色的图形构成，使图标更加精美，整个界面给人一种清晰、时尚感。

灰色	浅蓝	白色

5. 制作步骤

01 执行"文件>新建"命令，弹出"新建"对话框，新建一个空白文档，如图 5-128 所示。根据前面案例相同的制作方法，可以完成该界面背景和顶部状态的制作，效果如图 5-129 所示。

图 5-128

图 5-129

02 新建名称为"天气时间"的图层组，使用"圆角矩形工具"，设置"填充"RGB（86，189，255），"半径"为 20 像素，在画布中绘制圆角矩形，效果如图 5-130 所示。为该图层添加"渐变叠加"图层样式，对相关选项进行设置，如图 5-131 所示。

图 5-130

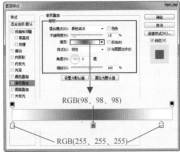

图 5-131

03 单击"确定"按钮，完成"图层样式"对话框的设置，效果如图 5-132 所示。新建"图层 2"，使用"钢笔工具"，在"选项"栏上设置"工具模式"为"路径"，在画布中绘制路径，如图 5-133 所示。

图 5-132

图 5-133

04 按【Ctrl+Enter】组合键，将路径转换为选区，为选区填充颜色 RGB（47，47，47），效果如图 5-134 所示。取消选区，执行"滤镜>模糊>高斯模糊"命令，弹出"高斯模糊"对话框，设置如图 5-135 所示。

图 5-134

图 5-135

提示

使用"钢笔工具",在"选项"栏上设置"工具模式"为"路径",即可在画布中绘制路径,完成路径的绘制后,可以单击"路径"面板上的"将路径作为选区载入"按钮,或按【Ctrl+Enter】组合键,即可将所绘制的路径转换为选区。

---

05 单击"确定"按钮,设置该图层的"不透明度"为70%,并将该图层调整到"圆角矩形2"图层下方,效果如图5-136所示。使用"横排文字工具",在"字符"面板上对相关选项进行设置,并在画布中输入文字,如图5-137所示。

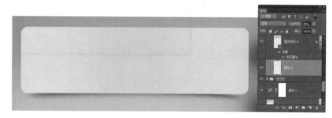

图 5-136

图 5-137

06 为该文字图层添加"投影"图层样式,对相关选项进行设置,如图5-138所示。单击"确定"按钮,完成"图层样式"对话框的设置,效果如图5-139所示。

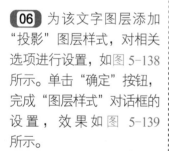

图 5-138

图 5-139

07 使用"横排文字工具",在画布中输入其他文字,并为文字添加"投影"图层样式,效果如图5-140所示。在该图层组中新建名称为"天气"的图层组,使用"椭圆工具",设置"填充"为无,"描边"为白色,"描边宽度"为5点,在画布中绘制正圆形,效果如图5-141所示。

图 5-140

图 5-141

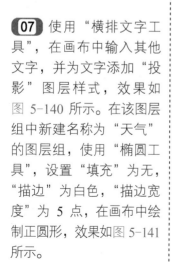

08 使用"椭圆工具"和"矩形工具",分别在画布中绘制正圆形和矩形,效果如图 5-142 所示。同时选中"椭圆 1"至"矩形 3"图层,将选中的图层合并,得到合并的路径图形效果,如图 5-143 所示。

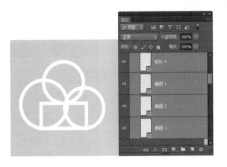

图 5-142   图 5-143

> **提示**
>
> 合并图层的快捷键为【Ctrl+E】,在只选择单个图层的情况下,按快捷键【Ctrl+E】,将与位于其下方的图层合并,合并后的图层名和颜色标志继承自其下方的图层,在选择多个图层的情况下,按快捷键【Ctrl+E】,将所有选择的图层合并为一层,合并后的图层名继承自原先位于最上方的图层,但颜色标志不能继承。

09 使用"椭圆工具",在画布中绘制正圆形,效果如图 5-144 所示。为该图层添加图层蒙版,使用"画笔工具",设置"前景色"为黑色,选择合适的笔触与大小,在蒙版中进行涂抹,效果如图 5-145 所示。

图 5-144   图 5-145

> **提示**
>
> 在图层蒙版中只可以使用黑色、白色和灰色 3 种颜色进行涂沫,黑色为遮住,白色为显示,灰色为半透明。

10 使用"圆角矩形工具",设置"半径"为 5 像素,在画布中绘制白色圆角矩形,并对其进行旋转操作,效果如图 5-146 所示。为"天气"图层组添加"投影"图层样式,对相关选项进行设置,如图 5-147 所示。

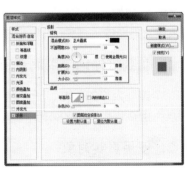

图 5-146   图 5-147

11 单击"确定"按钮，完成"图层样式"对话框的设置，效果如图 5-148 所示。根据前面介绍的图标绘制方法，可以完成主界面中应用图标的绘制，效果如图 5-149 所示。

图 5-148   图 5-149

12 至此，完成该 Android 系统手机主界面的设计制作，最终效果如图 5-150 所示。

图 5-150

5.6 Android 系统的设计原则

为了保持用户的兴趣，Android 系统用户体验设计团队制定了 3 条设计原则。在设计基于 Android 系统的界面时，应该将这 3 条原则作为设计思路。

5.6.1 美观大方的界面

无论任何形式的 UI 界面，美观大方的界面始终是吸引用户的首要条件。可以通过以下 4 点来保证界面的美观性。

1. 恰到好外地使用声音和动画

一个美观大方的界面、一个精心制作的动画，或者在操作过程中加入适当的声音提醒，都可以为用户带来良好的体验乐趣。

2. 使用真实对象

让用户直接触控和操作界面中的对象，而不是加入大量的按钮和菜单选项，如图 5-151

所示。这样可以减少用户的认知负担，同时更多地满足情感需求。

工具标签置于界面顶部，并使用与背景对比的色彩作为背景色，使用户可以清楚地辨别出界面内容。

使用弹出窗口的方式来展示功能操作选项，每个选项都使用图标与文字相结合，既增强了界面的交互效果，又能够给用户清晰的展示效果。

图 5-151

3. 个性化

年轻的用户不需要雷同的界面，他们喜欢加入自己喜欢的东西。设计师要做的就是提供尽可能实用、漂亮、有趣的、可自定义的界面，但不要妨碍主要任务的默认设置。如图 5-152 所示为个性化的操作界面。

个性化的音乐播放控制选项设计，默认隐藏在界面底部，当用户点击时，显示相应的控制操作按钮。

图 5-152

4. 记住用户的操作习惯

努力学习用户的使用习惯，跟随用户的使用行为，比一遍一遍地重复询问要好。

5.6.2 使用户操作更加简单

一款智能手机的操作方式越简单，用户花费在学习使用新软件上的时间就越短，相应地，达成目的的速度也就越快。可以通过以下 7 个方面简化用户操作。

1. 文字叙述要简洁

尽量使用简短的单词和句子，人们在看到较长的文字叙述时总是会不自觉地跳过，如图 5-153 所示。

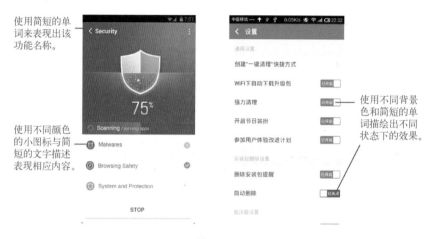

使用简短的单词来表现出该功能名称。

使用不同颜色的小图标与简短的文字描述表现相应内容。

使用不同背景色和简短的单词描绘出不同状态下的效果。

图 5-153

2. 图片比文字更好理解

比起文字，图片更能吸引用户的注意力，所以请使用图片来解释想法，如图 5-154 所示。

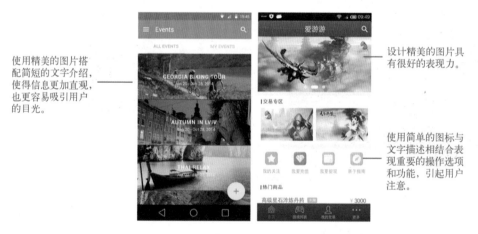

使用精美的图片搭配简短的文字介绍，使得信息更加直观，也更容易吸引用户的目光。

设计精美的图片具有很好的表现力。

使用简单的图标与文字描述相结合表现重要的操作选项和功能，引起用户注意。

图 5-154

3. 协助用户做出选择，但把决定权留给用户

尽最大努力去猜用户的想法，而不是什么都不做就去问用户。为了防止猜测是错误的，要提供后退功能，如图 5-155 所示。

当用户进行某些操作时，弹出提示对话框，对该操作的结果进行说明，让用户自己决定是否继续操作。

提供后退功能，并以统一的风格和形式放置在界面中统一的位置，从而使用户能够非常方便地返回到上一个界面中。

图 5-155

4. 只在需要的时候显示需要的内容

人们看到太多选择会不知所措，把任务和信息分割成一个个简单的、更容易操作的内容，隐藏此时不需要的操作会好很多，如图 5-156 所示。

通过纯色色块，覆盖在上面，使界面的任务和信息分割出来，使界面具有层次感。

使用半透明色块覆盖底层界面内容，突出显示当前的操作选项，使界面具有层次感，也便于用户的操作。

图 5-156

5. 让用户知道自己的位置

要让智能手机的每页看上去都有所区别，可以使用转场显示各屏之间的关系，并在任务进程中提供清晰的反馈，如图 5-157 所示。

6. 采用标准的操作流程

为了更好地区分不同的功能，可以使它们的外观区别更加明显。应该尽可能避免那些看上去样式差不多，但操作却千差万别的操作方法。

7. 只有真的重要时才打断用户

人们希望保持专注，打断总是令人沮丧的。设计者要像贴心的助手一样，帮助用户挡住不重要的信息，除非是非常重要的事情，否则不要打断用户。

使用高亮的颜色和
下画线突出表现用
户当前所在的位置，
并且能够快速进行
位置切换。

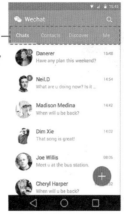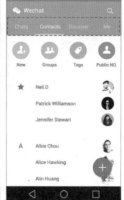

为界面设置返回
按钮，使用户能
够快速返回上一
界面。

图 5-157

5.6.3　完善的操作流程

一款 APP 的操作方式越简单，用户花费在学习使用新软件上的时间就越短，相应的，获取自己所需要信息的时间也就越短。可以通过以下 4 个方面进行完善。

1. 多使用通用的操作方式

使用其他 Android 系统 APP 已有的视觉样式和通用操作方式，能够让用户更容易学会使用所开发的 APP。

2. 温和地指出错误

如果要让用户改正，那么最好温和些。用户在使用 APP 时希望它很智能。如果出了问题，给出清晰的恢复指引比详细的技术报告更有用，如图 5-158 所示。当然，如果能在后台解决那就再好不过了。

弹出的对话框中给
出两个选择，并清
楚地介绍出不能继
续操作的原因。

弹出对话框温馨
地提示出操作错
误的原因，并给
出相应的建议，
供给用户参考。

图 5-158

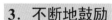

3. 不断地鼓励

将一个复杂的任务拆分成一个个的小步骤，每一步操作都要及时给出反馈，可以让用户感到自己正在一步步地接近目标。

4. 帮用户完成复杂的任务

帮助新手完成一些他们自己也没有预想能够完成的任务，这会让他们觉得自己也做得不错。例如提供照片滤镜，简单几步就能使普通的照片看上去更加漂亮，或者提供垃极清理工具，使用户都能快速清理系统中的垃圾文件，如图 5-159 所示。

在该照片拍摄界面中，通过添加螺旋线来辅助所拍摄照片的构图，非常实用，并且添加拍摄时间倒计时的功能，能够很好地方便用户的操作。

在该垃极清理界面中，使用对比色调将界面分为上下两个部分，在下半部分提供清理选项，用户单击其中一个选项后，在上半部分可以看到实时的清理结果，非常方便。

图 5-159

实战案例——设计 Android 系统音乐 APP 界面

源文件：源文件\第 4 章\Android 系统音乐 APP 界面.psd
视 频：视 频\第 4 章\Android 系统音乐 APP 界面.mp4

1. 案例特点

本案例设计一款 Android 系统音乐 APP 界面，简单个性化已经成为目标大众的诉求之一，本案例采用复古的风格设计手法，将界面设计为唱片机的形状，具有很好的识别性和质感，同样也体现了个性化的诉求。

2. 设计思维过程

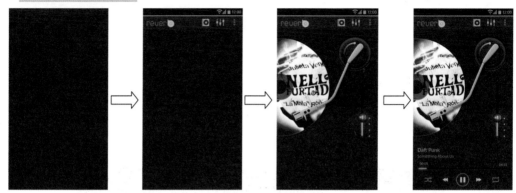

为新建的图层添加杂色，为音乐播放器界面奠定设计风格。

通过设置手机顶部的状态栏和导航栏，来增加页面的层次感和质感。

通过绘制复古的专辑图形和添加专辑素材图片，来进一步表现界面的优雅和复古感。

通过绘制界面下方菜单栏中的各功能图标和文字信息，完成该界面的设计。

3. 制作要点

本案例所设计的 Android 系统音乐 APP 界面具有强烈的怀旧复古风格，在该界面的设计制作过程中，通过为图形添加阴影、高光、图案纹理等效果，着重表现出界面的质感和层次感，而"杂色"滤镜的添加能够有效地增强界面的纹理质感，整个音乐 APP 界面表现出的精致和复古风格非常突出。

4. 配色分析

本案例所设计的 Android 系统音乐 APP 界面使用深灰色作为界面的主色调，深灰色具有怀旧、成熟的特点，作为界面的背景具有很好的衬托作用和复古风情，绿色在深灰色的背景衬托下具有很好的醒目作用，一目了然，灰色的图标配合深灰色的背景，使整个界面给人一种清晰、整洁、一目了然的印象。

深灰色　　　　绿色　　　　浅灰色

5. 制作步骤

01 执行"文件>新建"命令，弹出"新建"对话框，新建一个空白文档，如图 5-160 所示。新建"图层 1"，填充颜色为 RGB（27，27，27），执行"滤镜>杂色>添加杂色"命令，弹出"添加杂色"对话框，设置如图 5-161 所示。

图 5-160

图 5-161

02 单击 "确定" 按钮，完成 "添加杂色" 对话框的设置，效果如图 5-162 所示。新建名称为 "状态栏" 的图层组，根据前面案例的制作方法，可以完成部分内容的制作，效果如图 5-163 所示。

图 5-162

图 5-163

> **提示**
>
> 使画面具有质感的方法有很多，此处是用添加杂色的方法来实现，这种方法也是最常用的方法。

03 新建名称为 "导航栏" 的图层组，使用 "矩形工具"，设置 "填充" 为 RGB（37，37，37），在画布中绘制矩形，效果如图 5-164 所示。打开并拖入素材图像 "源文件\第 5 章\素材\5501.png"，调整到合适的大小和位置，将该图层创建剪贴蒙版，设置该图层的 "混合模式" 为 "柔光"，"不透明度" 为 20%，效果如图 5-165 所示。

图 5-164

图 5-165

04 使用 "矩形工具"，设置 "填充" 为 RGB（111，201，103），在画布中绘制矩形，效果如图 5-166 所示。打开并拖入素材图像 "源文件\第 5 章\素材\5502.png"，效果如图 5-167 所示。

图 5-166

图 5-167

05 使用"圆角矩形工具",设置"填充"为RGB（146，146，146），"半径"为 2 像素,在画布中绘制圆角矩形,效果如图 5-168 所示。使用"矩形工具",设置"路径操作"为"减去顶层形状",在刚绘制的圆角矩形上减去一个矩形,效果如图 5-169 所示。

图 5-168

图 5-169

06 使用"椭圆工具",设置"路径操作"为"减去顶层形状",在图形上减去一个正圆形,效果如图 5-170所示。继续使用"椭圆工具",设置"填充"RGB（146，146，146），"路径操作"为"合并形状",在图形中添加一个正圆形,效果如图 5-171 所示。

图 5-170

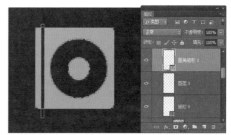

图 5-171

07 使用相同的制作方法,可以完成相似按钮图标的绘制,效果如图 5-172所示。新建名称为"专辑"的图层组,使用"椭圆工具",设置"填充"为RGB（0，82，155），在画布中绘制正圆形,效果如图 5-173 所示。

图 5-172

图 5-173

08 使用"椭圆工具"和"矩形工具",设置"路径操作"为"减去顶层形状",分别在刚绘制的正圆形上减去一个正圆形和一个矩形,得到需要的图形,效果如图 5-174 所示。为该图层添加"内发光"图层样式,对相关选项进行设置,如图 5-175 所示。

图 5-174

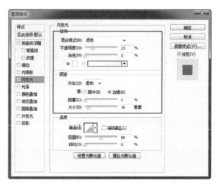

图 5-175

09 继续添加"投影"图层样式,对相关选项进行设置,如图 5-176 所示。单击"确定"按钮,完成"图层样式"对话框的设置,将该图形向左移至合适的位置,效果如图 5-177 所示。

图 5-176

图 5-177

10 打开并拖入素材图像"源文件\第 5 章\素材\5503.jpt",将该图层创建剪贴蒙版,效果如图 5-178 所示。使用"椭圆工具",绘制出两个圆环图形,设置"椭圆 2"图层的"不透明度"为 70%,效果如图 5-179 所示。

图 5-178

图 5-179

📦 **提示** ●

此处制作圆环的方法有两种,一是先绘制正圆形,"路径操作"为"减去顶层形状",减去一个正圆形。二是设置"填充"为无,设置"描边",绘制正圆形。

---

11 为"椭圆 3"图层添加"渐变叠加"图层样式,对相关选项进行设置,如图 5-180 所示。单击"确定"按钮,完成"图层样式"对话框的设置,设置该图层的"填充"为 0%,效果如图 5-181 所示。

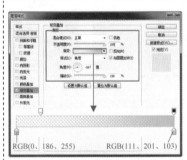

RGB(0、186、255)   RGB(111、201、103)

图 5-180

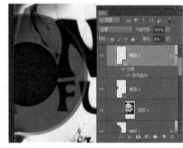

图 5-181

12 在"专辑"图层组中新建名称为"指针"的图层组,使用"椭圆工具",在画布中绘制黑色正圆形,效果如图 5-182 所示。为该图层添加"内阴影"图层样式,对相关选项进行设置,如图 5-183 所示。

图 5-182

图 5-183

13 继续添加"投影"图层样式，对相关选项进行设置，如图 5-184 所示。单击"确定"按钮，完成"图层样式"对话框的设置，效果如图 5-185 所示。

图 5-184　　　　　　　　图 5-185

14 复制"椭圆 4"得到"椭圆 4 复制"图层，清除该图层的图层样式，修改复制得到图形的填充颜色为 RGB（35，35，35），并将其等比例缩小，效果如图 5-186 所示。为该图层添加"渐变叠加"图层样式，对相关选项进行设置，如图 5-187 所示。

图 5-186　　　　　　　　图 5-187

15 单击"确定"按钮，完成"图层样式"对话框的设置，效果如图 5-188 所示。使用"椭圆工具"，在画布中绘制圆环图形，并为该图层添加"内阴影"和"投影"图层样式，效果如图 5-189 所示。

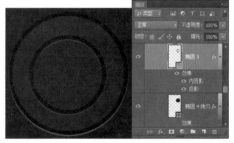

图 5-188　　　　　　　　图 5-189

16 复制"椭圆 5"得到"椭圆 5 复制"图层，清除该图层的图层样式，修改复制得到图形的填充颜色为 RGB（0，186，255），效果如图 5-190 所示。使用"椭圆工具"，设置"路径操作"为"合并形状"，在图形中添加一个正圆形，效果如图 5-191 所示。

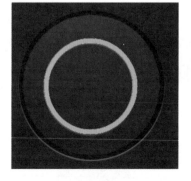
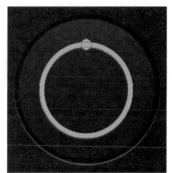

图 5-190　　　　　　　　图 5-191

17 为该图层添加"渐变叠加"图层样式,对相关选项进行设置,如图5-192所示。单击"确定"按钮,完成"图层样式"对话框的设置,设置该图层的"填充"为0%,效果如图5-193所示。

图 5-192　　　　　　　　图 5-193

18 使用相同的制作方法,可以绘制出其他相似的圆形,增强该部分图形的质感,效果如图5-194所示。使用"钢笔工具",设置"工具模式"为"形状",在画布中绘制白色形状图形,效果如图5-195所示。

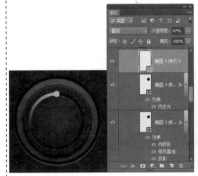

图 5-194　　　　　　　　图 5-195

> **提示**
>
> Photoshop 中的钢笔和形状等矢量绘图工具可以创建出不同类型的对象,其中包括形状图层、工作路径和像素图像。在工具箱中选择矢量绘图工具后,在"选项"栏上的"工具模式"下拉列表中包含3种绘图模式,分别是"形状""路径"和"像素",选择相应的绘图模式,即可在画布中进行绘图。

19 打开素材图像"源文件\第5章\素材\5504.png",效果如图5-196所示。执行"编辑>定义图案"命令,弹出"图案名称"对话框,设置如图5-197所示。

图 5-196　　　　　　　　图 5-197

20 单击"确定"按
钮，将该素材定义为图
案。返回设计文档中，为
"形状 3"图层添加"斜面
和浮雕"图层样式，对相关
选项进行设置，如图 5-198
所示。继续添加"内阴
影"图层样式，对相关选
项进行设置，如图 5-199
所示。

图 5-198　　　　　　图 5-199

提示

　　"等高线"与"纹理"是单独对"斜面和浮雕"进行设置的样式，通过"等高线"
选项可以勾画在浮雕处理中被遮住的起伏、凹陷和凸起，单击"等高线"选项右侧的下
三角按钮，可以在显示的下拉面板中选择一个预设的等高线样式。通过"纹理"选项，
则可以为图像添加纹理。

21 继续添加"内发
光"图层样式，对相关选
项进行设置，如图 5-200
所示。继续添加"颜色叠
加"图层样式，对相关选
项进行设置，如图 5-201
所示。

图 5-200　　　　　　图 5-201

22 继续添加"渐变叠
加"图层样式，对相关选
项进行设置，如图 5-202
所示。继续添加"图案叠
加"图层样式，对相关选
项进行设置，如图 5-203
所示。

图 5-202　　　　　　图 5-203

23 继续添加"投影"图层样式，对相关选项进行设置，如图 5-204 所示。单击"确定"按钮，完成"图层样式"对话框的设置，效果如图 5-205 所示。

图 5-204

图 5-205

24 使用"钢笔工具"，可以完成其他图形的绘制，并分别添加相应的图层样式，效果如图 5-206 所示。新建名称为"音量"的图层组，使用"圆角矩形工具"，设置"填充"为 RGB（10，10，10），"半径"为 10 像素，在画布中绘制圆角矩形，效果如图 5-207 所示。

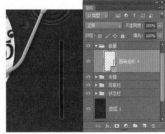

图 5-206

图 5-207

25 为"圆角矩形 4"图层添加"投影"图层样式，效果如图 5-208 所示。复制"圆角矩形 4"得到"圆角矩形 4 复制"图层，清除该图层的图层样式，修改复制得到图形的填充颜色为 RGB（108，197，102），并将其调整到合适的大小和位置，效果如图 5-209 所示。

图 5-208

图 5-209

26 为该图层添加"内发光"图层样式，对相关选项进行设置，如图 5-210 所示。继续添加"外发光"图层样式，对相关选项进行设置，如图 5-211 所示。

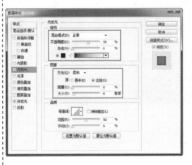

图 5-210

图 5-211

提示

通过添加"外发光"图层样式可以为图层添加指定颜色或渐变颜色的发光效果，从而丰富图形的表现效果。

27 单击"确定"按钮，完成"图层样式"对话框的设置，效果如图 5-212 所示。使用"椭圆工具"，在画布中绘制正圆形，并为其添加相应的图层样式，效果如图 5-213 所示。

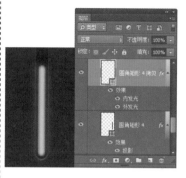

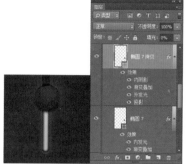

图 5-212

图 5-213

28 使用"圆角矩形工具"，设置"填充"为 RGB（108，197，102），"半径"为 3 像素，在画布中绘制圆角矩形，打开"属性"面板，对圆角矩形属性进行设置，效果如图 5-214 所示。使用相同的制作方法，可以完成相似图形的绘制，并添加相应的图层样式，效果如图 5-215 所示。

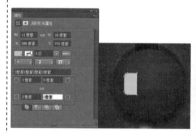

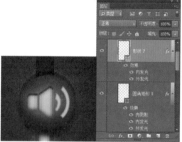

图 5-214

图 5-215

29 在"音量"图层组中新建名称为"强度"的图层组，使用"椭圆工具"，在画布中绘制正圆形，并添加相应的图层样式，可以完成该部分图形的绘制，效果如图 5-216 所示。新建名称为"播放控制"的图层组，使用相同的制作方法，可以完成相似内容的制作，效果如图 5-217 所示。

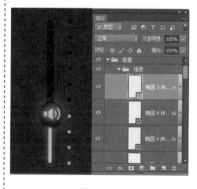

图 5-216

图 5-217

30 使用"钢笔工具",设置"工具模式"为"形状",在画布中绘制白色的形状图形,如图 5-218 所示。使用"路径选择工具",选中刚绘制的路径图形,复制并原位粘贴该路径图形,将复制得到的图形垂直翻转,调整到合适的位置,效果如图 5-219 所示。

图 5-218 图 5-219

31 为"形状 8"图层添加相应的图层样式,设置该图层的"填充"为 27%,效果如图 5-220 所示。使用相同的制作方法,可以完成其他播放控制图标的绘制,效果如图 5-221 所示。

图 5-220 图 5-221

32 至此,完成该 Android 系统音乐 APP 界面的设计制作,最终效果如图 5-222 所示。

图 5-222

5.7 本章小结

Android 系统赋予了成千上万的手机、平板电脑和其他设备动力,它们包含了各种各样的屏幕大小和构成元素。本章主要介绍了有关 Android 系统界面设计的相关知识,使读者能够对 Android 系统界面设计有更深入的认识,并通过多个案例的制作讲解,使读者能够掌握 Android 系统界面设计的方法,从而设计出精美实用的 Android 系统界面。

第6章

Windows Phone 系统界面设计

    Windows Phone 是微软发布的一款手机操作系统，它将微软旗下的 Xbox Live 游戏、Xbox Music 音乐与独特的视频体验整合至手机中。2010 年 10 月 11 日，微软公司正式发布了智能手机操作系统 Windows Phone，同时与谷歌公司的 Android 系统和苹果公司的 iOS 系统竞争手机市场。本章将向读者介绍有关 Windows Phone 系统的相关知识，并通过案例的制作讲解，使读者掌握基于 Windows Phone 系统界面的设计方法和技巧。

精彩案例：

- 设计 Windows Phone 系统待机界面。
- 设计 Windows Phone 系统主界面。
- 设计 Windows Phone 系统音乐播放界面。
- 设计 Windows Phone 平板界面。
- 设计全景视图。
- 设计桌球手机游戏界面。

6.1 了解 Windows Phone 系统

Windows Phone 是微软发布的一款手机操作系统，Window Phone 系统的应用程序始终贯彻 3 条原则：个人化、关联性和连接性，提倡创造个人化的、人性化的应用，用它们来展示用户认识的人、想去的地方，或者让用户轻松共享线上和线下的信息，减轻那些忙于私人和工作事务的用户的负担。

6.1.1 Windows Phone 系统概述

2012 年 6 月 21 日，微软正式发布 Windows Phone 8。Windows Phone 8 是 Windows Phone 系统的最新版本，也是 Windows Phone 的第三个大型版本，它采用和 Windows 8 相同的 Windows NT 内核，并内置诺基亚地图。如图 6-1 所示为使用 Windows Phone 8 操作系统的智能手机。

图 6-1

Windows Phone 具有桌面定制、图标拖曳、滑动控制一系列前卫的操作体验。其主屏幕通过提供类似仪表盘的体验来显示新的电子邮件、短信、未接电话、日历约会等，让用户对重要信息保持时刻更新，如图 6-2 所示。

图 6-2

6.1.2　Windows Phone 系统的发展

1. Windows Phone 7.0

2010 年 10 月 11 日，微软公司发布 Windows Phone 系统的第一个版本——Windows Phone 7.0，正式进入移动智能手机市场。

2. Windows Phone 7.1

2011 年 3 月 23 日，微软公司发布 Windows Phone 小更新版本——Windows Phone 7.1，主要的更新有以下几个方面。

1）增加复制/粘贴功能。

2）新增了对高通 7×30 芯片的支持。

3）新增对 CDMA 网络的支持。

4）对系统进行优化，提高应用程序和游戏的启动速度。

5）改善 Bing 搜索和应用市场搜索。

6）可以使用电子邮件共享 APP 下载链接。

7）完善 WiFi、Outlook、短信、Facebook、照相机软件和音频等。

3. Windows Phone 7.5

2011 年 9 月 27 日，微软公司发布了 Windows Phone 系统的重大更新版本——Windows Phone 7.5，首度支持简体中文与繁体中文。主要的更新有以下几个方面。

1）整合群组和聊天客户端。

2）提供开发者应用程序和 Bing 搜索引擎的整合接口。

3）增加文本转换成语音功能。

4）集成新的 IE 9 浏览器。

5）提供开发者应用程序多任务处理接口。

6）提供开发者活动磁贴接口。

7）支持自定义铃声。

8）支持视频聊天。

9）降低系统对硬件的要求，支持 120 种语言，改善多媒体短信传送功能。

4. Windows Phone 8

2012 年 6 月 21 日，微软公司发布了全新的重大更新版本 Windows Phone 8，主要更新有以下几个方面。

1）Windows Phone 8 与 Windows 8 共享内核。

2）开放原生代码，支持 Direct3D 硬件加速。

3）内置 IE 10 移动浏览器。

4）内置诺基亚地图，新增 NFC 功能，支持移动支付。

5）支持多核处理器/高分辨率屏幕。

6）全新的 UI 界面。

7）支持 microSD 卡扩充容量，内置 Skype。

8）增强商务与企业功能。

9）多款热门游戏登录 Windows Phone 8 平台。

10）新增儿童内容锁。

11）新增私密分享圈。

12）新增数据压缩功能。

5. Windows Phone 10

Windows Phone 10 是微软公司于 2014 年开始研发的新一代移动操作系统，将作为 Windows 10 的基础，包括 PC 桌面、平板电脑、智能手机甚至服务器都会使用相同的应用商店。Windows Phone 10 已经被改名为 Windows 10 Mobile，属于 Windows 10 中的一个分支，相信在不久的将来就能够领略到 Windows 10 Mobile 的风采。

6.1.3 Windows Phone 系统的特点

Windows Phone 引入了一种新的界面设计语言——Metro，2012 年 8 月更名为 Modern，该设计风格也是 Windows 8 操作系统的显示风格。Modern 设计风格强调使用简洁的图形、配色和文字描述功能，使用极具动态性的动画来增强用户体验。有关 Windows Phone 系统的特点介绍如下。

1. 创意动态磁贴

动态磁贴是出现在 Windows Phone 系统中的一个新概念，应用在系统主界面的表现形式，可以是静态或动态的。Modern 设计风格的界面是长方形的功能组合方块，用户可以轻轻滑动这些方块，不断向下查看不同的功能，这也是 Windows Phone 系统的招牌设计。

Windows Phone 系统的 Modern UI 界面与 iOS 和 Android 系统界面的最大区别在于：iOS 和 Android 系统界面都是以应用图标为主要呈现对象，而 Modern UI 界面强调的是信息本身，而不是装饰性的元素，显示一个界面元素的主要作用是为了提示用户"这里有更多的信息"，如图 6-3 所示为 Windows Phone 系统主界面中的磁贴效果。

图 6-3

2. 实用的中文输入法

Windows Phone 系统的中文输入法继承了英文版软件键盘的自适应能力，可以根据用户的输入习惯自动调整触摸识别的位置，如果用户打字时总是偏左，那么所有键的实际触摸位置就会稍微往左挪一些，反之亦然。

Windows Phone 系统的自带词库非常丰富，各种网络流行词和方言化词汇应有尽有。更值得一提的是，在系统自带的中文输入法中，用户不需要输入任何东西就可以选择"好""嗯""你""我""在"等常用词汇。

Windows Phone 系统的输入法包括全键盘、九宫格、手写 3 种模式，现在的输入法已经能够支持五笔输入了，如图 6-4 所示为 Windows Phone 系统的输入键盘。

图 6-4

3. 强大的"人脉"

"人脉"是 Windows Phone 系统一项很特别的设置，也是体现 Windows Phone 注重增强人与人之间交流性的手段。"人脉"的基本功能相当于传统意义上的"联系人"，只不过功能强化了不少，附带各种社交更新，还能够实时同步到云端。"人脉"引入了联系人分组的概念，除了常规的功能之外，分组在人性化方面也很值得一提，比如自带的 Family（家人）分组，里面默认是空的，并且自动选取联系人中所有与用户同姓的，建议加入该组。如图 6-5 所示为 Windows Phone 系统的"人脉"。

图 6-5

4. 同步管理

Windows Phone 系统的文件管理方式类似于 iOS 系统，可以通过一款名为 Zune 的软件对系统中的文件进行同步管理。用户可以通过 Zune 为手机更新、下载应用软件和游戏，还可以在计算机和手机之间同步音乐、图片和视频等。

5. 语言支持

2010 年 2 月刚发布 Windows Phone 系统时只支持 5 种语言：英语、法语、意大利语、德语和西班牙语，现在 Windows Phone 系统已经支持 125 种语言的更新了。Windows Phone 系统的应用商店在 200 个国家和地区允许购买和销售 APP，包括澳大利亚、奥地利、比利时、加拿大、法国、德国、印度、爱尔兰、意大利、瑞士、英国和美国等。

 提示

最新版的 Windows Phone 8 系统中增加了儿童模式，家长可以根据儿童的需要划定一个包含固定内容的区域，防止儿童看到不良信息或误发信息。

6.1.4 Windows Phone 系统的基本组件

Windows Phone 系统的组件有几个来源，和传统的桌面应用程序开发或 Web 开发一样，有默认提供的组件和第三方开发者开发的第三方组件，用户可以直接从网络上下载微软提供的默认组件样式。如图 6-6 所示为 Windows Phone 系统的部分组件效果。

图 6-6

实战案例——设计 Windows Phone 系统待机界面

源文件：源文件\第 6 章\Windows Phone 系统待机界面.psd
视　频：视　频\第 6 章\Windows Phone 系统待机界面.mp4

视　频: 视　频\第6章\Windows系统手机待机界面.mp4

1. 案例特点

本案例设计 Windows Phone 系统手机的待机界面，运用风景素材图像作为界面背景，搭配简洁的图标和文字构成非常简约的界面，整体界面非常简洁、大方。

2. 设计思维过程

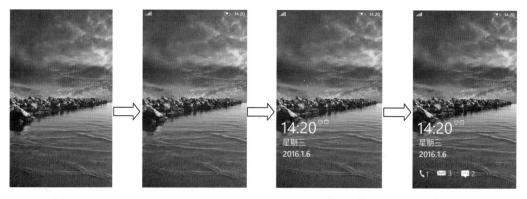

使用图像素材作为待机界面的背景，色彩对比强烈，炫丽优雅。

界面顶部放置状态栏，通过基本图形来表现状态栏中的图标。

使用大号字体在界面中表现当前的系统时间和日期。

绘制相应的功能图标，给用户以很好的提示作用。

3. 制作要点

本案例所设计的 Windows Phone 系统待机界面非常简约、大方，使用素材图像作为界面的背景，在界面的上方通过绘制状态栏，增加界面的层次感，下方则是使用大字体和功能图标展示当前的时间信息和功能，整个界面给人一种炫丽、简洁的印象。

4. 配色分析

本案例所设计的 Windows Phone 系统待机界面使用素材图像作为界面的背景，在界面中搭配白色的功能图标和文字信息，在背景图像的衬托下显得非常清晰、醒目、简洁。

深蓝色　　　　　橙色　　　　　白色

5. 制作步骤

01 执行"文件>新建"命令，弹出"新建"对话框，新建一个空白文档，如图 6-7 所示。打开并拖入素材图像"源文件\第 6 章\素材\6101.jpg"，效果如图 6-8 所示。

图 6-7

图 6-8

02 新建名称为"状态栏"的图层组，使用"矩形工具"，在画布中绘制白色矩形，如图 6-9 所示。使用"路径选择工具"，选择刚绘制的矩形路径，按住【Alt】键，拖动复制矩形，将复制得到的矩形调整到合适的大小和位置，效果如图 6-10 所示。

图 6-9

图 6-10

03 使用相同的制作方法，完成信号格图形的绘制，效果如图 6-11 所示。使用"矩形工具"，在画布中绘制白色矩形，效果如图 6-12 所示。

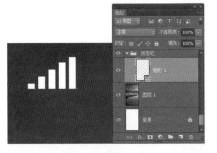

图 6-11

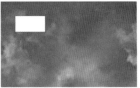

图 6-12

04 使用"矩形工具"，设置"路径操作"为"减去顶层形状"，在刚绘制的矩形上减去一个矩形，效果如图 6-13 所示。使用"矩形工具"，在矩形框图形上再减去两个矩形，效果如图 6-14 所示。

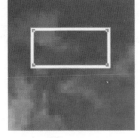

图 6-13

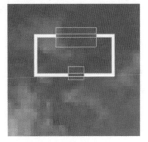

图 6-14

05 使用"矩形工具"，
设置"路径操作"为"合
并形状"，在画布中绘制
矩形，效果如图6-15所
示。使用"圆角矩形工
具"，设置"半径"为3
像素，在画布中绘制圆角
矩形，打开"属性"面
板，对相关选项进行设
置，效果如图6-16所示。

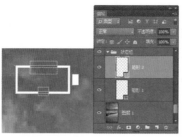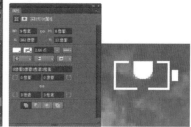

图6-15　　　　　　图6-16

💡 提示 ●

　　绘制完图形后会弹出"属性"面板，可以在"属性"面板中直接设置相关属性，这
里可以设置圆角矩形的左上角和右上角的圆角值。

---

06 使用"矩形工具"，
设置"路径操作"为"合
并形状"，在画布中绘制3
个矩形，电池图标的绘制
效果如图6-17所示。使
用"横排文字工具"，在
"字符"面板上对相关选
项进行设置，在画布中输
入文字，效果如图6-18
所示。

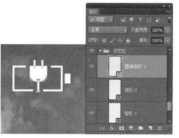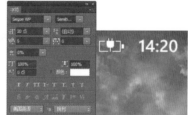

图6-17　　　　　　图6-18

07 使用"横排文字工
具"，在画布中输入文
字，效果如图6-19所
示。使用"椭圆工具"，
设置"填充"为无，"描
边"为白色，"描边宽
度"为2点，在画布中绘
制白色正圆形，效果如
图6-20所示。

图6-19　　　　　　图6-20

08 使用"直线工具"，设置"填充"为白色，"描边"为无，"粗细"为 1 像素，在画布中绘制两条直线，效果如图 6-21 所示。使用相同的制作方法，完成该闹钟图标的绘制，效果如图 6-22 所示。

图 6-21　　　　　　　图 6-22

09 使用矢量绘图工具，绘制相应的基本图形，并通过图形的加减操作，完成事件备忘图标的绘制，效果如图 6-23 所示。使用相同的制作方法，在界面下方绘制出相应的图标并输入文字，效果如图 6-24 所示。

图 6-23　　　　　　　图 6-24

10 至此，完成该 Windows Phone 系统待机界面的设计制作，最终效果如图 6-25 所示。

图 6-25

6.2 认识 Windows Phone 手机 UI 界面

如同手机的外观一样，用户在看到一款系统时，最先接触到的就是 UI（用户界面），界面的设计会直接影响用户对于整个系统的兴趣。

微软在 Windows Phone 7（简称 WP7）系统、Windows Phone 8（简称 WP8）系统、XBox360 主机、软件应用及网站页面的设计中都使用了 Metro UI 界面，而且通过对 Metro

风格的合理利用，它们之间的交互也越来越频繁。

6.2.1　Windows Phone 7 手机界面

下面就从 Windows Phone 7 手机系统开始，来看看 Metro UI 给用户带来了什么样的变化。其实从 Windows Phone 7 时期开始，微软手机操作系统的 Metro UI 界面就一直饱受争议，用户对它褒贬不一。喜欢它的用户会觉得这是一种创新，不喜欢的人会认为微软在偷懒，弄几个方块来糊弄大家。其实这正是 Metro UI 的独特之处，对于已经同质化的小图标和圆形图标来说，简单的大方块标签会有一种更强烈的视觉冲击力，如图 6-26 所示。

简约的色彩方块背景是 Windows Phone 系统最大的特点。

Windows Phone 7 系统界面的右侧有一块留白区域。

图 6-26

Windows Phone 7 系统的特性相比其他移动操作系统来说是颠覆性的。Metro UI 可能现在是不完美的，但是它的方向一定是对的。由于该软件对 Windows Phone 7 手机的硬件设置了一个处理器主频不低于 1.0GHz 和内存不少于 512MB 的限制，这样一来便保证了系统运行的流畅，同时大大的图标和醒目的文字使操作更为精准明确。

Windows Phone 7 系统还有一个非常值得称赞的地方，就是它通过全景视图和数轴视图把之前复杂的分级菜单和烦琐界面切换功能化繁为简，用户只需要在屏幕上左右滑动就可以在同一应用的不同界面之间进行切换，当然不足的一点就是这个切换过程必须是按照指定的顺序来进行，如图 6-27 所示。至于分级菜单，微软通过字体大小的调整和位置的摆放使得它们可以在一个界面同时出现而没有丝毫的突兀感，如图 6-28 所示。

在屏幕中水平左右滑动即可切换不同的界面。

通过不同的字号来表现不同级的菜单项。

图 6-27　　　　　　　　　　　　　　图 6-28

6.2.2　Windows Phone 8 手机界面

Windows Phone 8 系统延续了上一代微软件手机系统的整体界面风格，不过在细节处有了很多创新的变化。

1）"悬浮瓷贴"的尺寸分为大、中、小 3 种，其中最小号的只有之前标准"瓷贴"的四分之一，这一变化也使得在界面中可以放置更多的应用。

2）每块"瓷贴"的颜色都可以进行自定义，这在 Windows Phone 7 系统中是无法实现的，所有的"瓷贴"颜色保持一致，有碍用户的个性化选择，而现在用户则可以根据自己的喜好来改变颜色。

3）在 Windows Phone 8 系统界面中，原本右侧的留白也被填满，空间得到了完美利用。

以上这些改变大体解决了 Windows Phone 7 系统中因为应用过多，导致界面过长的弊端，但却有点治标不治本的味道，毕竟它没有文件夹简单。

单从界面来说，Metro UI 确实有些"简陋"，但这毕竟是微软的一种创新。Metro UI 讲究的就是用户自主动手，将图标排列组合，以实现个性化的目的。另外，Windows Phone 8 系统界面上那些看似简单的小方块更将这种自主性放大，同样一台 Windows Phone 8 手机，不同的用户会有不同的图标摆放方式，再加上颜色的变化，很容易就可以打造出一个属于自己的定制界面，如图 6-29 所示。

图 6-29

> **提示**
>
> Windows Phone 8 支持多核处理器，这就让搭载 Windows Phone 8 的设备能够获得更好的运行效果。Windows Phone 8 系统在界面上还强调了简洁为主，系统菜单的操作很简单，能快速找到相关设置选项。经过不断改进，Windows Phone 8 系统内部加入了很多新的功能，如儿童园地、NFC 功能等。此外，在所有 Windows Phone 8 机型中也都加入了微软自家的 Sky Drive 云服务，可以将手机中的资料上传备份到云端。

6.2.3 Windows Phone 8 系统的新功能

Windows Phone 8 是微软最新的移动操作系统，相对于上一代 Windows Phone 7.5，它提供了一些重要的新功能。下面介绍 Window Phone 8 系统的新功能。

1. APP 应用商店

Windows Phone 8 系统拥有超过 17 万个 APP 应用，并且数量还在不断增加中，如图 6-30 所示。最重要的是，每一款应用都经过微软公司的测试和鉴定，不存在 Android 系统平台上的应用安全风险，可以放心下载。另外，与 iOS 或者 Android 系统不同的是，Windows Phone 系统中的大部分付费应用大多数都可以在购买前试用。目前来看，已经有不少开发者正向 Windows Phone 8 平台迁移，在 Windows Phone 8 发布很短的时间内，应用商店中 APP 应用的数量已经增长了 2 万多，共有 46 款排名在前 50 的 iOS 系统和 Android 系统流行 APP 应用被同样移植到了 Windows Phone 8 平台。

Windows Phone 8 应用商店界面采用了滑动式的操作方式，如图 6-31 所示。应用商店针对不同的软件进行了分类，包括热门付费/免费、最高评分、特别推荐等，同时将游戏单独设置在 Xbox 中也是为了让用户可以更好地找到自己所需要的内容。

图 6-30

图 6-31

2. "开始"界面实时更新

当用户首次启动 Windows Phone 8 系统的智能手机时，首先映入眼帘的便是全新改进版开始界面。Windows Phone 8 操作系统采用 Modern 风格界面，并提供 3 种尺寸的"瓷贴"模块，如图 6-32 所示。这种 Modern 风格界面使主屏幕更加充实，可以安装更多的应用图标，是 Windows Phone 8 在视觉上最显著的变化。

在 Windows Phone 系统界面中，用户可以自定义不同尺寸大小和颜色的"磁贴"，从而创造出个性的自定义系统界面。

图 6-32

动态应用是 Windows Phone 8 独有的功能，无论是 iOS 系统还是 Android 系统，最新动态、消息只能单击进行查看，但 Windows Phone 8 不需要单击进入应用程序，就能在"开始"界面上非常直观地看到动态的信息及资讯，非常方便。动态应用程序把用户想了解的信息一目了然地展示在"开始"界面中。例如当天的新闻热点、航班信息或天气情况等。因此，用户无须再动手搜索那些重要信息。动态应用支持用户定制属于自己的应用界面，对于经常使用的应用，可以通过屏幕直接获取信息，方便快捷，解决了以往信息获取效率低的难题。

3．人性化的锁屏功能

人性化的锁屏功能也是 Windows Phone 8 系统的一大亮点，用户可以根据需要在锁屏界面中显示应用程序的通知和一条额外的详细信息，如图 6-33 所示。当用户将电子邮件、Facebook 或 Skype 这类应用设置可以显示到锁屏界面时，界面上会出现应用的实时消息和未读邮件数量，并且锁屏界面还会显示日历和即将发生的事件项。

在锁屏界面中依然能够实时查看收到的消息数量，非常方便、实用。

图 6-33

6.2.4 Windows Phone 界面的设计理念

Windows Phone 系统的界面设计基于 Modern 风格，它的设计和字体灵感来源于机场和地铁的指示系统所使用的视觉语言。Modern 风格的界面设计兼备功能性、和谐性和美观性，能够给用户带来愉快的操作体验。

Windows Phone 界面的设计遵循了以下 5 个原则。

1. 干净、开放、快速

Windows Phone 系统界面设计充分应用留白，在界面中减少各种非必要的装饰性元素，从而更加有效地突出信息内容主体，如图 6-34 所示。

2. 可调内容，而不是质感

Windows Phone 系统界面的设计更加强调用户关心的内容，并且将应用功能描述得尽可能简单易懂，如图 6-35 所示。

纯色块搭配简约图标，没有使用任何装饰性图形，使得界面表现非常简洁，内容非常突出。

图 6-34

界面中的内容可以任意搭配，非常自由，并且相关内容搭配简单的文字说明，很直观。

图 6-35

3. 多用快捷方式

将硬件与软件整合，创造出一种无缝的用户体验，例如一键搜索、开始、返回和照相机，以及其他搭载的整合感应器。

4. 精美的过渡动画

Windows Phone 系统的触摸和操作手势和 Windows 桌面操作系统的体验是一致的，包含了硬件加速的动画效果，以增强每一处细节的操作体验。

5. 生动、有灵魂

为用户关注的内容注入个人化、自动更新的观念，以此整合 Zune 媒体播放器的体验，为用户带来更加便捷和个性化的图像和视频体验，如图 6-36 所示。

图 6-36

 实战案例——设计 Windows Phone 系统主界面

● 源文件：源文件\第 6 章\Windows Phone 系统主界面.psd

● 视 频：视 频\第 6 章\Windows Phone 系统主界面.mp4

1. 案例特点

本案例设计一款 Windows Phone 系统主界面，使用黑色作为界面的背景，在界面中排列大小尺寸不一的功能磁贴，界面中的功能区域划分明显，整体风格统一，给人一种整洁、清晰的印象。

2. 设计思维过程

使用黑色的背景，搭配白色的文字和图标，使得界面中的内容清晰醒目。

通过绘制纯色背景的磁贴，搭配简约图标，使得界面具有层次感。

设计不同表现形式的磁贴效果，但需要注意磁贴的大小和间距。

使用相同的制作方法，完成该 Windows Phone 系统主界面的制作。

3. 制作要点

本案例所设计的 Windows Phone 系统主界面非常简约、大方，在黑色的背景上搭配不同尺寸的纯色矩形磁贴背景，在各磁贴背景中搭配白色的简约图标，使得界面的区域整齐划分，并且各磁贴的间距统一，整个界面给人一种条理清晰、简洁的印象。

4. 配色分析

本案例所设计的 Windows Phone 系统手机主界面使用不同颜色作为功能磁贴的背景色，青色和深蓝色是明度较低的颜色，给人一种清爽、舒适的感受，在纯色背景下，搭配白色简约图标，使得图标更加醒目，整个界面简洁、大方。

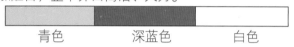

| 青色 | 深蓝色 | 白色 |

5. 制作步骤

01 执行"文件>新建"命令，弹出"新建"对话框，新建一个空白文档，如图 6-37 所示。为画布填充黑色，根据前面案例相同的制作方法，可以完成顶部状态栏的制作，效果如图 6-38 所示。

图 6-37　　　　　　　　图 6-38

02 按【Ctrl+R】组合键，显示文档标尺，从标尺中拖出参考线，定位界面中各"磁贴"的位置，如图 6-39 所示。使用"矩形工具"，设置"填充"为RGB（95，205，203），在画布中绘制矩形，效果如图 6-40 所示。

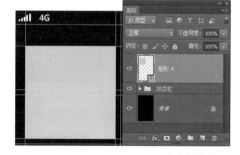

图 6-39　　　　　　　　图 6-40

03 复制"矩形 4"图层得到"矩形 4 复制"图层，将复制得到的图形调整到合适的大小和位置，效果如图 6-41 所示。将"矩形 4 复制"图层复制多次，并分别调整到不同的位置，并修改相应矩形的颜色，效果如图 6-42 所示。

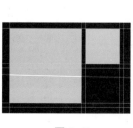
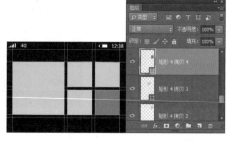

图 6-41　　　　　　　　图 6-42

04 新建名称为"图标1"的图层组,使用"钢笔工具",设置"工具模式"为"形状",在画布中绘制白色形状图形,效果如图 6-43 所示。使用"横排文字工具",在"字符"面板上对相关选项进行设置,在画布中输入文字,如图 6-44 所示。

图 6-43

图 6-44

05 使用"椭圆工具",设置"填充"为无,"描边"为白色,"描边宽度"为4点,在画布中绘制正圆形,效果如图 6-45 所示。复制刚绘制的正圆形,将其向右移至合适的位置,效果如图 6-46 所示。

图 6-45

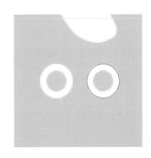

图 6-46

06 使用相同的制作方法,完成相应图形的绘制并输入文字,效果如图 6-47 所示。新建名称为"图标2"的图层组,使用"圆角矩形工具",设置"半径"为 15 像素,在画布中绘制白色圆角矩形,效果如图 6-48 所示。

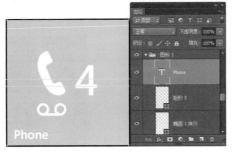

图 6-47

图 6-48

07 继续使用"圆角矩形工具",设置"路径操作"为"减去顶层形状","半径"为13像素,在刚绘制的圆角矩形上减去一个圆角矩形,效果如图 6-49 所示。使用"矩形工具",设置"路径操作"为"与形状区域相交",在画布中绘制矩形,得到相交区域,效果如图 6-50 所示。

图 6-49

图 6-50

08 使用"直线工具"，设置"路径操作"为"合并形状"，"粗细"为 2 像素，在画布中绘制两条直线，效果如图 6-51 所示。使用"矩形工具"，在画布中绘制白色矩形，并对其进行旋转操作，如图 6-52 所示。

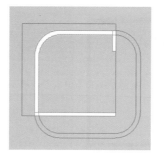

图 6-51

图 6-52

09 使用"矩形工具"，设置"路径操作"为"减去顶层形状"，在刚绘制的矩形上减去一个矩形，效果如图 6-53 所示。使用"直线工具"，设置"路径操作"为"减去顶层形状"，"粗细"为 3 像素，在图形中减去两条直线，效果如图 6-54 所示。

图 6-53

图 6-54

10 使用"椭圆工具"，设置"路径操作"为"减去顶层形状"，在图形中减去一个正圆形，效果如图 6-55 所示。使用"椭圆工具"，在画布中绘制白色正圆形，效果如图 6-56 所示。

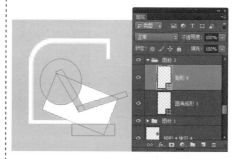

图 6-55

图 6-56

11 使用相同的制作方法，在该正圆形上减去相应的图形，得到需要的图形，效果如图 6-57 所示。使用"椭圆工具"，设置"填充"为无，"描边"为白色，"描边宽度"为 5 点，在画布中绘制椭圆形，效果如图 6-58 所示。

图 6-57

图 6-58

> **提示**
>
> 通过各种矢量绘图工具，设置"路径操作"选项，对形状进行加减操作，方可得到想要的图形，其中要特别注意细节的处理。

12 使用相同的制作方法，可以完成其他图标的绘制，效果如图 6-59 所示。使用"矩形工具"，在画布中绘制其他"磁贴"背景矩形，效果如图 6-60 所示。

图 6-59

图 6-60

13 打开并拖入素材图像"源文件\第 6 章\素材\6201.png"，效果如图 6-61 所示。为该图层添加"投影"图层样式，对相关选项进行设置，如图 6-62 所示。

图 6-61

图 6-62

14 单击"确定"按钮，完成"图层样式"对话框的设置，效果如图 6-63 所示。使用相同的制作方法，可以完成其他"磁贴"上图标的绘制，效果如图 6-64 所示。

图 6-63

图 6-64

15 使用相同的制作方法，可以完成界面中其他部分内容的制作，效果如图 6-65 所示。至此，完成该 Windows Phone 系统主界面的设计制作，最终效果如图 6-66 所示。

图 6-65

图 6-66

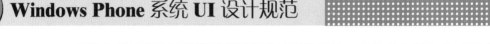

6.3 Windows Phone 系统 UI 设计规范

Windows Phone 系统为设计者和开发者提供了标准的系统组件、事件及交互方式，可以帮助他们为用户创建出更加精彩、更易用的 APP。本节将向读者介绍有关 Windows Phone 系统的 UI 设计规范。

6.3.1 Windows Phone 系统手机屏幕尺寸

Windows Phone 把熟悉的 Windows 桌面系统扩展到了手持移动设备之上，使用 Windows Phone 系统的手机较少，主要有诺基亚、HTC 和微软平板电脑等。Windows Phone 系统手机屏幕常见尺寸如表 6-1 所示。

表 6-1 Windows Phone 系统常见手机屏幕尺寸

Nokia Lumia 520
屏幕尺寸：4in（英寸）
屏幕分辨率：480px×800px
屏幕密度：235ppi

Nokia Lumia 920
屏幕尺寸：4.5in（英寸）
屏幕分辨率：768px×1280px
屏幕密度：332ppi

Microsoft Surface RT
屏幕尺寸：10.6in（英寸）
屏幕分辨率：768 px×1366px
屏幕密度：148ppi

Microsoft Surface RT
屏幕尺寸：10.6in（英寸）
屏幕分辨率：1080 px×1920px
屏幕密度：208ppi

6.3.2 主界面

主界面是用户解锁手机并开始体验的起点，这里显示了用户自定义的快速启动应用程序

"磁贴"。无论何时，只需要用户单击手机下方的"开始"按钮，就会返回到系统主界面中。使用了"磁贴式"通知机制的图标可以实时更新图形和文字内容，或者增加计数，例如可以显示天气、收到了几封新邮件，用户可以向主界面中放置任意自己感兴趣的应用程序，如图 6-67 所示。

图 6-67

6.3.3　状态栏

状态栏是 Windows Phone 系统中两个主要的组件之一，另一个是应用程序栏。状态栏位于 Windows Phone 系统界面的顶部，在状态栏中会显示一些图标，从而表现系统级的状态信息。状态栏中可以显示的系统信息包括信号强度、数据连接、呼叫转移、漫游、无线网络信息、蓝牙、铃声模式、输入状态、电量和时间等，在默认状态下，只有时间会始终显示。如图 6-68 所示为 Windows Phone 系统的状态栏。

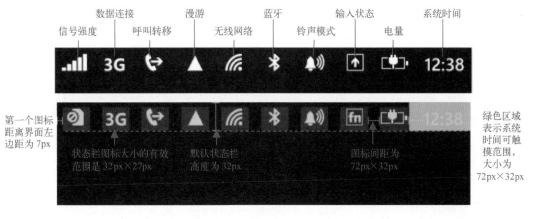

图 6-68

6.3.4 应用程序栏

应用程序栏允许开发者将应用中 4 个常用任务以图标的形式放置在应用程序栏中。应用程序栏提供了一种视图,可以显示带文字提示的图标按钮和上下文菜单,如图 6-69 所示。

当用户单击最右侧的"更多"图标,或者直接向上翻动应用程序栏时,上下文菜单就会滑入屏幕,如图 6-70 所示。当单击应用程序栏以外区域或再次单击"更多"按钮,或使用返回按钮,或单击菜单或其他任何按钮时,上下文菜单就会滑出屏幕。

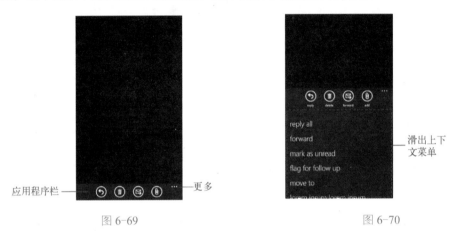

图 6-69　　　　　　　　　　　　图 6-70

应用程序栏无论纵向或横向都会延展至整个屏幕宽度。旋转屏幕时,图标按钮始终保持和手机一致的方向。应用程序栏上的按钮分为可用或不可用状态。例如当屏幕显示只读内容时,删除按钮就变成不可用状态。

应用程序栏无论在纵向模式还是横向模式下都固定为 72 像素,并且不可改动,不过可以设置成可见或隐藏。应用程序栏上的按钮最好设置成应用程序中最主要、最常用的功能。应用程序栏菜单项的文字如果太长,会超出屏幕范围,这里推荐把文字长度控制在 14～20 个字符。

应用程序栏的透明度可以被调整,但是建议只使用 0、0.5 和 1 这几个数值,如果应用程序栏的透明度小于 1,整个应用程序栏就会覆盖在界面的上方。如果透明度设置为 1,则整个界面的显示大小将会改变。

6.3.5 图标

Windows Phone 系统中的图标应该简洁、直观,易于理解,并让用户能够联想到真实世界中的隐喻。图标最好有简单的几何形态。当在应用程序栏中显示图标时,图标的文字提示应该及时展示出来。

按钮需要有图标和文字提示,而且文字提示应该简洁概括地描述按钮的作用,如图 6-71 所示为 Windows Phone 系统中默认的图标设计效果。

图 6-71

提示

在设计图标时，只需要绘制图标主体图形即可，Windows Phone 系统会根据图标应用的位置来自动为图标添加外面的圆圈效果，在设计时并不需要为图标绘制外侧的圆圈图形。

6.3.6 屏幕方向

Windows Phone 系统支持 3 种屏幕视图方向：纵向、左横向和右横向，如图 6-72 所示。在纵向视图中，界面元素将垂直排列布局，导航栏位于界面下方，页面高度大于宽度。在横向视图下，应用程序栏将保持在"开始"按钮所在的一侧。

在横屏状态下，应用程序栏始终保持在"开始"按钮所在的一侧。

图 6-72

6.3.7 字体

Windows Phone 系统的核心思想在于用文字设计贯穿始终。Windows Phone 系统的默认字体为 Segoe WP，该字体包含 Regular（普通）、Bold（粗体）、Semibold（半粗体）、Light（细体）、SemiLight（半细体）和 Black（黑体）6 种样式，如图 6-73 所示。系统提供了一套东亚阅读字体，支持中文、日文及韩文。开发者可以在所开发的应用程序中嵌入自己的字体，但是这些字体仅在该应用程序中有效。

Segoe WP Regular
abcdefghijklmnopqrstuvwxyz1234567890
ABCDEFGHIJKLMNOPQRSTUVWXYZ

Segoe WP Light
abcdefghijklmnopqrstuvwxyz1234567890
ABCDEFGHIJKLMNOPQRSTUVWXYZ

Segoe WP Bold
abcdefghijklmnopqrstuvwxyz1234567890
ABCDEFGHIJKLMNOPQRSTUVWXYZ

Segoe WP SemiLight
abcdefghijklmnopqrstuvwxyz1234567890
ABCDEFGHIJKLMNOPQRSTUVWXYZ

Segoe WP Semibold
abcdefghijklmnopqrstuvwxyz1234567890
ABCDEFGHIJKLMNOPQRSTUVWXYZ

Segoe WP Black
abcdefghijklmnopqrstuvwxyz1234567890
ABCDEFGHIJKLMNOPQRSTUVWXYZ

图 6-73

 提示

在界面设计中避免使用小于 15 号的字体，因为过小的文字在手机中很难阅读，并且难以单击。如果要使用彩色字体，应在字号很小时使用与背景色对比明显的颜色，这样可以提高界面内容的可读性。

6.3.8 推送通知

推送通知用于提供一种云服务，它具有一条独有的弹性通道，可以将通知推送到移动设备。当一个云服务需要发送推送通知到移动设备时，它会先将通知发送到推送通知服务，然后再将通知送达应用程序，设备上的客户端就会获取通知。

Windows Phone 系统中有 3 种推送通知的形式。

1. "磁贴"式通知

"磁贴"式通知能够在不打断用户的情况下提醒用户注意动态变化，如图 6-74 所示。

2. "烤面包"式通知

"烤面包"式通知将需要用户操作的信息告知用户，既可以不打断用户操作，也可以要求立即处理，如收到新信息。

3. 原生通知

原生通知是指由应用程序生成并完全由程序本身控制，也只会影响程序本身的通知，需要用户立即响应，如图 6-75 所示。

显示通知数，提醒用户。

图 6-74

强制用户立即对事项进行处理。

图 6-75

实战案例——设计 Windows Phone 系统音乐播放界面

◎ 源文件：源文件\第 6 章\Windows Phone 系统音乐播放界面.psd

◎ 视　频：视　频\第 6 章\Windows Phone 系统音乐播放界面.mp4

1. 案例特点

本案例设计一款 Windows Phone 系统音乐播放界面，运用专辑图像作为界面的背景，搭配方形的专辑封面和纯色图标及文字构成非常简约的音乐播放界面，整体界面非常简洁、大方。

2. 设计思维过程

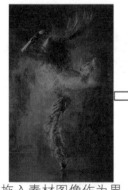  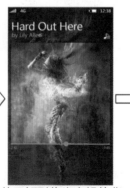 

拖入素材图像作为界面的主题背景，使用半透明黑色对背景进行覆盖，将背景进行压暗处理。

在界面顶部通过基本图形来表现状态栏的效果，输入歌曲名称和歌手名称。

使用矩形作为专辑的背景，搭配简洁的进度条，专辑封面和背景图相统一，使得界面风格统一，布局完整。

在界面下方设计音乐播放控制图标，采用统一的风格，并将播放按钮放大，从而突出显示。

3. 制作要点

本案例所设计的 Windows Phone 系统音乐播放界面非常简约、大方，在界面的中间放置专辑封面图像，使得专辑和界面背景图像风格和布局相统一，下方则是音乐播放控制功能图标，整个界面非常简洁、直观。

4．配色分析

本案例所设计的 Windows Phone 系统音乐播放界面使用白色作为界面的主色调，白色是作为文字和图形的最基本颜色，搭配背景显得更加醒目，蓝色和灰色是明度和纯度较低的颜色，在背景的衬托下显得比较清晰。

蓝色　　　　　　灰色　　　　　　白色

5．制作步骤

01 执行"文件>新建"命令，弹出"新建"对话框，新建一个空白文档，如图 6-76 所示。打开并拖入素材图像"源文件\第6 章\素材 6301.jpg"，调整到合适的大小和位置，效果如图 6-77 所示。

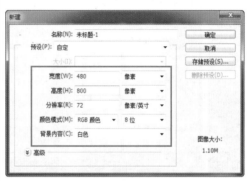

图 6-76　　　　　　　　　图 6-77

02 新建"图层 1"，为该图层填充黑色，设置该图层的"不透明度"为60%，效果如图 6-78 所示。新建名称为"状态栏"的图层组，根据前面案例的制作方法，可以完成状态栏内容的制作，效果如图 6-79 所示。

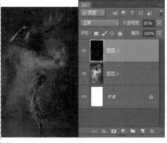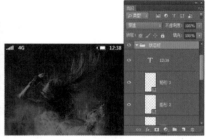

图 6-78　　　　　　　　　图 6-79

03 新建名称为"菜单栏"的图层组，使用"横排文字工具"，在"字符"面板上对相关选项进行设置，在画布中输入文字，效果如图 6-80 所示。使用"横排文字工具"，在画布中输入其他文字，效果如图 6-81 所示。

图 6-80　　　　　　　　　图 6-81

04 使用"钢笔工具"，
设置"工具模式"为"形
状"，在画布中绘制白色的
形状图形，效果如图 6-82
所示。使用"矩形工具"，
在画布中绘制白色矩形，
并对该矩形进行复制，效
果如图 6-83 所示。

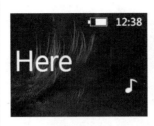

图 6-82

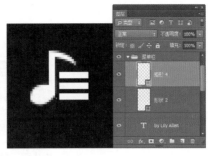

图 6-83

05 新建名称为"专
辑"的图层组，使用"矩
形工具"，在画布中绘制
任意颜色的矩形，效果如
图 6-84 所示。为该图层
添加"投影"图层样式，
对相关选项进行设置，如
图 6-85 所示。

图 6-84

图 6-85

06 单击"确定"按
钮，完成"图层样式"对话
框的设置，效果如图 6-86
所示。打开并拖入素材图
像"源文件\第 6 章\素材\
6301.jpg"，调整到合适的
大小和位置，将该图层创建
剪贴蒙版，效果如图 6-87
所示。

图 6-86

图 6-87

07 使用"矩形工具"，
设置"填充"RGB（139，
139，139），在画布中绘
制矩形，效果如图 6-88
所示。复制"矩形 6"图
层得到"矩形 6 复制"图
层，修改复制得到矩形的
颜色为 RGB（31，115，
193），调整该矩形的大
小，效果如图 6-89 所
示。

图 6-88

图 6-89

08 使用"椭圆工具"，设置"填充"RGB（31，115，193），在画布中绘制正圆形，效果如图 6-90所示。为该图层添加"描边"图层样式，对相关选项进行设置，如图 6-91所示。

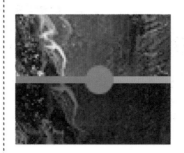

图 6-90

RGB(31, 115, 193)

图 6-91

提示

使用"描边"图层样式可以为图像边缘添加颜色、渐变或图像轮廓描边。

09 单击"确定"按钮，完成"图层样式"对话框的设置，效果如图 6-92 所示。使用"横排文字工具"，在画布中输入文字，效果如图 6-93 所示。

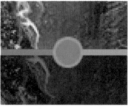

图 6-92

图 6-93

10 新建名称为"控制按钮"的图层组，使用"椭圆工具"，在画布中绘制白色正圆形，效果如图 6-94 所示。使用"椭圆工具"，设置"路径操作"为"减去顶层形状"，在刚绘制的正圆形上减去一个正圆形，得到圆环图形，效果如图 6-95所示。

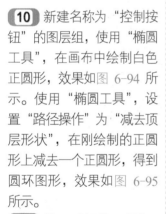

图 6-94

图 6-95

11 使用"钢笔工具"，设置"路径操作"为"减去顶层形状"，在圆环图形中减去相应的图形，效果如图 6-96 所示。使用"多边形工具"，设置"边"为 3，在画布中绘制白色三角形，并对该三角形进行旋转操作，效果如图 6-97 所示。

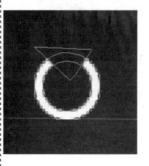

图 6-96

图 6-97

12 使用"椭圆工具"，设置"填充"为无，"描边"为白色，"描边宽度"为3点，在画布中绘制白色正圆形，效果如图6-98所示。使用"多边形工具"，设置"填充"为白色，"描边"为无，"边"为3，在画布中绘制三角形，并复制所绘制的三角形，效果如图6-99所示。

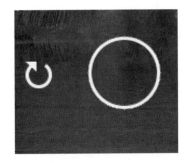

图 6-98

图 6-99

13 使用"矩形工具"，在画布中绘制白色矩形，效果如图6-100所示。使用相同的制作方法，可以完成其他控制图的绘制，效果如图6-101所示。

图 6-100

图 6-101

14 使用"矩形工具"，在画布中绘制黑色矩形，设置该图层的"不透明度"为50%，使用"椭圆工具"，在画布中绘制白色正圆形，并复制该正圆形，效果如图6-102所示。完成该 Windows Phone 系统音乐播放界面的设计制作，效果如图6-103所示。

图 6-102

图 6-103

15 使用相同的制作方法，还可以制作出该 APP 的专辑列表界面，最终效果如图6-104所示。

图 6-104

6.4 Tile（磁贴）与Pivot（枢轴视图）设计

Windows Phone 系统中最大的一个特点就是系统主界面是由多个方形或长方形的"磁贴"组合而成的。Windows Phone 系统中的"磁贴"不仅仅是一个 icon 图标，它还能承载应用想要展示给用户的一些信息。

6.4.1 Tile（磁贴）简介

Windows Phone 系统中的"磁贴"是指在系统主界面中用于表示应用程序的图像，类似于 iOS 或 Android 系统中的应用图标。Windows Phone 系统中的每个应用至少都有一个"磁贴"，这个"磁贴"被称为"默认磁贴"，当用户在应用列表中固定某个应用程序时，该应用程序的"默认磁贴"就会显示在 Windows Phone 系统主界面中，如图 6-105 所示。

Windows Phone 系统主界面中各种不同尺寸的磁贴，构成整个界面。

图 6-105

在对 Windows Phone 系统界面进行设计时，合理运用"磁贴"可以展示的信息将会给所设计的应用增色不少，在用户诸多的选择中脱颖而出。

Windows Phone 系统中最基本的"磁贴"可以像系统自带的短信功能那样，提供一个未读短信条数的数字提示，如图 6-106 所示。稍复杂点，可以在"磁贴"中显示一些静态或动态的图片或文字信息，如图 6-107 所示。

Windows Phone 系统中默认的"磁贴"风格，非常简洁，并且提供有效的信息提示。

稍复杂的"磁贴"效果，运用多种色彩相结合来突出表现该应用。

图 6-106 　　　　　　　　　　　　　　　　　　图 6-107

不过需要注意的是，Windows Phone 系统的设计原则就是简洁为主，大色块配合尽量少的颜色展示内容比较符合该系统的整体风格，如果把"磁贴"设计得太过于花哨或复杂，就有点背离 Windows Phone 系统的设计初衷了，放置在系统主界面中可能也不会有特别好的视觉效果。

6.4.2 Tile（磁贴）的类型

Windows Phone 系统中的"磁贴"并不只是一个固定的模块，在 Windows Phone 系统中支持 3 种类型的"磁贴"效果，分别是"图标""翻转"和"循环"。

1. 图标磁贴

"图标磁贴"是 Windows Phone 系统中最基础的"磁贴"表现形式，以 Windows Phone 系统的设计原则为基础，使用方形纯色块作为背景，在中间显示一幅小型图像，如图 6-108 所示为不同尺寸的"图标磁贴"设计效果。

图 6-108

2. 翻转磁贴

"翻转磁贴"是在"图标磁贴"的基础上提供从正面翻转到背景的过渡效果，在背面可以更多地展示相应的内容，并提供很好的交互效果，"翻转磁贴"是从 Windows Phone 8 系统中开始支持的。如图 6-109 所示为不同尺寸的"翻转磁贴"设计效果。

3. 循环磁贴

"循环磁贴"可以实现在最多 9 张图像之间进行循环滚动。如图 6-110 所示为不同尺寸的"循环磁贴"设计效果。

图 6-109   图 6-110

6.4.3　Tile（磁贴）的大小

在 Windows Phone 8 系统中支持 3 种磁贴尺寸，分别是小、中和宽。设计师在设计磁贴时需要分别提供这 3 种尺寸的磁贴，因为用户在 Windows Phone 系统中可以自由选择固定到主界面中的磁贴大小，因此提供各种尺寸的图像很重要。

3 种磁贴尺寸如表 6-2 所示。

表6-2　3种磁贴尺寸

磁贴大小	翻转磁贴和循环磁贴	图标磁贴
小	159px × 159px	110px × 110px
中	336px × 336px	202px × 202px
宽	691px × 336px	

需要注意的是，此处列出的是"磁贴"的尺寸，而不是"磁贴"中图标的尺寸，设计时所提供的图标的尺寸应该小于"磁贴"的尺寸，以便在"磁贴"中有空间放置计数器。建议小型"磁贴"中图标的最适合尺寸为 70px × 110px，中型"磁贴"中图标的适合尺寸为 130px × 202px。如图 6-111 所示为"磁贴"的设计标准。

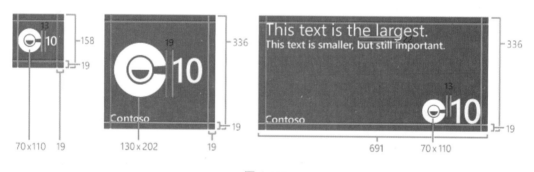

图 6-111

6.4.4　Pivot（枢轴视图）简介

Windows Phone 中的 Pivot（枢轴视图）设计上类似于 Windows 系统中的多任务事件，在一个应用程序中开启多个并列任务，每个任务的结构、布局、操作方式都非常接近。枢轴视图中内容占据全屏位置，标题位置展示之后的一个或几个页面对应的内容如图 6-112 所示。这个特征可以对应到 iOS 或者 Android 系统应用的二级导航或标签切换，是 Windows Phone 系统应用中经常出现的效果。

在枢轴视图中，单击上部的标签或者在屏幕中左右滑动均可在标签之间进行切换，每个标签下所对应的内容在结构布局上最好保持较高的一致性，如图 6-113 所示。

同时展示多个
界面的标签。

点击顶部标签
或在屏幕中左
右滑动可以切
换不同的内容。

图 6-112   图 6-113

 实战案例——设计 Windows Phone 平板界面

源文件：源文件\第 6 章\Windows Phone 平板界面.psd
视　频：视　频\第 6 章\Windows Phone 平板界面.mp4

1. 案例特点

本案例设计一款 Windows Phone 平板电脑界面，该界面是由不同尺寸的磁贴与图片构成的，界面的风格采用的是扁平化设计，制作时应注意图标的绘制和磁贴的间距。

2．设计思维过程

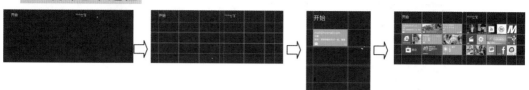

运用深紫色作为界面的背景，搭配白色的文字信息，对比强烈。

通过创建参考线，来制定磁贴的大小和间距，使界面给人一种整洁、清晰的印象。

绘制纯色矩形，搭配简洁的图标和文字，增加界面的层次感。

使用相同的制作方法，可以完成 Windows Phone 平板电脑界面的设计制作。

3．制作要点

　　本案例所设计的 Windows Phone 平板电脑界面非常简洁、大方，使用纯色的深紫作为界面的背景，在界面上搭配不同颜色的磁贴和图片，而且磁贴之间的间距相等，通过在不同磁贴上面绘制简约的功能图标和文字构成整个界面。

4．配色分析

　　本案例所设计的 Windows Phone 平板电脑界面使用深紫色作为主色调，深紫色的背景搭配不同颜色的磁贴背景，使人眼前一亮，又使界面更加个性，而白色的图标与文字则可提高识别度，便于阅读。

深紫　　　　　　青色　　　　　　橙色

5．制作步骤

01 执行"文件>新建"命令，弹出"新建"对话框，新建一个空白文档，如图 6-114 所示。设置"前景色"RGB（37，9，49），按【Alt+Delete】组合键，为画布填充前景色，效果如图 6-115 所示。

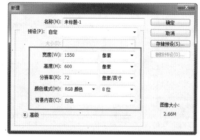

图 6-114

图 6-115

02 新建名称为"顶部"的图层组，使用"横排文字工具"，在"字符"面板上对相关选项进行设置，在画布中输入文字，如图 6-116 所示。使用"横排文字工具"，输入其他文字，效果如图 6-117 所示。

图 6-116

图 6-117

03 使用"矩形工具"，在画布中绘制任意颜色的矩形，效果如图 6-118 所示。打开并拖入素材图像"源文件\第 6 章\素材\6401.jpg"，调整到合适的大小和位置，将该图层创建剪贴蒙版，效果如图 6-119 所示。

图 6-118

图 6-119

04 按【Ctrl+R】组合键，显示文档标尺，从标尺中拖出参考线，定位各"磁贴"的大小和位置，如图 6-120 所示。新建名称为"列 1"的图层组，使用"矩形工具"，设置"填充"RGB（74，176，181），在画布中绘制矩形，效果如图 6-121 所示。

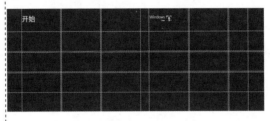
图 6-120

图 6-121

05 多次复制刚绘制的矩形，将复制得到的矩形分别调整到相应的位置，并修改填充颜色，效果如图 6-122 所示。使用"横排文字工具"，在画布中输入文字，效果如图 6-123 所示。

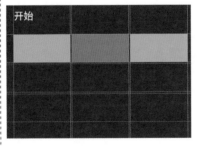
图 6-122

图 6-123

06 使用"矩形工具"，在画布中绘制白色矩形，效果如图 6-124 所示。使用"直线工具"，设置"路径操作"为"减去顶层形状"，"粗细"为 2 像素，在刚绘制的矩形上减去两条直线，效果如图 6-125 所示。

图 6-124

图 6-125

07 使用相同的制作方
法，可以完成其他"磁贴"
上内容的制作，效果如图
6-126 所示。使用"矩形工
具"，可以完成第 2 行"磁
贴"背景的制作，效果如图
6-127 所示。

图 6-126　　　　　　图 6-127

08 使用"椭圆工具"，
在画布中绘制白色椭圆形，
并对其进行旋转操作，效果
如图 6-128 所示。继续使用
"椭圆工具"，设置"路径操
作"为"减去顶层形状"，
在刚绘制的椭圆形上减去椭
圆形，并使用"路径选择工
具"对所减去的路径进行调
整，效果如图 6-129 所示。

图 6-128　　　　　　图 6-129

09 使用"椭圆工具"，
设置"路径操作"为"合并
形状"，在画布中绘制正圆
形，效果如图 6-130 所示。
继续使用"椭圆工具"，设
置"路径操作"为"减去顶
层形状"，在刚绘制的正圆
形上减去正圆形，效果如图
6-131 所示。

图 6-130　　　　　　图 6-131

10 使用"矩形工具"，
设置"路径操作"为"合
并形状"，在画布中绘制
矩形，效果如图 6-132 所
示。继续使用"矩形工
具"，设置"路径操作"
为"减去顶层形状"，在
图形中减去矩形，得到需
要的图形，效果如图 6-133
所示。

图 6-132　　　　　　图 6-133

11 使用相同的制作方法，可以完成其他"磁贴"的制作，如图 6-134 所示。使用"矩形工具"，可以绘制出 3 行"磁贴"的矩形背景，效果如图 6-135 所示。

图 6-134

图 6-135

12 使用"矩形工具"，在画布中绘制白色矩形，效果如图 6-136 所示。执行"编辑>变换路径>透视"命令，对刚绘制的矩形进行透视操作，效果如图 6-137 所示。

图 6-136

图 6-137

提示

"透视"功能对于包含直线和平面的图像（例如建筑图像和房屋图像）尤其有用。也可以使用此功能来复合在单个图像中具有不同透视的对象。

13 使用"矩形工具"，设置"路径操作"为"合并形状"，在刚绘制的图形上添加一个矩形，效果如图 6-138 所示。使用"直接选择工具"，对相应的锚点进行调整，效果如图 6-139 所示。

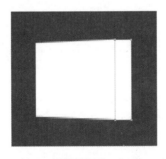

图 6-138

图 6-139

14 使用"矩形工具"，在图形中减去相应的图形，效果如图 6-140 所示。使用"圆角矩形工具"，设置"半径"为 10 像素，在画布中绘制白色圆角矩形，如图 6-141 所示。

图 6-140

图 6-141

15 使用"圆角矩形工具",设置"路径操作"为"减去顶层形状",在刚绘制的圆角矩形中减去一个圆角矩形,效果如图6-142所示。使用"椭圆工具",设置"路径操作"为"减去顶层形状",在画布中绘制椭圆形,效果如图6-143所示。

图 6-142

图 6-143

16 使用相同的制作方法,完成相似图形的绘制,效果如图6-144所示。使用相同的制作方法,可以完成第3行中其他"磁贴"的效果制作,如图6-145所示。

图 6-144

图 6-145

17 使用相同的制作方法,可以完成该 Windows Phone 系统平板电脑界面的设计制作,最终效果如图6-146所示。

图 6-146

6.5 独特的 Panorama（全景视图）

标准的应用程序会受到手机屏幕区域的限制，而采用 Panorama（全景视图）方式的应用程序则不同，它提供一个超出手机屏幕局限的水平长背景图，从而为用户提供一种独特的方式来浏览应用程序中的内容、数据和服务。如图 6-147 所示为 Windows Phone 系统的 Panorama（全景视图）框架。

图 6-147

6.5.1 Panorama（全景视图）简介

Panorama（全景视图）的设计风格类似于 Windows 系统中的多窗口事件，每个窗口中打开的可以是不同的软件。所以在 Windows Phone 系统的 Panorama（全景视图）中可以放置文字、图片、磁贴等所有可以承载的内容，每个界面中的内容、布局甚至操作都可以有所不同，每个界面右侧露出的边缘恰恰构成了切换标签的最佳隐喻，如图 6-148 所示。这样的设计特征正好对应于 iOS 或 Android 系统应用最为常见的一级导航，所以在设计 Windows Phone 系统的 Panorama（全景视图）应用界面时，可以大胆地将这两个平台应用的一级架构直接移植过来。

在界面右侧边缘部分会露出下个界面的内容。

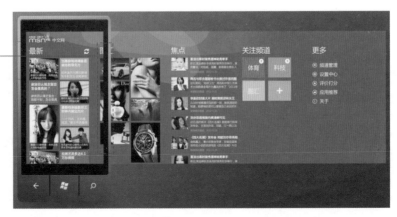

图 6-148

Panorama（全景视图）应用界面中的元素作为那些更加细致的体验的起点，元素流程的例子并非指的是平台的功能，而是终端用户的体验。例如在一个采用 Panorama（全景视图）方式的应用中启动另一个应用程序，这时在终端用户看来，刚刚启动的应用程序只不过是同一个全景视图应用的不同视图而已。缩略图是 Panorama（全景视图）应用程序的一个主要元素，它们可以直接链接到全景以外的内容或者媒体。

6.5.2 全景视图设计注意事项

Panorama（全景视图）应用界面由 4 种层级类型组成，分别是"背景图片""全景标题""全景区域标题"和"全景区域"，它们彼此有独立的动作逻辑，此外还有缩略图，它们构成了完整的体验，如图 6-149 所示。

图 6-149

背景图片位于 Panorama（全景视图）应用的底层，通常是一张占满整个全景版面的图片，背景图是整个全景式应用程序界面中视觉效果最重要的一部分。

全景标题是整个全景式应用的标题，用户通过它来识别这个应用程序，所以无论用户如何进入这个应用程序，它都应该是可见的。

> **提示**
>
> 全景标签可以使用普通的文字或图片，如使用一个 Logo 作为全景标题；也可以使用多个元素，如 Logo 加文字的方式。要确保标题文字或图片的颜色与整个全景背景相匹配，标题的可视性不能依赖于背景图片。

Windows Phone 系统的设计不推荐在一个界面中出现二级标签，这就需要在设计界面时将内容尽量扁平化，在尽可能少的层级内完成相关的操作，这是在设计 Windows Phone 系统应用程序界面时需要花心思的地方。

Panorama（全景视图）中每个界面中放置的内容也可以有两种展示方式，纵向展示多用于内容较多或信息流类的内容，纵向展示的方式理论上可以"无限长"；横向展示多用于内容及布局固定,希望一次性展示完毕的内容。如图 6-150 所示为 Windows Phone 系统中的 Xbox LIVE 栏目界面,其使用的就是横向展示的方式。

红色背景覆盖区域为栏目范围。红色方框区域为一屏显示的范围

图 6-150

在 Panorama(全景视图)中,不同界面中的内容及操作也不同,其对应的功能菜单肯定也有一些区域,要想解决这个问题,可以在界面之间切换时设置一个操作菜单收起的动作,到下一界面再次展开时显示该界面中对应用的操作。

实战案例——设计全景视图界面

💿 源文件:源文件\第 6 章\全景视图界面.psd
🎬 视　频:视　频\第 6 章\全景视图界面.mp4

1. 案例特点

本案例设计一款全景视图界面,运用统一的布局方式和设计风格来设计各界面,使得整个 APP 界面具有良好的连贯性,表现为一个整体,很好地展示了各界面的功能和内容。

2. 设计思维过程

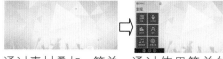   

通过素材叠加，简单的合成处理，制作出该全景视图的背景。

通过使用简单的纯色矩形背景搭配白色简约的功能操作图标，使得界面的功能表现得非常直观。

根据第一个界面的设计风格，完成第 2 个界面的设计制作。

使用简单的图形，统一的排列方式，完成该全景视图界面的设计制作。

3. 制作要点

本案例所设计的全景视图界面，保持了统一的设计风格，背景的连续性，使界面自然地连贯在一起。界面逐一制作，层次分明，制作简单。用大色块和简单图形制作分类，辨识度高，界面简约整齐。

4. 配色分析

本案例所设计的全景视图界面，使用明度较高的浅灰色作为界面背景主色调，添加素材图像，丰富界面颜色，渲染浓厚的欢乐音乐气氛，添加红色和白色图形，突出界面内容。

浅灰色　　　　红色　　　　白色

5. 制作步骤

01 执行"文件>新建"命令，弹出"新建"对话框，新建一个空白文档，如图 6-151 所示。设置"前景色"为 RGB（235，236，238），按【Alt+Delete】组合键，为画布填充前景色，拖出参考线，定位各界面的位置，如图 6-152 所示。

图 6-151　　　　　　　　　图 6-152

02 打开并拖入素材图像"源文件\第 6 章\素材\6501.png",调整到合适的大小和位置,效果如图 6-153 所示。为该图层添加图层蒙版,使用"渐变工具",在蒙版中填充黑白线性渐变,设置该图层的"不透明度"为 25%,效果如图 6-154 所示。

图 6-153

图 6-154

> **提示**
>
> 蒙版主要是在不损坏原图层的基础上新建的一个活动的蒙版图层,可以在该蒙版图层上做许多处理,但有一些处理必须在真实的图层上操作。矢量蒙版主要可以使图像的缘边更加清晰,而且具有可编辑性。

03 打开并拖入素材图像"源文件\第 6 章\素材\6503.png",并对该素材图像进行相应的处理,效果如图 6-155 所示。新建名称为"界面"的图层组,打开并拖入素材图像"源文件\第 6 章\素材\6503.png",效果如图 6-156 所示。

图 6-155

图 6-156

> **提示**
>
> 此处是用蒙版处理将两个素材图像进行简单的合成,自然地连接在一起,达到渲染气氛的效果,让人有一种身临其境的感觉。

04 使用"横排文字工具",在"字符"面板中设置相关选项,在画布中输入文字,如图 6-157 所示。使用"椭圆工具",设置"填充"为无,"描边"为 RGB(65,69,70),"描边宽度"为 4 点,在画布中绘制正圆形,效果如图 6-158 所示。

图 6-157　　　　图 6-158

05 复制刚绘制的正圆形,将复制得到的图形调整到合适的大小和位置,使用"圆角矩形工具",设置"半径"为 30 像素,"路径操作"为"合并形状",在画布中绘制圆角矩形,效果如图 6-159 所示。使用"椭圆选框工具",在画布中绘制正圆形选区,为"椭圆 1 复制"图层添加图层蒙版,效果如图 6-160 所示。

图 6-159　　　　图 6-160

06 使用"横排文字工具",在"字符"面板中设置相关选项,在画布中输入文字,如图 6-161 所示。在该图层组中新建名称为"类别"的图层组,使用"矩形工具",设置"填充"为 RGB(154,51,51),在画布中绘制矩形,效果如图 6-162 所示。

图 6-161　　　　图 6-162

07 使用"圆角矩形工具",设置"半径"为 5 像素,在画布中绘制白色的圆角矩形,如图 6-163 所示。继续使用"圆角矩形工具",设置"路径操作"为"减去顶层形状",在刚绘制的圆角矩形上减去一个圆角矩形,效果如图 6-164 所示。

图 6-163

图 6-164

08 使用"矩形工具",设置"路径操作"为"减去顶层形状",在图形中减去一个矩形,效果如图 6-165 所示。使用"圆角矩形工具",设置"路径操作"为"合并形状",在图形中添加 3 个圆角矩形,效果如图 6-166 所示。

图 6-165

图 6-166

09 使用"自定形状工具",在"形状"下拉列表中选择相应的形状,在画布中绘制白色的形状图形,效果如图 6-167 所示。使用"横排文字工具",在"字符"面板中设置相关选项,在画布中输入文字,如图 6-168 所示。

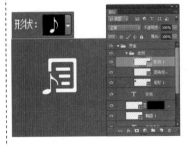

图 6-167

图 6-168

10 使用相同的制作方法,可以完成相似内容的制作,效果如图 6-169 所示。使用"矩形工具",在画布中绘制黑色矩形,设置该图层的"不透明度"为 80%,效果如图 6-170 所示。

图 6-169

图 6-170

11 新建名称为"图标"的图层组，使用"椭圆工具"，设置"填充"为无，"描边"为白色，"描边宽度"为 6 点，在画布中绘制正圆形，效果如图 6-171 所示。使用相同的制作方法，可以完成底部图标的绘制，效果如图 6-172 所示。

图 6-171   图 6-172

12 新建名称为"界面2"的图层组，使用相同的制作方法，完成顶部相似内容的制作，效果如图 6-173 所示。在该图层组中新建名称为"专题"的图层组，使用"矩形工具"，在画布中绘制黑色的矩形，如图 6-174所示。

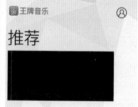

图 6-173   图 6-174

📖 **提示**

无论合并图层还是盖印图层，都会对文档中的原图层产生影响，使用图层组可以通过将不同的图层分类放置，这样既便于管理，又不会对原图层产生影响。

13 打开并拖入素材图像 "源文件\第 6 章\素材\6503.png"，将该图层创建剪贴蒙版，效果如图 6-175 所示。新建名称为 "圆"的图层组，使用 "椭圆工具"，在画布中绘制白色的正圆形，并为相应的图层设置 "不透明度"，效果如图 6-176 所示。

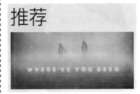

图 6-175　　　　　　　　　图 6-176

14 使用 "矩形工具"，设置 "填充" 为 RGB（45，137，247），在画布中绘制矩形，并输入文字，效果如图 6-177 所示。新建名称为 "个性化推荐" 的图层组，使用 "矩形工具"，在画布中绘制多个矩形，效果如图 6-178 所示。

图 6-177

图 6-178

15 使用 "钢笔工具"，在画布中绘制黑色的形状图形，效果如图 6-179 所示。为该图层添加图层蒙版，使用 "渐变工具"，在蒙版中填充黑白线性渐变，设置该图层的 "不透明度" 为 50%，调整图层叠放顺序，效果如图 6-180 所示。

图 6-179　　　　　　　　　图 6-180

提示

　　调整图层顺序有 3 种方法，第一种是通过在图层面板中选中图层，然后上下拖动来改变图层顺序；第二种是最原始、操作速度最慢的方法：选择图层，执行"图层>排列>前移一层(后移一层)"命令；第三种是使用快捷键：选中要移动的图层，按【Ctrl+]】组合键为前移一层，按【Ctrl+[】组合键为后移一层，按【Ctrl+Shift+]】组合键为置为顶层，按【Ctrl+Shift+[】组合键为置为底层。

---

16 使用"横排文字工具"，在画布中输入相应的文字，效果如图 6-181 所示。使用"圆角矩形工具"，设置"填充"为RGB（178，178，178），"半径"为 5 像素，在画布中绘制两个圆角矩形，并分别进行旋转操作，效果如图 6-182 所示。

图 6-181　　　　　　　　　图 6-182

17 新建名称为"热门推荐"的图层组，拖入相应的素材图像并输入相应的文字，效果如图 6-183 所示。使用相同的制作方法，完成相似部分内容的制作，效果如图 6-184 所示。

图 6-183　　　　　　　　　图 6-184

18 新建名称为"朋友动态"的图层组，使用"矩形工具"，设置"填充"为RGB（215，115，117），在画布中绘制矩形，效果如图 6-185 所示。拖入素材图像"源文件\第 6 章\素材\6507.png"，将该图层创建剪贴蒙版，使用"渐变工具"，在蒙版中填充黑白径向渐变，设置该图层的"不透明度"为 20%，效果如图 6-186 所示。

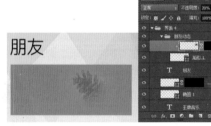

图 6-185　　　　　　　　　图 6-186

19 使用"横排文字工具",在画布中输入文字,并绘制出相应的图标,效果如图 6-187 所示。使用相同的制作方法,可以完成该界面中其他内容的制作,效果如图 6-188 所示。

图 6-187　　　　　　图 6-188

20 至此,完成该 Windows Phone 全景视图界面的设计制作,最终效果如图 6-189 所示。

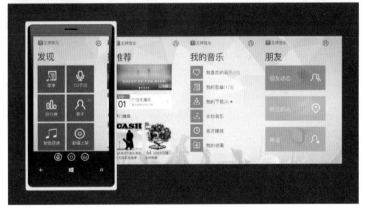

图 6-189

实战案例——设计桌球手机游戏界面

- 源文件:源文件\第 6 章\桌球手机游戏界面.psd
- 视　频:视　频\第 6 章\桌球手机游戏界面.mp4

1. 案例特点

本案例设计一款桌球手机游戏界面,主要使用拟物化的设计方法,在整个界面中模拟现实中的桌球场景,界面效果非常直观。

2. 设计思维过程

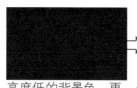

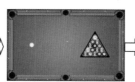
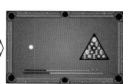

亮度低的背景色，更容易衬托出界面内容，渲染气氛。

使用图层样式的叠加，制作出木质效果的桌面，视觉效果良好。

颜色分别，具有强烈的辨识度。

通过图层的叠加，制作出木质的球杆和巧粉，形象生动。

3. 制作要点

本案例所设计的桌球手机游戏界面，使用拟物化的设计方式，在整个界面中模拟现实生活中的桌球场景，桌面四周制作出木质效果的形状，中间大面积范围放置桌球游戏场景，便于玩家的操作，整个游戏界面具有很强的真实感和层次感。

4. 配色分析

本案例所设计的桌球手机游戏界面，使用生活中的木质颜色和褐色为搭配基础，再加上深绿色的纹理桌面，给玩家带来很好的辨识度，使游戏界面更加真实。

褐色　　　　　深绿色　　　　灰色

5. 制作步骤

01 执行"文件>新建"命令，弹出"新建"对话框，新建一个空白文档，如图 6-190 所示。设置"前景色"为 RGB（5，43，20），按【Alt+Delete】组合键，为画布填充前景色，效果如图 6-191 所示。

图 6-190

图 6-191

02 使用"圆角矩形工具",设置"半径"为50像素,在画布中绘制一个白色的圆角矩形,效果如图 6-192 所示。为该图层添加"描边"图层样式,对相关选项进行设置,如图 6-193 所示。

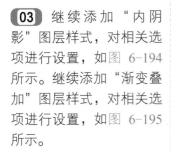

图 6-192

图 6-193

03 继续添加"内阴影"图层样式,对相关选项进行设置,如图 6-194 所示。继续添加"渐变叠加"图层样式,对相关选项进行设置,如图 6-195 所示。

图 6-194

图 6-195

04 单击"确定"按钮,完成"图层样式"对话框的设置,效果如图 6-196 所示。使用"直线工具",设置"填充"为白色,"描边"为无,"粗细"为 3 像素,在画布中绘制直线,设置该图层的"不透明度"为 20%,效果如图 6-197 所示。

图 6-196

图 6-197

05 新建名称为"左"的图层组,使用"矩形工具",在画布中绘制一个白色的矩形,效果如图 6-198 所示。使用"直接选择工具",选择矩形右侧的两个锚点,分别进行调整,效果如图 6-199 所示。

图 6-198

图 6-199

06 为该图层添加"投影"图层样式，对相关选项进行设置，如图 6-200 所示。单击"确定"按钮，完成"图层样式"对话框的设置，效果如图 6-201 所示。

图 6-200   图 6-201

07 使用"矩形工具"，在画布中绘制一个黑色的矩形，效果如图 6-202 所示。为该图层添加"内阴影"图层样式，对相关选项进行设置，如图 6-203 所示。

图 6-202   图 6-203

08 继续添加"内发光"图层样式，对相关选项进行设置，如图 6-204 所示。继续添加"渐变叠加"图层样式，对相关选项进行设置，如图 6-205 所示。

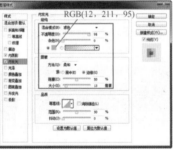

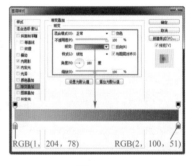

图 6-204   图 6-205

09 单击"确定"按钮，完成"图层样式"对话框的设置，将该图层创建剪贴蒙版，效果如图 6-206 所示。复制该图层，将复制得到的图形向左移至合适的位置，清除该图层的图层样式，为该图层添加"描边"图层样式，对相关选项进行设置，如图 6-207 所示。

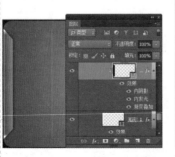

图 6-206   图 6-207

10 继续添加"渐变叠加"图层样式，对相关选项进行设置，如图 6-208 所示。单击"确定"按钮，完成"图层样式"对话框的设置，效果如图 6-209 所示。

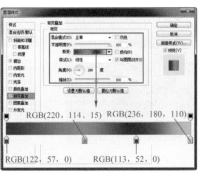

RGB(220，114，15) RGB(236，180，110)

RGB(122，57，0) RGB(113，52，0)

图 6-208

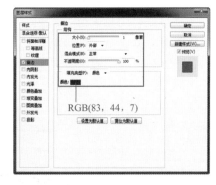

图 6-209

11 使用"椭圆工具"，在画布中绘制一个白色的正圆形，效果如图 6-210 所示。为该图层添加"描边"图层样式，对相关选项进行设置，如图 6-211 所示。

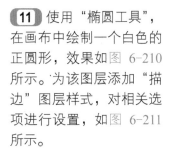

图 6-210

RGB(83，44，7)

图 6-211

12 继续添加"渐变叠加"图层样式，对相关选项进行设置，如图 6-212 所示。单击"确定"按钮，完成"图层样式"对话框的设置，效果如图 6-213 所示。

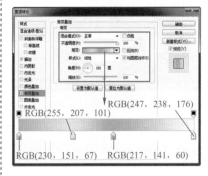

RGB(247，238，176)
RGB(255，207，101)

RGB(230，151，67) RGB(217，141，60)

图 6-212

图 6-213

13 复制该图层，将复制得到的图形向下移至合适的位置，效果如图 6-214 所示。使用相同的制作方法，可以完成相似图形的制作，如图 6-215 所示。

图 6-214

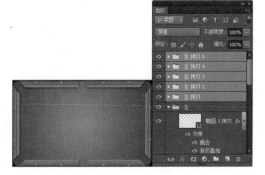

图 6-215

14 新建名称为"洞"的图层组，使用"椭圆工具"，设置"填充"为RGB（6，49，26），在画布中绘制正圆形，效果如图6-216所示。为该图层添加"描边"图层样式，对相关选项进行设置，如图6-217所示。

图6-216

RGB（4，106，52）

图6-217

15 继续添加"内阴影"图层样式，对相关选项进行设置，如图6-218所示。继续添加"内发光"图层样式，对相关选项进行设置，如图6-219所示。

图6-218

图6-219

16 单击"确定"按钮，完成"图层样式"对话框的设置，效果如图6-220所示。使用"钢笔工具"，在画布中绘制白色的形状图形，效果如图6-221所示。

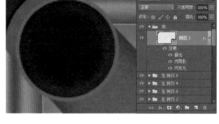

图6-220

图6-221

─ 💡 提示 ●

　　可以通过"图层"面板中的眼睛图标来切换图层的可见性。图层名称左侧的图像是该图层的缩览图，它显示了图层中包含的图像内容，缩览图中的网格代表了图像中的透明区域。若隐藏所有图层，则整个文档窗口都将显示为网格。

17 为该图层添加"描边"图层样式，对相关选项进行设置，如图6-222所示。继续添加"渐变叠加"图层样式，对相关选项进行设置，如图6-223所示。

RGB（52，25，3）

图6-222

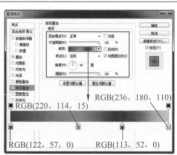

RGB（236，180，110）
RGB（220，114，15）
RGB（122，57，0）　　RGB（113，52，0）

图6-223

18 单击"确定"按钮，完成"图层样式"对话框的设置，效果如图 6-224 所示。使用相同的制作方法，可以完成其他相似图形的制作，效果如图 6-225 所示。

图 6-224

图 6-225

19 新建名称为"桌面"的图层组，将"左"图层至"洞 复制 5"图层拖入其中，并载入"圆角矩形 1"图层选区，为该图层组添加图层蒙版，效果如图 6-226 所示。新建名称为"球"的图层组，使用"椭圆工具"，在画布中绘制白色的正圆形，效果如图 6-227 所示。

图 6-226

图 6-227

20 为该图层添加"内发光"图层样式，对相关选项进行设置，如图 6-228 所示。继续添加"渐变叠加"图层样式，对相关选项进行设置，如图 6-229 所示。

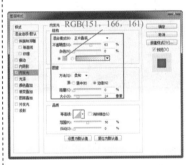
图 6-228

图 6-229

21 继续添加"投影"图层样式，对相关选项进行设置，如图 6-230 所示。单击"确定"按钮，完成"图层样式"对话框的设置，效果如图 6-231 所示。

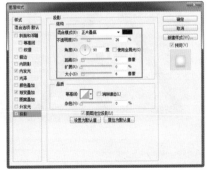
图 6-230

图 6-231

22 复制该图层,将复制得到的图形调整到合适的大小和位置,清除图层样式,并添加"渐变叠加"图层样式,设置该图层的"填充"为0%,效果如图6-232所示。使用相同的制作方法,完成相似图形的绘制,效果如图6-233所示。

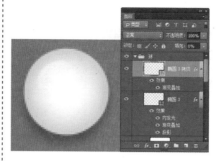

图 6-232

图 6-233

提示

此处高光图形的绘制方法有多种,可以创建选区,在选区中填充从白色到透明白色的渐变颜色,也可以使用半透明的"画笔工具"进行涂抹处理,重点是体现出半透明的高光效果。

---

23 使用"多边形工具",设置"边数"为3边,在画布中绘制一个黑色的三角形,效果如图6-234所示。使用"圆角矩形工具",设置"半径"为5像素,"路径操作"为"合并形状",在画布中绘制圆角矩形,效果如图6-235所示。

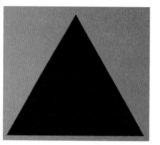
图 6-234

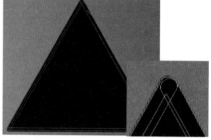
图 6-235

24 使用"多边形工具",设置"边数"为3边,"路径操作"为"减去顶层形状",在图形中减去一个三角形,效果如图6-236所示。使用"圆角矩形工具",设置"半径"为30像素,"路径操作"为"减去顶层形状",在图形中减去圆角矩形,效果如图6-237所示。

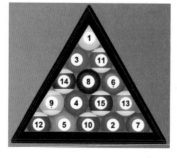
图 6-236

图 6-237

25 使用相同的制作方法，可以完成界面中其他图形的绘制，完成该桌球手机游戏界面的设计制作，最终效果如图 6-238 所示。

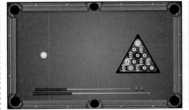

图 6-238

6.6 本章小结

Windows Phone 系统拥有简洁的视觉风格和完全区别于 iOS 和 Android 系统的交互方式，本章向读者详细介绍了有关 Windows Phone 系统的相关知识，并通过 Windows Phone 系统界面的设计制作，讲解了 Windows Phone 界面的设计方法和技巧。通过本章内容的学习，读者应能够理解 Windows Phone 系统界面设计的相关理论知识并掌握其界面的设计表现方法。

第 7 章

APP 界面设计

随着科技的不断发展，手机设计越来越趋向于多元化、人性化，消费者对手机的功能要求也越来越多，于是越来越多的 APP 应用软件层出不穷。用户不仅期望 APP 软件拥有强大的功能，更青睐那些能为用户提供轻松愉快的操作界面、既美观实用又操作便捷的 APP 应用软件。本章主要向读者介绍移动 APP 界面设计的方法和技巧，通过案例的制作练习，使读者快速掌握移动 APP 的设计方法。

精彩案例：

- 设计 iPad 影视 APP 界面。
- 设计 APP 引导界面。
- 设计音乐 APP 界面。
- 设计 iPad 游戏登录界面。
- 设计购物 APP 界面。
- 设计照片分享 APP 界面。

 常见的 **APP** 应用类型

随着人们的生活与智能手机的联系越来越紧密，生活的每一个细节都可以找到对应的 APP。就现今移动互联网的迅猛发展来说，APP 的开发无疑是移动互联网未来发展的主流。下面介绍几种常见的 APP 软件类型。

7.1.1 实用功能类 APP 应用

实用功能类 APP 应用平时用得较多，例如，购物商城 APP、订餐 APP、天气查询 APP、地图导航 APP 等，如图 7-1 所示。那么基于这些功能需求，APP 技术开发商在开发这些实用功能类 APP 应用时必须优化自己的 APP 应用关键字，这样才能让用户更方便、更快捷地搜索到你的应用。

地图应用 APP，随时随地查看当前位置，以及查询公交、地铁及打车等。   天气应用 APP，方便用户随时查询天气信息。

图 7-1

7.1.2 社交类 APP 应用

社交类 APP 软件也是人们使用频率和熟悉程度较高的 APP 软件，特别是 QQ，当智能手机还没有兴起时，QQ 已经成为很多人上网进行沟通交流的重要方式，随着智能手机的普及，很多社交类 APP 软件如雨后春笋般涌现出来，比较流行的社交类 APP 软件有 QQ、微信等，如图 7-2 所示。

图 7-2

7.1.3 娱乐、游戏类 **APP** 应用

一款 APP 软件能够火起来肯定有它的原因，这很大程度上是符合了大众的需求。如图 7-3 所示为游戏类 APP 软件。

图 7-3

7.2 APP 界面设计视觉效果

移动 APP 界面设计的视觉效果应该带给用户舒适、生机与活力之感，通过视觉感官的刺激，增加用户的亲和力，适应不同用户的心理特征。

7.2.1 简洁型的 **APP** 界面

简洁型的 APP 界面基于大块颜色和线条组合的构成方式，给人一种大气、简约的视觉效果。如图 7-4 所示为简洁型的 APP 界面设计。

图 7-4

在设计过程中基于上述风格设计的思路，在视觉效果的设计上需要参考如下方法。

➤ 结合界面图形设计的隐喻性，图标、图形尽量使用简洁的平面图形，尽量使用像素化的表现形式。

> 展现图形界面的精妙之外，合理使用线条和色彩渐变以确保细节的完美体现。
> 把握界面整体色调的同时注意在图标和线条的色彩搭配上下工夫，以活跃整个画面，避免整个界面色彩单一、暗淡无光。

7.2.2 趣味与个性的 APP 界面

APP 界面设计中的趣味性，主要是指形式的情趣，这是一种活泼的版面视觉语言。如果版面本身并没有多少精彩的内容，就需要靠增加趣味性，这也是在构思中调动了艺术手段所起的作用。趣味性能够使界面更加吸引人、打动人。在 APP 界面设计中，可以考虑使用个性的图标或者有趣味性的版面造型等手法表现界面。

鲜明的个性是排版设计的创意灵魂，如果 APP 界面多是单一化与概念化的形式，那么其被用户记住的可能性很小，更谈不上出奇制胜。因此，要敢于思考，敢于别出心裁，敢于独树一帜，在排版设计中多一点个性，少一些共性，多一点独创性，少一些一般性，才能赢得用户的青睐。如图 7-5 所示为充满趣味与个性的 APP 界面设计。

图 7-5

7.2.3 华丽的 APP 界面

基于饱和的色彩和华丽的质感，塑造超酷、超炫的视觉感受，利用羽化后的像素对图形图像进行仿真设计，不仅塑造界面的色彩、形状，还应该进一步在元素的质感和体积感上下工夫，给用户一种华丽的视觉享受。如图 7-6 所示为华丽的 APP 界面设计。

图 7-6

在设计的过程中基于上述风格设计的思路，在视觉效果的设计上需要参考以下方法。

> 塑造界面的体积感和质感，根据需要表现透明、半透明、粗糙、光滑等不同的视觉效果。

➤ 图标的制作尽量避免生硬的边缘轮廓，提倡渐变、羽化，加强图形的真实感，使设计更加趋于人性化。

➤ 考虑界面的整体色调，最好使用邻近色或同类色进行色彩构成，采用色彩的弱对比，因为界面图形本身就结合了体积感和质感的塑造，如果整体色调对比太强，很容易使用户疲劳。

 ## 实战案例——设计 iPad 影视 APP 界面

📀 源文件：源文件\第 7 章\iPad 影视 APP 界面.psd
🎬 视　频：视　频\第 7 章\iPad 影视 APP 界面.mp4

1. 案例特点

本案例设计一款 iPad 影视 APP 界面，简单个性化已经成为目标大众的诉求之一，本案例设计的界面从一般受众和一般常识出发来设计，界面内容清晰、简洁、突出。

2. 设计思维过程

填充深蓝色背景，奠定界面的色彩搭配和设计风格。　通过绘制状态栏和进一步完成背景设置，使界面具有层次感和光照感。　通过绘制相应的图标和添加相应的文字信息，用户可以更方便地操作。　通过添加相应的电影海报，添加相应的图标和文字信息，完成界面的绘制。

3. 制作要点

本案例所设计的 iPad 影视 APP 界面简洁、大方，首先设计界面的背景和界面的基本布局，通过绘制基本图形和添加文字信息，体现出界面的主次位置，在界面的中间位置放置影视封面图片，对其进行了一些简单修饰，提示文字条理清楚，界面的左侧安排相应的选项，方便用户快速查找相应的内容，整个界面给人一种简洁、优雅的视觉效果。

4. 配色分析

本案例所设计的 iPad 影视 APP 界面使用深蓝色作为界面主色调，通过明度和纯度变化给人一种清爽和优雅的感受，让人心情愉悦、轻松，白色的文字和功能图标在蓝色背景的衬托下更加清晰、醒目，整个界面的色彩搭配，给人一种清爽、清晰的印象。

深蓝　　　　　白色　　　　　灰蓝色

5. 制作步骤

01 执行"文件>新建"命令，弹出"新建"对话框，新建一个空白文档，如图 7-7 所示。设置"前景色"为 RGB（5，27，100），按【Alt+ Delete】组合键，为画布填充前景色，效果如图 7-8 所示。

图 7-7　　　　　　　　　图 7-8

02 新建名称为"状态栏"的图层组，根据前面案例的制作方法，可以完成该部分内容的制作，效果如图 7-9 所示。新建名称为"背景"的图层组，打开并拖入素材图像"源文件\第 7 章\素材\7101.jpg"，调整到合适的大小与位置，如图 7-10 所示。

图 7-9　　　　　　　　　图 7-10

03 执行"滤镜>模糊>高斯模糊"命令，弹出"高斯模糊"对话框，设置如图 7-11 所示。单击"确定"按钮，完成"高斯模糊"对话框的设置，效果如图 7-12 所示。

图 7-11　　　　　　　　　图 7-12

04 使用相同的制作方法，拖入其他素材图像并分别进行模糊处理，效果如图 7-13 所示。使用"矩形工具"，设置"填充"为 RGB（5，27，100），在画布中绘制矩形，并设置该图层的"不透明度"为 74%，效果如图 7-14 所示。

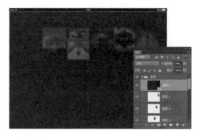

图 7-13   图 7-14

05 新建图层，使用"画笔工具"，设置"前景色"为 RGB（120，165，190），选择合适的笔触与大小，在画布中进行涂抹，设置该图层的"不透明度"为 85%，效果如图 7-15 所示。新建名称为"菜单"的图层组，使用相同的制作方法，完成背景效果的制作，如图 7-16 所示。

图 7-15

图 7-16

06 在"菜单"的图层组中新建名称为"在线播放"的图层组，使用"直线工具"，设置"粗细"为 1 像素，在画布中绘制白色的形状图形，效果如图 7-17 所示。使用"圆角矩形工具"，设置"填充"为无，"描边宽度"为 2 点，"半径"为 3 像素，在画布中绘制白色的圆角矩形，效果如图 7-18 所示。

图 7-17   图 7-18

07 使用"矩形工具"，在画布中绘制白色矩形，效果如图 7-19 所示。使用相同的制作方法，完成相似图形的绘制，效果如图 7-20 所示。

图 7-19 　　　　　　图 7-20

08 使用"横排文字工具"，在"字符"面板上对相关选项进行设置，在画布中输入文字，如图 7-21 所示。使用相同的制作方法，可以完成界面左侧菜单选项的制作，效果如图 7-22 所示。

图 7-21

图 7-22

09 为"地区"图层组添加图层蒙版，使用"渐变工具"，在蒙版中填充黑白线性渐变，效果如图 7-23 所示。新建名称为"顶部"的图层组，使用"横排文字工具"，在"字符"面板上对相关选项进行设置，在画布中输入文字，效果如图 7-24 所示。

图 7-23

图 7-24

10 使用"圆角矩形工具",设置"填充"为无,"描边宽度"为 1 点,"半径"为 10 像素,在画布中绘制白色圆角矩形,设置该图层的"不透明度"为50%,效果如图 7-25 所示。使用"椭圆工具",设置"填充"为无,"描边颜色"为 RGB（147，163，189）,"描边宽度"为 2 点,在画布中绘制正圆形,效果如图 7-26 所示。

图 7-25

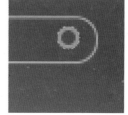

图 7-26

11 使用"直线工具",设置"填充"为RGB（147，163，189）,"路径操作"为"合并形状","粗细"为 2 像素,在画布中绘制直线,效果如图 7-27 所示。使用相同的制作方法,可以完成界面顶部相应内容的制作,效果如图 7-28 所示。

图 7-27

图 7-28

12 新建名称为"排列方式"的图层组,在该图层组中新建名称为"排列方式 1"的图层组,使用"圆角矩形工具",设置"填充"为无,"描边"为白色,"描边宽度"为 2 点,"半径"为 3 像素,在画布中绘制圆角矩形,效果如图 7-29 所示。继续使用"圆角矩形工具",设置"填充"为白色,"描边"为无,"半径"为 2 像素,在画布中绘制圆角矩形,效果如图 7-30 所示。

图 7-29

图 7-30

13 使用"矩形工具"，设置"路径操作"为"减去顶层形状"，在刚绘制的圆角矩形上减去两个矩形，效果如图 7-31 所示。使用相同的制作方法，可以绘制出其他相似的图标，效果如图 7-32 所示。

图 7-31

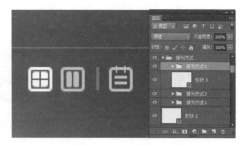

图 7-32

14 新建名称为"海报"的图层组，在该图层组中新建名称为"组 1"的图层组，使用"圆角矩形工具"，设置"半径"为 20 像素，在画布中绘制圆角矩形，效果如图 7-33 所示。拖入素材图像"源文件\第 7 章\素材\7110.jpg"，调整到合适的大小与位置，将该图层创建剪贴蒙版，效果如图 7-34 所示。

图 7-33

图 7-34

15 使用"矩形选框工具"，在画布中绘制矩形选区，如图 7-35 所示。按【Ctrl+C】组合键，复制图像，按【Ctrl+V】组合键，粘贴图像，执行"滤镜>模糊>高斯模糊"命令，弹出"高斯模糊"对话框，设置如图 7-36 所示。

图 7-35

图 7-36

16 单击"确定"按钮，完成"高斯模糊"对话框的设置，将该图层创建剪贴蒙版，效果如图 7-37 所示。使用"矩形工具"，在画布中绘制黑色矩形，将该图层创建剪贴蒙版，设置该图层的"不透明度"为 50%，效果如图 7-38 所示。

图 7-37

图 7-38

17 在"组 1"图层组中新建名称为"组 2"的图层组,使用"圆角矩形工具",设置"填充"为 RGB(79,107,134),"半径"为 10 像素,在画布中绘制圆角矩形,效果如图 7-39 所示。使用相同的制作方法,绘制相应的图形并输入文字,效果如图 7-40 所示。

图 7-39

图 7-40

18 使用"自定形状工具",设置"填充"为 RGB(255,185,2),在"形状"下拉列表中选择合适的形状,在画布中绘制形状图形,效果如图 7-41 所示。使用相同的制作方法,绘制直线并输入相应的文字,效果如图 7-42 所示。

图 7-41

图 7-42

19 使用相同的制作方法,完成相似内容的制作,将"海报"图层组调整至"菜单"图层组下方,效果如图 7-43 所示。在所有图层上方新建图层,使用"椭圆工具",在画布中绘制椭圆选区,执行"选择>修改>羽化"命令,弹出"羽化选区"对话框,设置如图 7-44 所示。

图 7-43

图 7-44

🔷 **提示** ●────

通过对选区进行羽化操作,可以使选区周围出现渐隐的晕暗效果,在表现一些阴影和逐渐过渡的效果时经常会使用。

20 单击"确定"按钮，羽化选区，为选区填充黑色，设置该图层的"不透明度"为 10%，效果如图 7-45 所示。使用"直线工具"，设置"填充"为 RGB（138，158，220），"粗细"为 1 像素，在画布中绘制直线，设置该图层的"不透明度"为 26%，效果如图 7-46 所示。

图 7-45

图 7-46

21 新建名称为"底部"的图层组，使用"椭圆工具"，设置"填充" RGB（204，216，255），在画布中绘制正圆形，设置该图层的"不透明度"为 10%，如图 7-47 所示。使用相同的制作方法，完成相似图形和文字的绘制，如图 7-48 所示。

图 7-47

图 7-48

22 使用相同的制作方法，完成该 iPad 影视 APP 界面的设计制作及该影视 APP 视频播放界面的设计制作，最终效果如图 7-49 所示。

图 7-49

7.3 APP 引导界面

　　APP 引导界面与 APP 的启动界面类似，APP 软件启动时，在正式进入 APP 应用界面之前，首先会通过几个引导界面向用户介绍该款 APP 应用的主要功能与特色，第一印象的好坏会极大地影响后续的产品使用体验。

　　根据 APP 引导界面的目的、出发点不同，可以将其分为功能介绍类、使用说明类、推广类、问题解解决类，一般引导界面不会超过 5 个。

7.3.1　功能介绍类

功能介绍类 APP 引导界面主要是对该 APP 软件的主要功能进行展示，让用户对软件功能有一个大致的了解。采用的形式大多以文字配合界面、插图的方式来展现，如图 7-50 所示为易信 APP 的引导界面。

在每个界面中通过图文相结合的方式，向用户介绍该 APP 应用的一种特色功能，从而吸引用户使用。

图 7-50

7.3.2　使用说明类

使用说明类 APP 引导界面是对用户在使用软件过程中可能会遇到的困难、不清楚的操作、误解的操作行为进行提前告知。这类引导界面大多采用箭头、圆圈进行标识，以手绘风格为主。如图 7-51 所示为虾米音乐 APP 的引导界面。

使用该 APP 应用主要的界面截图作为引导界面的背景，搭配手绘风格的操作说明，很好地向用户介绍了相应界面的操作方法和技巧，非常直观。

图 7-51

7.3.3　推广类

推广类引导界面除了有一些软件功能的介绍外，更多是想传达产品的态度，让用户更明白这个产品的情怀，并考虑与整个产品风格、公司形象相一致。这类引导界面如果做得不够吸引人，用户只会不耐烦地快速划过。而制作精良、有趣的引导界面，会吸引用户停留观赏。如图 7-52 所示为淘宝旅行 APP 的引导界面。

图 7-52

7.3.4 问题解决类

问题解决类 APP 软件引导界面通过描述在实际生活中会遇到的问题，直击痛点，通过最后的解决方案让用户产生情感上的联系，对产品产生好感，增加产品黏度。如图 7-53 所示为问题解决类 APP 的引导界面。

在各引导界面中使用同一风格的插画图形搭配文字说明，简单说明了该 APP 应用的特色及作用。

图 7-53

 实战案例——设计 APP 引导界面

 源文件：源文件\第 7 章\APP 引导界面.psd

视　频：视　频\第 7 章\APP 引导界面.mp4

1. 案例特点

本案例设计一组 APP 引导界面，通过该 APP 引导界面来介绍该 APP 应用最新的活动信息，从而引起用户的关注。这一组 APP 引导界面使用不同的主题背景色进行区别，采用相同的设计风格，使引导界面之间既能够保持统一的风格，又能够相互区别，突出表现各界面中的信息内容。

2. 设计思维过程

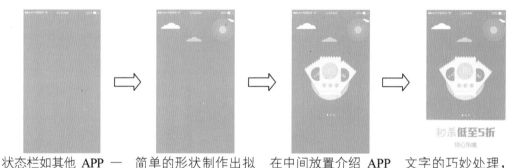

状态栏如其他 APP 一样放置在顶部，颜色鲜艳的背景，亮点突出。

简单的形状制作出拟物化图形，可爱有趣。

在中间放置介绍 APP 的主要内容，画面直观简约。

文字的巧妙处理，更深入人心，层次分明。

3. 制作要点

本案例所设计的一组 APP 引导界面，每个界面都使用了统一的设计风格，都将状态栏放在顶部，添加卡通图形进行装饰，主要内容放置在界面的中间，底部用文字来搭配讲解界面内容，简约整洁。

4. 配色分析

本案例所设计的一组 APP 引导界面，每个界面都使用亮度较高的鲜艳颜色作为背景，使界面更加抢眼。

蓝色　　　　浅黄色　　　　白色

5. 制作步骤

01 执行"文件>新建"命令，弹出"新建"对话框，新建一个空白文档，如图 7-54 所示。设置"前景色"为 RGB（59，175，215），按【Alt+Delete】组合键，为画布填充前景色，效果如图 7-55 所示。

图 7-54 图 7-55

02 新建名称为"状态栏"的图层组，根据前面案例的制作方法，可以完成该部分内容的制作，效果如图 7-56 所示。新建名称为"云朵"的图层组，使用"椭圆工具"，在画布中绘制多个白色的椭圆形并相加，效果如图 7-57 所示。

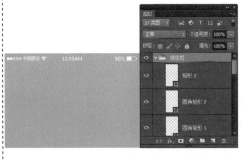

图 7-56 图 7-57

03 使用"矩形工具"，设置"路径操作"为"减去顶层形状"，在图形中减去一个矩形，效果如图 7-58 所示。多次复制该图层，分别将复制得到的图形调整到不同的大小和位置，设置相应图层的"不透明度"，效果如图 7-59 所示。

图 7-58 图 7-59

04 使用"椭圆工具"，设置"填充"为 RGB（90，182，219），在画布中绘制正圆形，效果如图 7-60 所示。使用"椭圆工具"，可以绘制出不同颜色的正圆形，效果如图 7-61 所示。

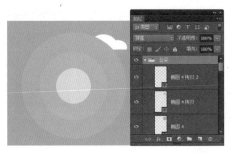

图 7-60 图 7-61

05 新建名称为"中间"的图层组,使用"椭圆工具",设置"填充"为 RGB（252，224，81），在画布中绘制正圆形，效果如图 7-62 所示。在该图层组中新建名称为 left 的图层组,使用"矩形工具",设置"填充"为 RGB（233，238，241），在画布中绘制矩形,效果如图 7-63 所示。

图 7-62

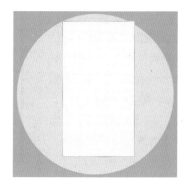

图 7-63

06 使用"多边形工具",设置"边数"为 3,"路径操作"为"合并形状",在矩形上添加三角形,并对所绘制的三角形进行复制,效果如图 7-64 所示。使用"椭圆工具",设置"填充"为 RGB（85，181，217），"描边"为 RGB（164，216，191），"描边宽度"为 1 点,在画布中绘制正圆形,效果如图 7-65 所示。

图 7-64

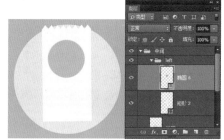

图 7-65

07 使用"横排文字工具",在"字符"面板中设置相关选项,在画布中输入文字,如图 7-66 所示。为文字图层添加"投影"图层样式,对相关选项进行设置,如图 7-67 所示。

图 7-66

图 7-67

08 设置完成后，单击
"确定"按钮，效果如
图 7-68 所示。使用"直
线工具"，设置"填充"
为 RGB（199，203，
204），在画布中绘制多条
不同粗细的直线，效果如
图 7-69 所示。

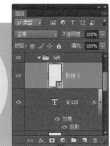

图 7-68　　　　　　图 7-69

09 使用"钢笔工具"，
设置"填充"为 RGB
（214，193，85），在画布
中绘制形状图形，将该图
层调整至"矩形 2"图层
下方，效果如图 7-70 所
示。选中 left 图层组，按
【Ctrl+T】组合键，对该图
层组中的所有图形进行旋
转操作，效果如图 7-71
所示。

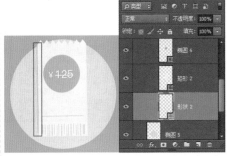

图 7-70　　　　　　图 7-71

提示

　　调整图层的叠放顺序可以产生不同的图像效果，在 Photoshop 中调整图层叠放顺序的
方法很简单，只需要在"图层"面板中拖动需要调整顺序的图层即可。也可以选中需要
调整顺序的图层，执行"图层>排列"命令，在弹出的子菜单中执行相应的命令，对图层
的顺序进行调整。

10 使用相同的制作方
法，可以完成其他相似图
形效果的制作，如图 7-72
所示。选中"left 复制
2"图层组中的"矩形 2"
图层，载入"椭圆 5"图
层为选区，为"矩形 2"
图层添加图层蒙版，效果
如图 7-73 所示。

图 7-72　　　　　　图 7-73

11 使用"矩形选框工具",在画布中绘制一个矩形选区,为选区填充白色,效果如图 7-74 所示。使用相同的制作方法,为"形状 1"图层添加图层蒙版,效果如图 7-75 所示。

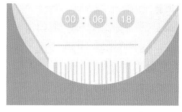

图 7-74   图 7-75

12 新建名称为"椭圆"的图层组,使用"椭圆工具",在画布中绘制白色正圆形,并复制所绘制的正圆形,为相应的图层设置"不透明度",效果如图 7-76 所示。新建名称为"底层"的图层组,使用"矩形工具",在画布中绘制一个白色矩形,效果如图 7-77 所示。

图 7-76   图 7-77

13 使用"椭圆工具",设置"路径操作"为"合并形状",在画布中绘制椭圆形,并对所绘制的椭圆形进行复制,效果如图 7-78 所示。使用"横排文字工具",在"字符"面板中设置相关选项,在画布中输入文字,如图 7-79 所示。

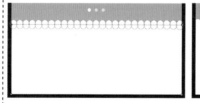

图 7-78   图 7-79

14 为该图层添加图层蒙版,使用"画笔工具",设置"前景色"为黑色,在蒙版中涂抹,效果如图 7-80 所示。使用"钢笔工具",设置"填充"为 RGB(248,222,109),在画布中绘制形状图形,效果如图 7-81 所示。

图 7-80   图 7-81

15 使用"横排文字工具",在画布中输入文字,效果如图 7-82 所示。完成该 APP 引导界面中第一个界面的制作,效果如图 7-83 所示。

图 7-82　　　　　　　　　　图 7-83

16 使用相同的制作方法,可以完成该 APP 其他引导界面的设计制作,最终效果如图 7-84 所示。

图 7-84

7.4 APP 界面设计要求

　　如今手机屏幕的尺寸越来越大,但始终是有限的,因此,在 APP 软件界面的设计中,精简是一贯的设计准则。这里所说的精简并不是内容上尽可能少,而要注意重点表达。在视觉上也要遵循用户的视觉逻辑,用户看着顺眼了,才会真正喜欢。

7.4.1　APP 界面的特点

　　由于市场竞争激烈,APP 软件不仅仅靠外观取胜,其软件系统已经成为用户直接操作和应用的主体,所以 APP 软件界面设计应该以操作快捷、美观实用为基础,如图 7-85 所示。

图 7-85

以下是 APP 软件界面设计的几个特点。

1. 显示区域小

手机的显示区域有限，不能有太丰富的展示效果，因此其设计要求精简而不失表达能力。

2. 简单的交互操作

APP 软件的操作应用主要依赖于人的手指，所以交互过程不能设计得太复杂，交互步骤不能太多，且应该尽量多设计一些快捷方式。

3. 通用性

不同操作系统、不同型号的手机，有可能支持的图像格式、声音格式、动画格式也不一样，设计师需要尽量选择通用的格式，或者对不同型号进行配置选择。

4. 元素的缩放和布局

不同的手机，屏幕尺寸也会存在不一致，因此在设计 APP 软件界面的过程中需要考虑图像的自适应问题和界面元素的布局问题。

7.4.2　APP 界面的设计流程

在一个成熟且高效的手机 APP 产品团队中，通常设计者会在前期就加入项目中，针对产品定位、面向人群、设计风格、色调和控件等问题进行探讨。这样做的好处在于，保持了设计风格与产品的一致性，同时，定下风格后设计人员立刻可以着手效果图的设计和多套方案的整理，可以有效节约时间。

APP 设计的大致流程主要分为如下几个部分。

1. 软件定位

明确该款 APP 软件的功能是什么，需要达到什么样的目的。

2. 视觉风格

根据 APP 软件的功能、面向群体和商业价值等内容，确认 APP 软件界面的视觉风格。

3. APP 软件组件

在 APP 软件界面中使用滑屏还是滚动条、复选还是单选，确定组件类型。

4. 设计方案

确定了 APP 软件的定位、风格和组件后，就可以开始设计 APP 软件界面方案。

5. 提交方案

提交 APP 软件界面设计方案，请专业人士进行测评，选择用户体验最优的方案。

6. 确定方案

方案确认后，就可以以该方案为基准开始进行美化设计了。

7.4.3 APP 界面的色彩搭配

在设计 APP 应用界面时，切忌滥用颜色，在实际搭配过程中，如果对自己色彩搭配水平没有把握，可以参考同类 APP 案例。根据 APP 的行业、风格和定位，去寻找同类型 APP 的常用色彩搭配组合。例如橙色在商业类的 APP 中受到青睐，而蓝色在社交类的 APP 中使用更为广泛，如图 7-86 所示。

图 7-86

如图 7-87 所示为从成功的 APP 方案中提取色彩搭配方案，具体操作是使用吸管工具，将 APP 界面中采用面积最大的几种颜色提取出来，这种方法可以快速找出适用的色彩搭配方案。

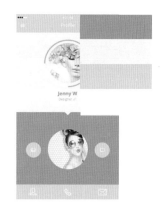

图 7-87

7.4.4 平板电脑界面的特点

随着 iPad 的出现，各种平板电脑如雨后春笋般出现，相对于智能手机 APP 软件而言，平板电脑 APP 应用软件的界面更大，设计师的可发挥空间也更大。

优秀的 iPad 软件界面设计拥有哪些特点？首先，需要保持应用软件的操作简单，这样可以方便用户的操作，增强用户体验。其次，应用软件的功能应该尽可能"少而精"，为用户提供最直接的功能，这样才能具有针对性。

 实战案例——设计音乐 APP 界面

源文件：源文件\第 7 章\音乐 APP 界面.psd
视　频：视　频\第 7 章\音乐 APP 界面.mp4

1. 案例特点

本案例设计一款音乐 APP 界面，使用音乐相关的素材图像作为界面的背景，使界面具有律动感，并且每个界面都采用了统一的设计风格和配色，使得整个 APP 界面具有很强的整体性和一致性。

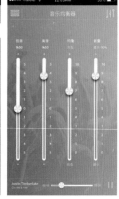

2. 设计思维过程

首先是素材图像的处理。

简单的形状组合制作出状态栏和标题栏，并放置在界面顶部。

中间放置界面的主要内容，通过线框图标清晰地表现出功能选项。

通过简单图形将次要内容和主要内容分开，图文混搭介绍。

3. 制作要点

本案例所设计的音乐APP界面，顶部与其他APP一样放置状态栏和标题信息，便于用户查看，通过简单的形状叠加，使界面层次分明，具有强有力的立体结构感，同类信息通过列表或横向排列的方式展示，使得界面整齐有序。

4. 配色分析

本案例所设计的音乐APP界面使用蓝色作为界面的主体色调，给人一种清澈、舒适、流畅的感觉。使用蓝色的渐变颜色结合素材图像作为界面的背景，在界面中搭配蓝色和白色的图形与文字，界面整体视觉效果非常统一，内容也很清晰。

蓝色　　　　浅蓝色　　　　白色

5. 制作步骤

01 执行"文件>新建"命令，弹出"新建"对话框，新建一个空白文档，如图7-88所示。使用"渐变工具"，打开"渐变编辑器"对话框，设置渐变颜色，如图7-89所示。

图7-88

图7-89

02 单击"确定"按钮，完成渐变颜色的设置，在画布中拖动鼠标，填充线性渐变，效果如图 7-90 所示。打开并拖入素材图像"源文件\第 7 章\素材\7301.png"，设置该图层的"混合模式"为"明度"，"不透明度"为 10%，效果如图 7-91 所示。

 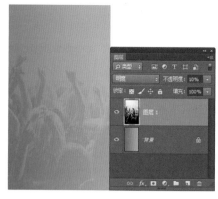

图 7-90　　　　　　　　　图 7-91

> 💡 **提示**
>
> "明度"混合模式指色彩的明暗程度，白色明度最高，黑色明度最低，不同色相的明度也不同，简单地说就是图像的明亮程度。

03 新建名称为"状态栏"的图层组，根据前面案例的制作方法，可以完成该部分内容的制作，效果如图 7-92 所示。新建名称为"导航栏"的图层组，使用"矩形工具"，设置"填充"为无，"描边"为白色，"描边宽度"为 2 点，在画布中绘制矩形，并对该矩形进行复制，效果如图 7-93 所示。

图 7-92　　　　　　　　　图 7-93

04 使用"横排文字工具"，在"字符"面板中设置相关选项，在画布中输入文字，如图 7-94 所示。使用"直线工具"，设置"填充"为白色，"描边"为无，"粗细"为 2 像素，在画布中绘制直线，效果如图 7-95 所示。

 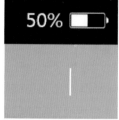

图 7-94　　　　　　　　　图 7-95

05 使用"椭圆工具"，设置"填充"为无，"描边"为白色，"描边宽度"为 2 点，"路径操作"为"合并形状"，在画布中绘制正圆形，效果如图 7-96 所示。使用相同的制作方法，可以完成相似图形效果的绘制，如图 7-97 所示。

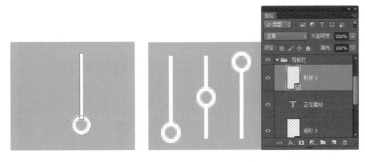

图 7-96   图 7-97

06 使用"直线工具"，设置"填充"为 RGB（77，204，213），"粗细"为 1 像素，在画布中绘制直线，效果如图 7-98 所示。新建名称为"中间"的图层组，使用"多边形工具"，设置"填充"为无，"描边"为白色，"描边宽度"为 2 点，"边数"为 3 边，在画布中绘制三角形，并对该三角形进行复制，效果如图 7-99 所示。

图 7-98   图 7-99

07 使用"直接选择工具"，选中刚绘制的两个三角形，复制图形，并将复制得到的图形进行水平翻转，调整到合适的位置，效果如图 7-100 所示。使用"圆角矩形工具"，设置"半径"为 1 像素，在画布中绘制白色的圆角矩形，效果如图 7-101 所示。

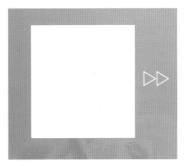

图 7-100   图 7-101

08 打开并拖入素材图像"源文件\第 7 章\素材\7302.png",设置该图层的"混合模式"为"明度",效果如图 7-102 所示。使用相同的制作方法,可以制作出相似的图形效果,如图 7-103 所示。

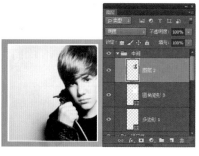

图 7-102   图 7-103

09 使用"椭圆工具",设置"填充"为无,"描边"为白色,"描边宽度"为 2 点,在画布中绘制正圆形,效果如图 7-104 所示。为该图层添加图层蒙版,使用"矩形选框工具",在画布中绘制选区,并为选区填充黑色,效果如图 7-105 所示。

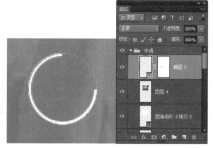

图 7-104   图 7-105

10 使用"多边形工具",设置"边"为 3,在画布中绘制一个三角形,效果如图 7-106 所示。使用"椭圆工具",设置"填充"为白色,"描边"为无,在画布中绘制正圆形,效果如图 7-107 所示。

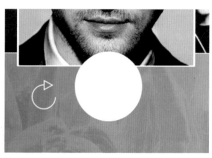

图 7-106   图 7-107

11 为该图层添加"描边"图层样式,对相关选项进行设置,如图 7-108 所示。继续添加"渐变叠加"图层样式,对相关选项进行设置,如图 7-109 所示。

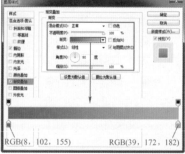

图 7-108   图 7-109

12 单击"确定"按钮，完成"图层样式"对话框的设置，效果如图 7-110 所示。使用"多边形工具"，设置"填充"为无，"描边"为白色，"描边宽度"为 2 点，"边"为 3，在画布中绘制一个三角形，效果如图 7-111 所示。

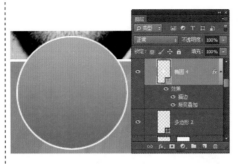

图 7-110　　　　　图 7-111

13 使用"自定形状工具"，在"形状"下拉列表中选择合适的形状，在画布中绘制形状图形，效果如图 7-112 所示。为该图层添加"描边"图层样式，对相关选项进行设置，如图 7-113 所示。

图 7-112　　　　　图 7-113

14 单击"确定"按钮，设置该图层的"填充"为 0%，效果如图 7-114 所示。新建名称为"歌曲进度"的图层组，使用"横排文字工具"，在"字符"面板中设置相关选项，在画布中绘制输入文字，如图 7-115 所示。

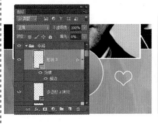

图 7-114　　　　　图 7-115

15 使用"圆角矩形工具"，设置"半径"为 30 像素，在画布中绘制白色的圆角矩形，效果如图 7-116 所示。复制该图层，修改复制得到图形的填充颜色为 RGB（30，151，174），将其调整到合适的大小和位置，效果如图 7-117 所示。

图 7-116　　　　　图 7-117

16 使用"椭圆工具"，
在画布中绘制一个白色正
圆形，效果如图 7-118 所
示。为该图层添加"描
边"图层样式，对相关选
项进行设置，如图 7-119
所示。

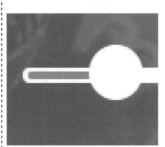

图 7-118　　　　图 7-119

17 继续添加"渐变叠
加"图层样式，对相关选
项进行设置，如图 7-120
所示。继续添加"投影"
图层样式，对相关选项进
行设置，如图 7-121 所示。

RGB(205，204，204)

图 7-120　　　　图 7-121

18 单击"确定"按钮，
完成"图层样式"对话框
的设置，效果如图 7-122
所示。使用相同的制作方
法，可以完成界面中其他
部分内容的制作，效果如
图 7-123 所示。

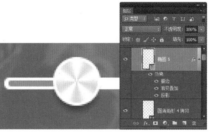

图 7-122　　　　图 7-123

19 继续制作"歌曲列
表"界面，执行"文件>
新建"命令，弹出"新
建"对话框，新建一个空
白文档，如图 7-124 所
示。根据前面相同的制作
方法，可以完成该界面背
景、状态栏和导航栏的制
作，效果如图 7-125 所示。

图 7-124　　　　图 7-125

20 新建名称为"歌曲"的图层组，打开并拖入素材图像"源文件\第7章\素材\7308.png"，如图7-126所示。使用"横排文字工具"，在画布中输入文字，效果如图7-127所示。

图7-126

图7-127

21 使用"圆角矩形工具"，设置"半径"为10像素，在画布中绘制一个白色的圆角矩形，效果如图7-128所示。使用各种矢量绘图工具，可以绘制出相应的图标效果，如图7-129所示。

图7-128

图7-129

22 使用"直线工具"，设置"粗细"为1像素，在画布中绘制白色的直线，并设置该图层的"不透明度"为20%，效果如图7-130所示。使用相同的制作方法，可以完成该界面中歌曲列表的制作，效果如图7-131所示。

图7-130

图7-131

23 使用相同的制作方法，还可以完成该音乐APP界面中其他界面的设计制作，最终效果如图7-132所示。

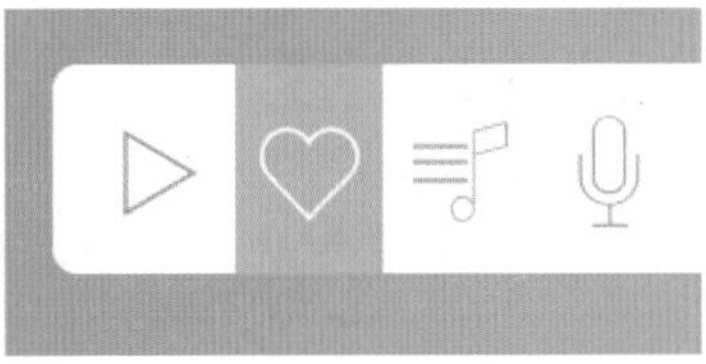

图7-132

实战案例——设计 iPad 游戏登录界面

源文件：源文件\第 7 章\iPad 游戏登录界面.psd
视　频：视　频\第 7 章\iPad 游戏登录界面.mp4

1. 案例特点

本案例设计一款 iPad 游戏登录界面，使用弹出窗口的方式来表现该登录界面，在界面的设计过程中，使用拟物化的表现方式，重点突出登录窗口的阴影、高光等质感表现，使界面带给用户一种愉快的感受。

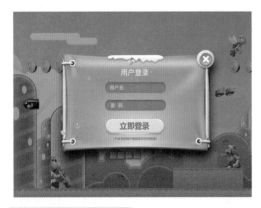

2. 设计思维过程

使用游戏场景素材图像作为背景，身临其境，激起兴趣。

素材和形状的叠加制作出对话框的背景。

制作出登录框和登录按钮，用大小不一的文字，突出重要内容。

添加水珠的装饰，奇幻有趣，关闭按钮放置在右上角，便于操作。

3. 制作要点

本案例所设计的 iPad 游戏登录界面，使用游戏场景图像作为背景，处理后突出登录对话框，制作梦幻卡通背景，与游戏风格相统一，登录按钮和关闭按钮制作方式不一，并巧妙地放置，具有强烈的辨识度。

4. 配色分析

本案例所设计的 iPad 游戏登录界面，使用高饱和度的蓝色作为界面的主色调，梦幻有趣，在界面中搭配同样高饱和度的绿色和红色，来突出表现界面中不同功能的重要操作按钮，界面整体给人一种精致、重点突出的视觉感受。

蓝色　　　绿色　　　红色

5. 制作步骤

01 执行"文件>新建"命令，弹出"新建"对话框，新建一个空白文档，如图 7-133 所示。打开并拖入素材图像"源文件\第7 章\素材\7401. png"，效果如图 7-134 所示。

图 7-133

图 7-134

> **提示**
>
> 此处用游戏场景作为背景，更加生动形象，抢眼新颖，能很好地带动游戏的气氛，大部分有关游戏的设计界面都会采用此方法。

02 使用"矩形工具"，在画布中绘制一个黑色的矩形，设置该图层的"不透明度"为 50%，效果如图 7-135 所示。新建名称为"背景"的图层组，打开并拖入素材图像"源文件\第 7 章\素材\7402.png"，复制该素材图像，调整到合适的位置，效果如图 7-136 所示。

图 7-135

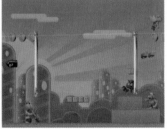

图 7-136

03 打开并拖入素材图像"源文件\第 7 章\素材\7403.png"，复制该素材图像，调整到合适的位置，效果如图 7-137 所示。为该图层添加"投影"图层样式，对相关选项进行设置，如图 7-138 所示。

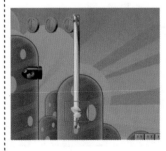

图 7-137

图 7-138

04 单击"确定"按钮，完成"图层样式"对话框的设置，效果如图 7-139 所示。使用"圆角矩形工具"，设置"填充"为 RGB（34，125，195），"半径"为 5 像素，在画布中绘制圆角矩形，效果如图 7-140 所示。

图 7-139　　　　　　图 7-140

05 使用"钢笔工具"，在圆角矩形路径上添加锚点，使用"直接选择工具"对相关的锚点进行调整，从而改变圆角矩形的效果，如图 7-141 所示。执行"文件>新建"命令，弹出"新建"对话框，新建一个空白文档，如图 7-142 所示。

图 7-141　　　　　　图 7-142

06 将画布放大至最大，使用"矩形选框工具"，在画布中绘制选区，并为选区填充黑色，如图 7-143 所示。执行"编辑>定义图案"命令，在弹出的对话框中设置图案名称，如图 7-144 所示。

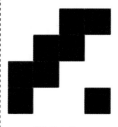

图 7-143　　　　　　图 7-144

> **提示**
>
> 除了系统提供的图案类型之外，还可以自己绘制图形，然后定义图案名称进行保存，可以制作出自己想要的纹理效果。

07 单击"确定"按钮，返回设计文档，为"圆角矩形 1"图层添加"图案叠加"图层样式，对相关选项进行设置，如图 7-145 所示。继续添加"投影"图层样式，对相关选项进行设置，如图 7-146 所示。

图 7-145　　　　　　图 7-146

08 单击"确定"按钮，完成"图层样式"对话框的设置，效果如图 7-147 所示。新建图层，使用"画笔工具"，设置"前景色"为黑色，选择合适笔触并设置笔触不透明度，在画布中合适的位置涂抹，效果如图 7-148 所示。

图 7-147

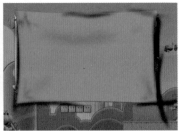

图 7-148

09 将该图层创建剪贴蒙版，并设置"混合模式"为"柔光"，效果如图 7-149 所示。使用"直线工具"，设置"粗细"为1像素，在画布中绘制白色直线，效果如图 7-150 所示。

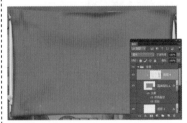

图 7-149

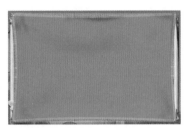

图 7-150

10 为该图层创建剪贴蒙版，并设置"混合模式"为"柔光"，效果如图 7-151 所示。新建图层，使用"画笔工具"设置"前景色"为白色，在画布中进行涂抹，绘制高光效果，如图 7-152 所示。

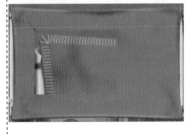

图 7-151

图 7-152

💡 提示

"柔光"混合模式是指使颜色变亮或者变暗，具体取决于混合色。

11 拖入相应素材图像，并添加"投影"图层样式，效果如图 7-153 所示。使用"钢笔工具"，在画布中绘制白色的形状图形，效果如图 7-154 所示。

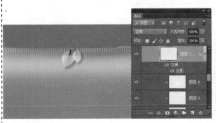

图 7-153

图 7-154

12 为该图层添加"内
阴影"图层样式,对相关
选项进行设置,如图 7-155
所示。继续添加"渐变叠
加"图层样式,对相关选
项进行设置,如图 7-156
所示。

图 7-155　　　　　　　　图 7-156

13 继续添加"投影"
图层样式,对相关选项进
行设置,如图 7-157 所
示。单击"确定"按钮,
完成"图层样式"对话框
的设置,效果如图 7-158
所示。

图 7-157　　　　　　　　图 7-158

14 新建名称为"洞"的
图层组,使用相同的制作
方法,可以完成该部分图
形的绘制,效果如图 7-159
所示。新建名称为"绳
子"的图层组,使用"圆
角矩形工具",设置"填
充"为 RGB(240,240,
240),"半径"为 5 像素,
在画布中绘制圆角矩形,
效果如图 7-160 所示。

图 7-159　　　　　　　　图 7-160

15 为该图层添加"内
阴影"图层样式,对相关
选项进行设置,如图 7-161
所示。继续添加"渐变叠
加"图层样式,对相关选
项进行设置,如图 7-162
所示。

图 7-161　　　　　　　　图 7-162

16 继续添加"投影"图层样式，对相关选项进行设置，如图 7-163 所示。单击"确定"按钮，完成"图层样式"对话框的设置，效果如图 7-164 所示。

图 7-163

图 7-164

17 多次复制该图层，分别对复制得到的图形进行斜切操作，效果如图 7-165 所示。为该图层组添加"投影"图层样式，效果如图 7-166 所示。

图 7-165

图 7-166

18 为该图层组添加图层蒙版，使用"渐变工具"，在蒙版中填充黑白线性渐变，效果如图 7-167 所示。将"绳子"图层组复制两次，并分别调整到合适的位置，效果如图 7-168 所示。

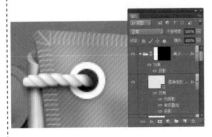

图 7-167

图 7-168

19 新建名称为"登录框"的图层组，使用"圆角矩形工具"，设置"填充"为 RGB（40，92，134），"半径"为 30 像素，在画布中绘制圆角矩形，效果如图 7-169 所示。为该图层添加"内阴影"图层样式，对相关选项进行设置，如图 7-170 所示。

图 7-169

图 7-170

20 继续添加"投影"
图层样式，对相关选项进
行设置，如图 7-171 所
示。单击"确定"按钮，
完成"图层样式"对话框
的设置，效果如图 7-172
所示。

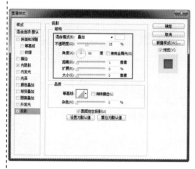

图 7-171

图 7-172

21 复制该图层，将复
制得到的图形向下移至合
适的位置，效果如图 7-173
所示。使用"横排文字工
具"，在"字符"面板中设
置相关选项，在画布中输
入文字，效果如图 7-174
所示。

图 7-173

图 7-174

22 新建名称为"按
钮"的图层组，使用"圆
角矩形工具"，设置"填
充"为 RGB（163，221，
39），"半径"为 50 像
素，在画布中绘制圆角矩
形，效果如图 7-175 所
示。为该图层添加"内阴
影"图层样式，对相关选
项进行设置，如图 7-176
所示。

图 7-175

图 7-176

23 继续添加"内发
光"图层样式，对相关选
项进行设置，如图 7-177
所示。继续添加"渐变叠
加"图层样式，对相关选
项进行设置，如图 7-178
所示。

图 7-177

图 7-178

24 继续添加"投影"图层样式,对相关选项进行设置,如图 7-179 所示。单击"确定"按钮,完成"图层样式"对话框的设置,效果如图 7-180 所示。

图 7-179

图 7-180

25 复制该图层,将复制得到的图形等比例缩小,并清除图层样式,效果如图 7-181 所示。使用相同的制作方法,可以完成该部分内容的制作,效果如图 7-182 所示。

图 7-181

图 7-182

26 新建名称为"水珠"的图层组,使用"椭圆工具",在画布中绘制白色的椭圆形,效果如图 7-183 所示。为该图层添加"内发光"和"渐变叠加"图层样式,并设置该图层的"填充"为 20%,效果如图 7-184 所示。

图 7-183

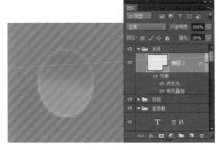

图 7-184

27 复制该图层,将复制得到的图形调整到合适的大小,清除图层样式,修改图形的填充颜色为 RGB(19,79,168),如图 7-185 所示。为该图层添加图层蒙版,使用"渐变工具",在蒙版中填充黑白线性渐变,效果如图 7-186 所示。

图 7-185

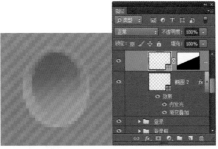

图 7-186

28 使用相同的制作方
法，完成相似图形的绘
制，效果如图 7-187 所
示。新建名称为"关闭"
的图层组，绘制基本图
形，并添加相应的图层样
式，完成"关闭"按钮图
形的绘制，效果如图 7-188
所示。

图 7-187

图 7-188

29 新建名称为"整
体"的图层组，将"背
景"图层组至"关闭"图
层组移至其中，并为该
图层组添加"投影"图
层样式，对相关选项进
行设置，如图 7-189 所
示。单击"确定"按
钮，完成"图层样式"
对话框的设置，效果如
图 7-190 所示。

图 7-189

图 7-190

> **提示**
>
> 如果需要将多个图层放置在一个图层组中，可以在"图层"面板中选中需要的图
> 层，然后执行"图层>图层编组"命令，或按【Ctrl+G】组合键，即可将选中的多个图层
> 放置在一个图层组中。

30 至此，完成该 iPad
游戏登录界面的设计制
作，最终效果如图 7-191
所示。

图 7-191

7.5 APP 界面设计原则

移动设备界面设计的人性化不仅仅局限于硬件的外观，对 APP 应用软件界面设计的要求也在日益增长，并且越来越高，因此 APP 软件界面设计的规范显得尤其重要。

7.5.1 实用性

APP 软件的实用性是软件应用的根本。在设计 APP 软件界面时，应该结合软件的应用范畴，合理地安排版式，以达到美观实用的目的。界面构架的功能操作区、内容显示区、导航控制区都应该统一范畴，不同功能模块的相同操作区域中的元素，风格应该一致，以使用户能迅速掌握对不同模块的操作，从而使整个界面统一在一个特有的整体之中，如图 7-192 所示。

通过选项卡能够快速切换界面中的内容。

在内容显示区域使用精美的食物素材搭配简洁的图标，并且可以左右进行滑动切换。

底部放置功能操作按钮，并且当前选项使用白色背景进行突出显示。

特殊颜色的功能切换开关，在界面中非常醒目。

拟物化的功能选项设计，给用户一种非常直观的感受。

图 7-192

7.5.2 统一的色彩与风格

APP 软件界面的色彩及风格应该是统一的。APP 软件界面的总体色彩应该接近和类似系统界面的总体色调，一款界面风格和色彩不统一的 APP 软件界面会给用户带来不适感，如图 7-193 所示。

同一款 APP 的多个界面需要保持统一的配色与设计风格，这样能够有整体统一的视觉印象。

图 7-193

7.5.3　合理的配色

色彩会影响一个人的情绪，不同的色彩会让人产生不同的心理效应；反之，每种心理状态所能接受的色彩也是不同的。只有不断变化的事物才能引起人们的注意，将界面设计的色彩个性化，目的是通过色彩的变换协调用户的心理，让用户对软件产品保持一种新鲜感，如图 7-194 所示。

粉色给人一种甜美、梦幻和女性化的感觉。该 APP 界面使用不同明度的粉红色系进行搭配，整体色调统一、清晰。

蓝色给人很强的科技感，搭配对比色橙色，很好地突出了重点信息内容。

各功能操作按钮分别使用不同的背景色，具有很好的辨识性。

图 7-194

7.5.4　规范的操作流程

手机用户的操作习惯是基于系统的，所以在 APP 软件界面设计的操作流程上也要遵循系统的规范性，使用户会使用手机就会使用软件，从而简化用户的操作流程，如图 7-195 所示。

采用简约线性风格设计的各功能图标，界面中各功能图标的放置位置及操作方法与系统相统一，从而能够使用户快速上手。

图 7-195

7.5.5　视觉元素规范

在 APP 软件界面设计中尽量使用较少的颜色表现色彩丰富的图形图像，以确保数据量小，且确保图形图像的效果完好，从而提高程序的工作效率。

软件界面中的线条与色块后期都会使用程序来实现，这就需要考虑程序部分和图像部分相结合。只有自然结合才能协调界面效果的整体感，所以需要程序开发人员与界面设计人员密切沟通，达到一致。

 实战案例——设计购物 APP 界面

💿 源文件：源文件\第7章\购物 APP 界面.psd
🎬 视　频：视　频\第7章\购物 APP 界面.mp4

1. 案例特点

本案例设计一款购物 APP 界面，在该 APP 界面的设计过程中使用简洁的设计风格，重点突出界面中的商品信息内容，并且为用户提供方便的操作方式，运用扁平化的设计使整体界面给人一种整洁、清晰的印象。

  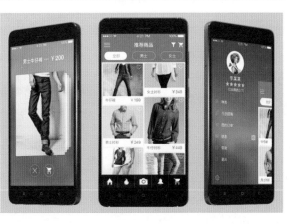

2. 设计思维过程

拖入素材图像作为界面的背景，并对背景进行模糊处理，使界面给人一种舒适浪漫的气氛。

通过基本绘图工具和添加相应的素材图像，完成引导界面的设计制作，整体界面简洁、大方。

使用相同的制作方法，可以完成登录界面的设计制作，整体界面给人一种简洁、条理清晰的印象。

使用相同的制作方法，添加相应的图层样式，可以完成主界面的设计制作，整体界面划分区域清晰整洁。

3. 制作要点

本案例所设计的购物 APP 界面，每个界面的风格和布局相统一，能够使用户快速掌握该 APP 的使用，通过不同的形状图形，划分每个 APP 界面的区域，使界面风格相统一，整体界面给人一种舒适、大方的印象，渲染了一种温暖、浪漫的气氛，符合设计的主题。

4. 配色分析

本案例所设计的购物 APP 界面中所使用的色彩较少，主要使用不同纯度的蓝色作为各功能图标和文字信息的背景颜色，搭配白色的功能图标和文字，突出功能图标和文字信息，整个界面的配色简洁、重点突出，具有很好的辨识度。

蓝色　　　　　白色　　　　　浅灰色

5. 制作步骤

01 首先制作该购物 APP 的启动引导界面。执行"文件>新建"命令，弹出"新建"对话框，新建一个空白文档，如图 7-196 所示。使用"矩形工具"，设置"填充"为 RGB（102，102，204），在画布中绘制矩形，效果如图 7-197 所示。

图 7-196

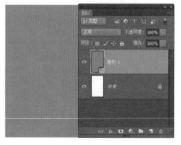

图 7-197

02 打开并拖入素材图像"源文件\第 7 章\素材\7501.jpg",调整到合适的大小与位置,效果如图 7-198 所示。将该图层转换为智能对象,执行"滤镜>模糊>高斯模糊"命令,弹出"高斯模糊"对话框,设置如图 7-199 所示。

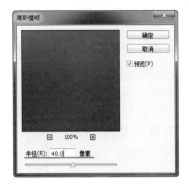

图 7-198　　　　　图 7-199

03 单击"确定"按钮,完成"高斯模糊"对话框的设置,设置该图层的"不透明度"为 50%,效果如图 7-200 所示。根据前面案例的制作方法,可以完成该界面顶部状态栏的制作,并在界面中输入相应的文字,效果如图 7-201 所示。

图 7-200　　　　　图 7-201

04 打开并拖入素材图像"源文件\第 7 章\素材\7502.png",效果如图 7-202 所示。使用"矩形工具",在画布中绘制黑色矩形,并将矩形旋转 45°,效果如图 7-203 所示。

图 7-202　　　　　图 7-203

05 使用"直接选择工具",对矩形相应的锚点进行调整,将该图层移至"图层 2"下方,并设置其"填充"为 5%,效果如图 7-204 所示。使用"矩形工具",在界面底部绘制白色矩形,并输入文字,完成该引导界面的制作,效果如图 7-205 所示。

图 7-204　　　　　图 7-205

06 接着继续制作该购物 APP 的主界面。执行"文件>新建"命令，弹出"新建"对话框，新建一个空白文档，如图 7-206 所示。使用"矩形工具"，设置"填充"为RGB（102，102，204），在画布中绘制矩形，如图 7-207 所示。

图 7-206　　　　　　　　图 7-207

07 为该图层添加"投影"图层样式，对相关选项进行设置，如图 7-208 所示。单击"确定"按钮，完成"图层样式"对话框的设置，效果如图 7-209 所示。

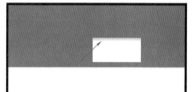

图 7-208　　　　　　　　图 7-209

08 新建名称为"状态栏"的图层组，根据前面案例的制作方法，可以完成顶部状态栏部分内容的制作，效果如图 7-210 所示。新建名称为"标题栏"的图层组，使用"矩形工具"，在画布中绘制白色矩形，并对该矩形进行复制，效果如图 7-211 所示。

图 7-210　　　　　　　　图 7-211

09 使用"横排文字工具"，在"字符"面板上对相关选项进行设置，在画布中输入文字，如图 7-212 所示。使用"钢笔工具"，设置"工具模式"为"形状"，在画布中绘制白色形状图形，效果如图 7-213 所示。

图 7-212　　　　　　　　图 7-213

10 使用相同的制作方法，可以绘制出相似的图标，效果如图 7-214 所示。使用"圆角矩形工具"，设置"半径"为 30 像素，在画布中绘制白色的圆角矩形，效果如图 7-215 所示。

图 7-214　　　　　　　图 7-215

11 复制"圆角矩形 2"得到"圆角矩形 2 复制"图层，将复制得到的圆角矩形向右移至合适的位置，设置该图层的"填充"为无，"描边"为白色，"描边宽度"为 1 点，效果如图 7-216 所示。复制该圆角矩形，使用"横排文字工具"，在画布中输入文字，效果如图 7-217 所示。

图 7-216　　　　　　　图 7-217

12 新建名称为"商品"的图层组，在该图层组中新建名称为 1 的图层组，使用"圆角矩形工具"，设置"半径"为 5 像素，在画布中绘制白色的圆角矩形，效果如图 7-218 所示。为该图层添加"投影"图层样式，对相关选项进行设置，如图 7-219 所示。

图 7-218　　　　　　　图 7-219

13 单击"确定"按钮，完成"图层样式"对话框的设置，效果如图 7-220 所示。打开并拖入素材图像"源文件\第 7 章\素材\7504.jpg"，将该图层创建剪贴蒙版，效果如图 7-221 所示。

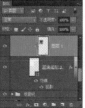

图 7-220　　　　　　　图 7-221

14 使用"自定形状工具",设置"填充"为无,"描边"为白色,"描边宽度"为 2 点,在"形状"下拉列表中选择合适的形状,在画布中绘制形状图形,效果如图 7-222 所示。使用"横排文字工具",在画布中输入文字,效果如图 7-223 所示。

图 7-222   图 7-223

15 使用相同的制作方法,可以完成界面中相似内容的制作,效果如图 7-224 所示。新建名称为"工具栏"的图层组,使用"矩形工具",在界面底部绘制一个黑色矩形,效果如图 7-225 所示。

图 7-224   图 7-225

16 绘制各种基本图形,通过图形的加减得到所需要的图标效果,如图 7-226 所示。完成该购物APP 主界面的设计制作,效果如图 7-227 所示。

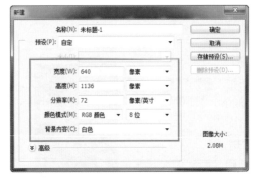

图 7-226   图 7-227

17 接着继续制作该购物 APP 的商品介绍界面。执行"文件>新建"命令,弹出"新建"对话框,新建一个空白文档,如图 7-228 所示。根据前面案例的制作方法,可以完成界面背景和顶部状态栏的制作,效果如图 7-229 所示。

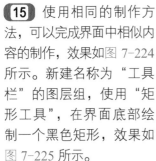

图 7-228   图 7-229

18 使用"圆角矩形工具",设置"半径"为 5 像素,在画布中绘制白色的圆角矩形,效果如图 7-230 所示。为该图层添加"投影"图层样式,对相关选项进行设置,如图 7-231 所示。

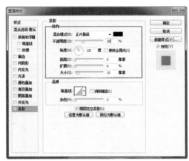

图 7-230

图 7-231

19 单击"确定"按钮,完成"图层样式"对话框的设置,设置该图层的"不透明度"为 40%,效果如图 7-232 所示。复制"圆角矩形 2"得到"圆角矩形 2 复制"图层,将复制得到的图形调整到合适的大小与位置,修改该图层的"不透明度"为 60%,效果如图 7-233 所示。

图 7-232

图 7-233

20 将该圆角矩形复制多次,并分别调整大小与不透明度,效果如图 7-234 所示。拖入素材图像"源文件\第 7 章\素材\7511.jpg",为该图层创建剪贴蒙版,效果如图 7-235 所示。

图 7-234

图 7-235

21 使用矢量绘图工具,可以绘制出相应的图标,效果如图 7-236 所示。完成该购物 APP 商品介绍界面的设计制作,效果如图 7-237 所示。

图 7-236

图 7-237

22 使用相同的制作方法，可以完成该购物 APP 其他界面的设计制作，最终效果如图 7-238 所示。

图 7-238

7.6 APP 界面设计注意事项

移动设备成为互联网的新生物，加快了移动互联网的发展脚步，最具代表性的就是各种智能设备 APP 软件的出现和应用，面对数量众多的 APP 软件，如何脱颖而出？首先需要做好 APP 的界面设计。

7.6.1 APP 界面视觉设计

APP 界面视觉设计重点在于一些细节性的问题上，主要表现在以下 3 点。

1. 视觉设计

视觉设计决定了用户对产品的观点和兴趣，乃至后面的使用情况。APP 界面的视觉设计制作可以帮助产品的感性部分找到更多的共性，或者规避一些用户可能的抵触点。如图 7-239 所示为出色的 APP 界面视觉设计。

使用城市风景图像作为界面背景，在界面正中间位置使用大图标与文字结合表现当前的天气情况，在界面底部介绍未来几天的天气情况，界面效果非常简洁、直观。

界面非常简洁，以图片为主，搭配简洁的说明文字和功能操作图标。

图 7-239

2. 屏幕大小

智能移动设备的屏幕大小有限，但应用产品功能太强大，十多个页面都装不下，于是用户就会面对一级又一级的次级界面，并迷失在其中。

3. 逻辑设计

实际上用户对一个产品的要求往往很纯粹，大多数的操作也就集中在 2~3 个页面中，虽然次级界面有助于用户把握逻辑关系，但过多的页面"转场"会让用户感到焦虑。

7.6.2 APP 界面设计的用户体验

用户界面设计应用非常广泛，如网站设计、计算机设计、应用设计等。如同其名，在用户设计中，用户是最大的也是最重要的体验者。因此，在进行设计时需要牢记遵循用户体验及互动性原则。APP 界面设计的要点是让用户简单交互且高效，具体从以下几个方面考虑。

在设计时应该先理清一件事：能否用一句话概括一下这个产品是为了帮助用户达成什么目的。搞清楚这个问题，才能弄明白用户是带着什么需求打开这个界面的，一个个功能点是如何为用户服务的。

接下来要做的就是调查一下用户以往是怎么满足这些需求的，哪些功能和信息更重要，更常用到。总之，有了对真实用户的了解，就能知道这个 APP 到底要帮用户达成什么目标。

其实，设计良好的用户界面并不容易，它要求具备熟练的设计技能、良好的设计领域知识及了解用户需求。从项目初期到最终呈现出的项目，用户界面设计需要遵循各种各样的过程。总之，以用户为中心的设计才是最好的界面设计。如图 7-240 所示为出色的 APP 界面设计。

图 7-240

实战案例——设计照片分享 APP 界面

源文件：源文件\第 7 章\照片分享 APP 界面.psd
视　频：视　频\第 7 章\照片分享 APP 界面.mp4

1. 案例特点

本案例设计一款照片分享 APP 界面，使用素材图像结合渐变颜色和纹理的处理，打造出梦幻般的界面背景，在界面中通过简洁的布局方式来设计该 APP 界面，并且该 APP 界面中的功能操作图标都设计为较大的线框图标，使得各功能操作图标在界面中的显示效果非常突出，该照片分享 APP 界面的整体视觉效果华丽，表现形式统一。

2. 设计思维过程

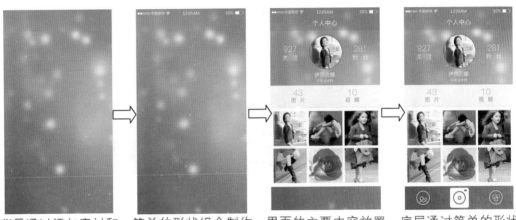

背景通过添加素材和纹理处理，制作出强烈的质感效果。

简单的形状组合制作出状态栏和项目栏，并放置于界面顶部。

界面的主要内容放置在中间，直观简约，层次整齐。

底层通过简单的形状制作出功能按钮，使用方便快捷。

3. 制作要点

本案例所设计的照片分享 APP 界面，重点是突出表现用户所分享的照片，而软件的功能按钮等都是为此而服务的，所以软件界面的构成要尽可能简约，使用简约图标来体现界面中的各部分功能按钮，而在用户所分享的照片中通过相互叠加和图层样式的应用，体现出层次感和立体感，使得界面的整体表现更加丰富多彩。

4. 配色分析

本案例所设计的照片分享 APP 界面，使用明度和纯度较高的洋红色和蓝色作为界面的主体颜色，给人眼前一亮的感觉，在界面中搭配白色的图标和文字，直观清晰，使界面能够表现出一种华丽的视觉效果。

洋红色　　　　蓝色　　　　白色

5. 制作步骤

01 首先制作该照片分享 APP 启动界面。执行"文件>新建"命令，弹出"新建"对话框，新建一个空白文档，如图 7-241 所示。使用"渐变工具"，打开"渐变编辑器"对话框，设置渐变颜色，如图 7-242 所示。

图 7-241

图 7-242

02 单击"确定"按钮，完成渐变颜色设置，在画布中拖动鼠标填充线性渐变，效果如图 7-243 所示。打开并拖入素材图像"源文件\第 7 章\素材\7601.png"，设置该图层的"混合模式"为"滤色"，效果如图7-244 所示。

图 7-243

图 7-244

03 打开素材图像"源文件\第 7 章\素材\7602.png"，执行"编辑>定义图案"命令，设置如图 7-245 所示。单击"确定"按钮，定义图案。返回设计文档，为"图层 1"添加"图案叠加"图层样式，对相关选项进行设置，如图 7-246 所示。

图 7-245

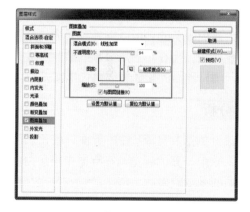

图 7-246

04 单击"确定"按钮，完成"图层样式"对话框的设置，效果如图 7-247 所示。新建名称为"状态栏"的图层组，根据前面案例的制作方法，可以完成该部分内容的制作，效果如图 7-248 所示。

图 7-247

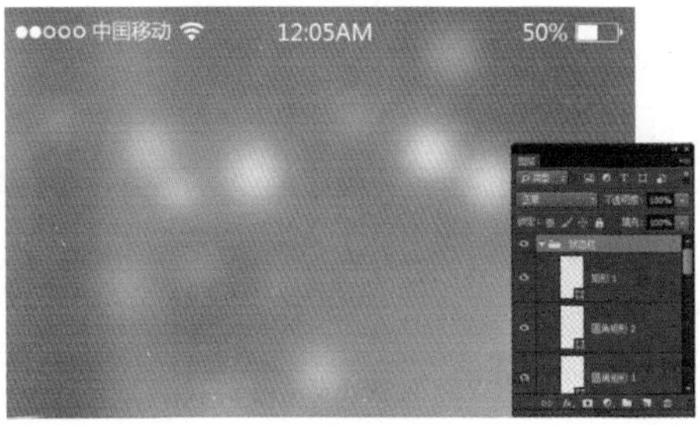

图 7-248

05 新建名称为"图标"的图层组，使用"圆角矩形工具"，设置"半径"为 20 像素，在画布中绘制白色的圆角矩形，效果如图 7-249 所示。使用"圆角矩形工具"，设置"半径"为 3 像素，"路径操作"为"减去顶层形状"，在刚绘制的圆角矩形上减去一个圆角矩形，效果如图 7-250 所示。

图 7-249

图 7-250

06 使用"椭圆工具"，设置"填充"为 RGB（236，37，135），"描边"为白色，"描边宽度"为 3 点，在画布中绘制一个正圆形，效果如图 7-251 所示。为该图层添加"描边"图层样式，对相关选项进行设置，如图 7-252 所示。

图 7-251

RGB(236，37，135)

图 7-252

07 单击"确定"按钮，完成"图层样式"对话框的设置，效果如图 7-253 所示。复制该图层，将复制得到的正圆形等比例缩小，并修改复制得到正圆形的填充和图层样式，效果如图 7-254 所示。

图 7-253

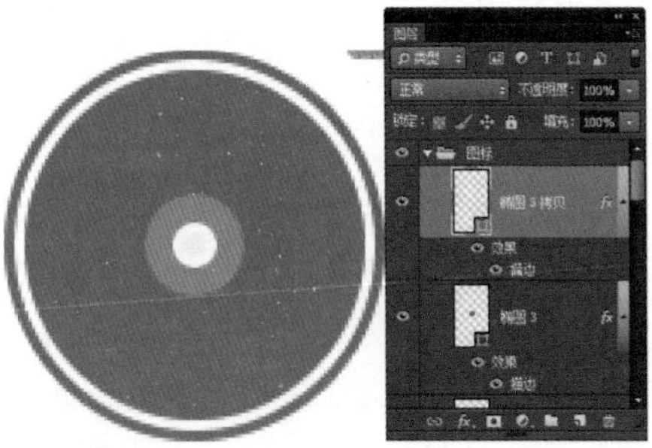

图 7-254

08 使用"直线工具",设置"粗细"为 3 像素,在画布中绘制直线,效果如图 7-255 所示。使用"横排文字工具",在"字符"面板中设置相关选项,在画布中输入文字,效果如图 7-256 所示。

图 7-255　　　　　　图 7-256

09 使用"椭圆工具",在画布中绘制一个白色的正圆形,效果如图 7-257 所示。为该图层添加"描边"图层样式,对相关选项进行设置,如图 7-258 所示。

图 7-257　　　　　　图 7-258

10 单击"确定"按钮,设置该图层的"填充"为 0%,效果如图 7-259 所示。新建图层,使用"画笔工具",选择合适的笔触,设置"前景色"为 RGB(255,146,239),在画布中涂抹,设置该图层的"混合模式"为"颜色减淡",效果如图 7-260 所示。

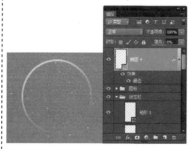

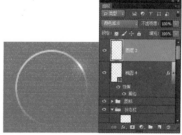

图 7-259　　　　　　图 7-260

🎁 **提示** ●

"颜色淡减"混合模式指的是颜色的色彩度和色相在亮度上减少了,类似羽化,可以达到柔化效果。

11 新建图层，使用"画笔工具"，设置"前景色"为白色，选择合适的笔触，在画布中涂抹，效果如图 7-261 所示。完成该照片分享 APP 的启动界面制作，效果如图 7-262 所示。

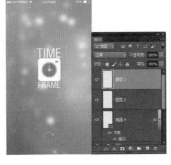

图 7-261　　　　　图 7-262

12 制作该照片分享 APP 的登录界面。执行"文件>新建"命令，弹出"新建"对话框，新建一个空白文档，如图 7-263 所示。根据前面案例的制作方法，可以完成该界面背景和顶部状态栏的制作，效果如图 7-264 所示。

图 7-263　　　　　图 7-264

13 新建名称为"中间"的图层组，使用"椭圆工具"，设置"填充"为 RGB（180，57，140），在画布中绘制正圆形，效果如图 7-265 所示。为该图层添加"描边"图层样式，对相关选项进行设置，如图 7-266 所示。

RGB(65，3，45)

图 7-265　　　　　图 7-266

14 继续添加"内阴影"图层样式，对相关选项进行设置，如图 7-267 所示。单击"确定"按钮，完成"图层样式"对话框的设置，效果如图 7-268 所示。

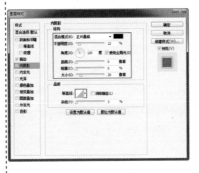
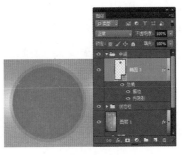

图 7-267　　　　　图 7-268

15 使用相同的制作方法，完成相似图形的绘制，效果如图7-269所示。使用"圆角矩形工具"，设置"半径"为5像素，在画布中绘制白色的圆角矩形，效果如图7-270所示。

图 7-269　　　　　　　　　图 7-270

16 使用"椭圆工具"，设置"路径操作"为"减去顶层形状"，在刚绘制的圆角矩形上减去一个正圆形，效果如图7-271所示。为该图层添加"投影"图层样式，对相关选项进行设置，如图7-272所示。

图 7-271　　　　　　　　　图 7-272

17 单击"确定"按钮，设置该图层的"填充"为20%，效果如图7-273所示。在该图层组中新建名称为"用户名"的图层组，使用"圆角矩形工具"，在画布中绘制一个白色的圆角矩形，效果如图7-274所示。

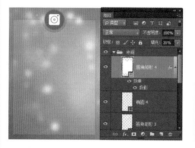

图 7-273　　　　　　　　　图 7-274

18 使用"椭圆工具"，设置"填充"为无，"描边"为RGB（192，89，158），"描边宽度"为1点，在画布中绘制椭圆形，效果如图7-275所示。使用"矩形工具"，设置"路径操作"为"合并形状"，在刚绘制的椭圆形上添加一个矩形，效果如图7-276所示。

图 7-275　　　　　　　　　图 7-276

19 使用"圆角矩形工具"和"矩形工具",分别设置"路径操作"为"合并形状"和"减去顶层形状",在画布中绘制圆角矩形和矩形,效果如图 7-277 所示。使用"横排文字工具",在"字符"面板中设置相关选项,在画布中输入文字,如图 7-278 所示。

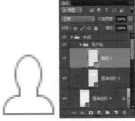

图 7-277　　　　　　　　图 7 278

20 使用相同的制作方法,可以完成该部分登录表单的制作,效果如图 7-279 所示。拖入相应的素材图像,完成该照片分享 APP 登录界面的制作,效果如图 7-280 所示。

图 7-279　　　　　　　　图 7-280

21 制作该照片分享 APP 的好友列表界面。执行"文件>新建"命令,弹出"新建"对话框,新建一个空白文档,如图 7-281 所示。根据前面案例的制作方法,可以完成该界面背景和顶部状态栏的制作,效果如图 7-282 所示。

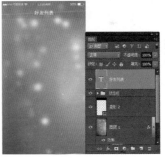

图 7-281　　　　　　　　图 7-282

22 新建名称为"好友"的图层组,使用"椭圆工具",在画布中绘制白色的正圆形,并为该图层添加"描边"图层样式,效果如图 7-283 所示。打开并拖入素材图像"源文件\第 7 章\素材\7606.png",将该图层创建剪贴蒙版,效果如图 7-284 所示。

图 7-283　　　　　　　　图 7-284

23 使用"横排文字工具",在画布中输入文字,并为文字图层添加"投影"图层样式,效果如图 7-285 所示。使用相同的制作方法,可以完成界面中列表的制作,效果如图 7-286 所示。

图 7-285

图 7-286

24 新建名称为"底部"的图层组,使用"矩形工具",在画布中绘制黑色矩形,并设置该图层的"不透明度"为 15%,效果如图 7-287 所示。使用"椭圆工具",在画布中绘制一个白色的正圆形,效果如图 7-288 所示。

图 7-287

图 7-288

25 使用"椭圆工具",设置"路径操作"为"减去顶层形状",在刚绘制的正圆形中减去一个正圆形,效果如图 7-289 所示。使用"椭圆工具",可以绘制出相似的图形效果,效果如图 7-290 所示。

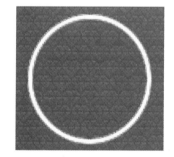
图 7-289

图 7-290

26 使用"圆角矩形工具",在画布中绘制圆角矩形,使用"椭圆选框工具",在画布中绘制正圆形选区,为该图层添加图层蒙版,效果如图 7-291 所示。使用相同的制作方法,可以完成底部图标的绘制,完成该照片分享 APP 的好友列表界面制作,效果如图 7-292 所示。

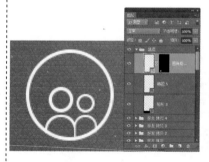
图 7-291

图 7-292

27 使用相同的制作方法，还可以制作出该照片分享 APP 的其他界面，最终效果如图 7-293 所示。

图 7-293

7.7 本章小结

　　APP 应用界面是用户与手机应用程序进行交互最直接的一层，直接影响着用户对该应用程序的体验，设计出色的 APP 应用界面不仅在视觉上给用户带来赏心悦目的体验，而且在操作和使用上更加便捷和高效。本章向读者介绍了有关 APP 界面设计的相关知识，并且通过多处不同类型的 APP 界面的设计制作讲解，使读者能够轻松掌握 APP 界面设计的制作方法和技巧。